高等职业教育"十三五"规划教材
全国高职高专建筑装饰技术类系列规划教材

建筑物理应用

金　薇　　主编
高林芳　李　峰　副主编
冯美宇　　主审

科学出版社

北　京

内 容 简 介

本书是在总结高等职业教育经验的基础上，结合当今绿色建筑的兴起和发展而写成的，注重与现行相关建筑设计规范的衔接，同时强调了建筑与生态环境的关系。本书主要内容如下：第 1 模块建筑热工学，主要包括建筑热环境、建筑保温、建筑防热、建筑防湿及任务解析；第 2 模块建筑声学，主要包括建筑声学的基本知识、室内声学原理、吸声材料和吸声结构、噪声控制、室内音质设计及任务解析；第 3 模块建筑光学，主要包括建筑光学的基本知识、天然采光、建筑照明及任务解析；实验实训。本书除了基本原理以外，还包括单元小结、能力训练等，内容丰富翔实。

本书可以作为高职高专院校建筑设计、城镇规划、建筑装饰工程技术、环境艺术设计等专业的学生教材，也可供与建筑业有关的设计、施工等技术人员参考。

图书在版编目(CIP)数据

建筑物理应用/金薇主编. —北京：科学出版社，2018.10
（高等职业教育"十三五"规划教材·全国高职高专建筑装饰技术类系列规划教材）
ISBN 978-7-03-058302-4

Ⅰ.①建… Ⅱ.①金… Ⅲ.①建筑物理学-高等职业教育-教材
Ⅳ.①TU11

中国版本图书馆 CIP 数据核字（2018）第 163021 号

责任编辑：万瑞达　李　雪/责任校对：王　颖
责任印制：吕春珉/封面设计：曹　来

科 学 出 版 社 出版

北京东黄城根北街 16 号
邮政编码：100717
http://www.sciencep.com

北京中科印刷有限公司印刷
科学出版社发行　　各地新华书店经销

*

2018 年 10 月第 一 版　　开本：787×1092　1/16
2018 年 10 月第一次印刷　　印张：19 3/4
字数：468 000

定价：48.00 元
（如有印装质量问题，我社负责调换〈中科〉）

销售部电话 010-62136230　编辑部电话 010-62130874（VA03）

前　　言

　　全书共分为三大模块，分别是建筑热工学、建筑声学、建筑光学，主要具有以下几个方面的特点。

　　1）热、声、光三大模块都根据岗位对学生职业能力的要求，选择体现绿色建筑理念的典型工作任务为切入点，进行知识的构架，根据典型工作任务进行任务的分解，进而形成模块任务→单元任务→子任务，通过任务的解决，构建完整的知识体系。

　　2）开发设计了适合高职院校建筑物理教学的实验实训内容，既适合高职学生的能力培养，又有效解决了高职院校资金紧张的问题。

　　3）参照各种最新标准、规范，如《严寒和寒冷地区居住建筑节能设计标准》（JGJ 26—2010）。

　　4）强调理论知识的应用性，通过寻找任务解决的方案，强调学生自主性学习能力的培养。

　　本书由金薇（山西建筑职业技术学院）担任主编并负责统稿，高林芳（山西建筑职业技术学院）、李峰（山西建筑职业技术学院）担任副主编，游乾（山西建筑职业技术学院）、武春燕（山西建筑职业技术学院）、孙晋（山西建筑职业技术学院）、郭正烜（山西建筑职业技术学院）、史树一（山西省建筑设计研究院）参与编写。具体的编写分工是金薇编写单元1、单元2、单元5、单元11～单元13及相应的实验实训和附录内容，武春燕编写单元3，游乾编写单元4，孙晋编写单元6～单元8，李峰编写单元9及相应的实验实训和附录内容，郭正烜编写单元10，高林芳编写单元14及相应的实验实训和附录内容，史树一编写单元15。本书由山西建筑职业技术学院冯美宇主审。

　　编者在编写本书过程中，得到了山西省建筑设计研究院吴振洲总工程师的精心指导和编者所在学校、科学出版社领导的大力支持。同时，在此对本书引用参考文献的作者一并表示诚挚的谢意。

　　由于编者水平有限，书中疏漏在所难免，敬请同行和读者不吝指正，以便修订。

编　者

2018 年 6 月

目　　录

第2模块　建　筑　声　学

第3模块 建 筑 光 学

实 验 实 训

绪　　论

1. 学习的目的

随着社会的发展，人们生活水平的提高，专业分工的精细化，人们对建筑环境的要求已从早先单纯追求视觉美感逐渐转变为对环境健康性、安全性、舒适性及美的一种综合性要求。2014 年我国住房和城乡建设部颁布了《绿色建筑评价标准》（GB/T 50378—2014）。所谓绿色建筑是指在全寿命期内，最大限度地节约资源（节能、节地、节水、节材）、保护环境、减少污染，为人们提供健康、适用和高效的使用空间，与自然和谐共生的建筑。通过该标准，对建筑全寿命期内节能、节地、节水、节材、保护环境等性能进行综合评价。绿色建筑的评价分为设计评价和运行评价。设计评价应在建筑工程施工图设计文件审查通过后进行，运行评价应在建筑通过竣工验收并投入使用一年后进行。设计评价时，不对施工管理和运营管理 2 类指标进行评价，但可预评相关条文。运行评价应包括 7 类指标。控制项的评定结果为满足或不满足；评分项和加分项的评定结果为分值。绿色建筑评价应按总得分确定等级。绿色建筑分为一星级、二星级、三星级 3 个等级。3 个等级的绿色建筑均应满足该标准所有控制项的要求，且每类指标的评分项得分不应小于 40 分。当绿色建筑总得分分别达到 50 分、60 分、80 分时，绿色建筑等级分别为一星级、二星级、三星级。在其室内环境质量的评价中，对声、光、热都提出了明确的要求。

建筑活动消耗大量能源资源，并对环境产生不利影响。我国资源总量和人均资源量都严重不足，同时我国的消费增长速度惊人，资源再生利用率也远低于发达国家。而且我国正处于工业化、城镇化加速发展时期，能源资源消耗总量逐年迅速增长。在我国发展绿色建筑，是一项意义重大而十分迫切的任务。本书的学习目的就是为了培养一批懂得实际应用，具备专业能力、方法能力及社会能力的，具有声、光、热基本知识，能综合应用建筑工程技术手段创造适宜的建筑空间环境，具备节能意识和理念的高素质技术技能人才。

2. 学习的内容

本书分为三大模块，分别是建筑热工学、建筑声学、建筑光学，另设有实验实训部分，主要学习建筑声、光、热的相关内容。论述如何利用建筑规划、建筑设计、建筑装饰中的合理措施，使建筑满足使用功能的要求。

如何对建筑进行有效的保温、防热，降低能耗是建筑热工学学习的重点。应理解建筑外围护结构传热、传湿的基本原理，掌握建筑保温与隔热设计方法；明确建筑日照原理对空间环境的影响。掌握中小型民用建筑的节能计算。

如何建立良好的声环境，避免噪声是日后工作中建筑声环境设计及施工的主要任务。应懂得声音的基本计量、吸声材料与吸声结构的吸声特点；掌握建筑吸声与隔声构造；懂得如何进行有效噪声控制、典型声学用房的室内音质设计有哪些要求。

如何形成舒适的光环境、减少眩光是建筑光环境设计及施工的主要任务。学习重点包括：在学习中对基本光学单位的理解；在建筑环境中如何有效地利用天然光；在什么情况下进行人工照明，采用何种光源，如何有效地解决眩光问题。

第 1 模块　建筑热工学

某住宅楼的节能设计与计算

太原地区两个单元的六层住宅（图 1-0），首层有过街楼洞，一个单元有全地下室，层高 2.8m，室内、外高差 0.9m，平屋顶。窗台高 0.9m，窗洞高 1.5m。飘窗高 1.8m，窗台高 0.6m，突出墙面 0.4m，正面与两侧设窗。阳台不封闭，南向阳台门为全玻璃推拉落地门，高 2.4m，北向阳台门宽 0.6m。分户门宽 1.0m、高 2.1m。楼梯间与地下室不采暖。主要围护结构做法是：楼板与屋顶均为 100mm 厚的钢筋混凝土板，外墙与楼梯间隔墙分别为 370mm 厚和 240mm 厚的多孔砖。

任务要求 ☞

设计确定各部位围护结构的建筑构造做法，使该住宅达到节能标准。

任务目的 ☞

通过第 1 模块建筑热工学的学习，掌握建筑热工学的基本理论知识，能进行简单的节能计算，并填写建筑节能设计登记表。

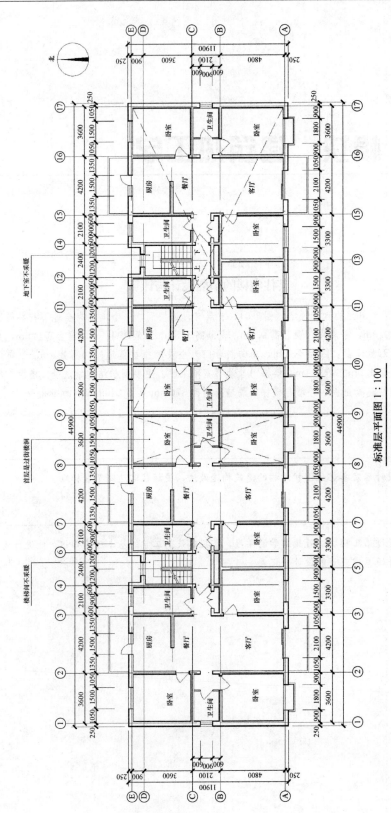

标准层平面图 1：100

图 1-0　太原地区两个单元的六层住宅标准层平面图

单元

建筑热环境

■**知识目标** 掌握 影响室内、外热环境的主要因素，我国的建筑气候分区，自然通风的合理组织。

熟悉 室外热环境对城市规划、建筑设计及室内装饰的影响，建筑日照的基本原理。

了解 室内环境的评价方法、城市小气候的特点。

■**技能目标** 能 在设计过程中注意并考虑室外热环境对建筑的影响，掌握建筑日照棒影图。

会 查找相应规范并使用。

■**单元任务** 分析当地热环境对建筑的影响。

1.1 室外热环境概述

任务描述

工作任务 分析当地的环境特点。

工作场景 学生进行分组，在图书馆、计算机实训室查找资料，在教室进行资料汇总、编写工作。

室外热环境是指作用在外围护结构上的一切热物理量的总称，是由太阳辐射、室外气温、空气湿度、风、降水等因素综合组成的一种热环境。建筑物所在地的室外热环境通过外围护结构直接影响室内环境。

1.1.1 影响室外热环境的主要因素

1. 太阳辐射

太阳辐射所传递的能量是地球上热量的基本来源，也是决定室外热环境的主要因素。太阳辐射能主要分布在紫外线、可见光和红外线区域，其中 97.8% 是短波辐射，所以太阳辐射属于短波辐射。太阳辐射由两部分组成：一部分是太阳直接射达地面的部分，称为直射辐射；另一部分是经过大气层散射后到达地面的部分，称为散射辐射。不同地区太阳辐射强弱的差异及其影响因素如下。

1) 纬度位置。纬度低则正午太阳高度角大，太阳辐射经过大气的路程短、被大气削弱得少，到达地面的太阳辐射就强；反之，到达地面的太阳辐射就弱。这是太阳辐射从低纬度向两极递减的原因之一。

2) 天气状况。晴朗的天气，由于云层少且薄，大气对太阳辐射的削弱作用弱，到达地面的太阳辐射就强；反之，到达地面的太阳辐射就弱。

3）海拔。海拔高，空气稀薄，大气对太阳辐射的削弱作用弱，到达地面的太阳辐射就强；反之，到达地面的太阳辐射就弱。例如，青藏高原成为我国太阳辐射最强的地区，主要就是这个原因。

4）日照时间。日照时间长，获得的太阳辐射强；日照时间短，获得的太阳辐射弱。

2. 室外气温

室外气温是指各城市近郊气象台站距地面 1.5m 处百叶箱内的空气温度。室外气温主要靠吸收地面的长波辐射而升高，因此地面与空气的热交换是空气温度升降的直接因素。室外气温受到太阳辐射、大气的对流作用、地表面状况、海拔和地形地貌的影响。首先，入射到地面上的太阳辐射能对温度的变化起决定性作用。其次，大气的对流作用，无论是水平方向还是垂直方向，都会使高、低温空气混合，从而减少地域间空气温度的差异。同时，下垫面（与大气下层直接接触的地球表面）对温度的影响也很重要，草原、森林、水面、沙漠等不同地面覆盖层对太阳辐射的吸收及与空气的热交换状况各不相同，且对空气的影响也不相同，各地温度有所差别。

室外气温的年变化、日变化规律都是周期性的。年变化规律由地球围绕太阳公转引起，形成一年四季气温变化，北半球最高气温出现在 7 月（大陆）或 8 月（沿海、岛屿），最低气温出现在 1 月或 2 月。日变化规律则由地球自转引起，日最低气温出现在 6:00～7:00，日最高气温出现在 14:00 左右。

3. 空气湿度

空气湿度是指空气中水蒸气的含量，可用绝对湿度或相对湿度表示。一般来说，某一地区在一定时间内，空气的绝对湿度变化不大，但空气温度的变化，使空气中饱和水蒸气压随之变化，从而导致相对湿度变化巨烈。年变化规律为最热月相对湿度最小，最冷月相对湿度最大，季风区例外。日变化规律为晴天时，日相对湿度最大值出现在 4:00～5:00，最小值出现在 13:00～15:00。我国因受海洋气候的影响，南方大部分地区相对湿度以夏季为最大，秋季最小。华南地区和东南沿海一带，因春季海洋气团侵入，相对湿度以 3～5 月为最大，秋季最小。同时，空气湿度对这些地带的建筑防潮和室内热环境具有重要影响。

4. 风

风是指由大气压力差所引起的大气水平方向的运动。风可分为大气环流和地方风两大类，大气环流是太阳辐射能在地球上照射不均匀，使赤道和两极之间出现温差，从而引起大气在赤道和两极之间产生活动。地方风则是由局部地区受热不均引起的小范围内的大气流动，如海陆风、山谷风、季风、巷道风等。我国大部分地区冬、夏风向更替明显。冬季盛行偏北风，夏季多吹偏南风。

风向玫瑰图（图 1-1）也称为风频玫瑰图，表示风向和风向的频率。它是根据某一地区多年平均统计的各个方向的风向和风速的百分数值，按一定比例绘制的。风向玫瑰图所表示的风向（即风的来向）是指风从外面吹向地区中心的方向。最大风频意味着一年当中这一风向的可能性比较大。如图1-1所示,8个方向代表8个风向。由图1-1可见,风向玫瑰图中黑色粗线与8个风向标都有交点,其交点与中心点的距离即代表这个风向的风出现的频率。风向玫瑰图中线段越长,表示风频越大,其为当地主导风向;线段越短,表示风频越小,其为当地最小风频,即从风向玫瑰图上可以看出这个地区盛行北风和南风。图1-2所示为我国部分城市的风向玫瑰图。气象学上根据风速将风分为12级,风级越高,风速越大,见表1-1。

图1-1 风向玫瑰图

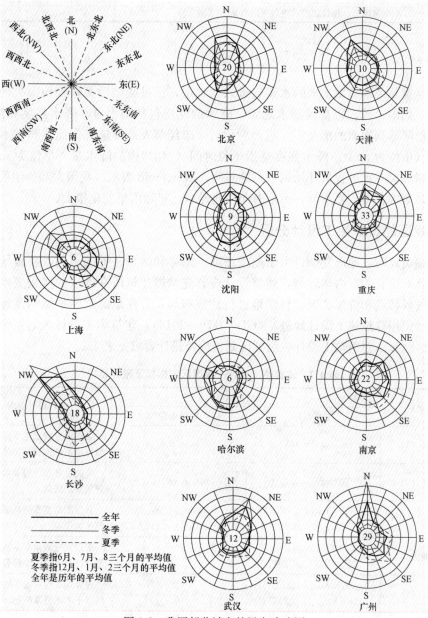

图1-2 我国部分城市的风向玫瑰图

中心圈内数值为全年的静风频率 风向玫瑰图中每圆圈的间隔为频率5%

表 1-1　风速风级

风级	风速/（m/s）	风名	风的目测标准	风级	风速/（m/s）	风名	风的目测标准
0	0～0.5	无风	缓烟直上，树叶不动	7	12.5～15.2	疾风	树干摇摆，大枝弯曲，迎风步艰
1	0.6～1.7	软风	缓烟一边斜，有风的感觉	8	15.3～18.2	大风	大树摇摆，细枝折断
2	1.8～3.3	轻风	树叶沙沙作响，风感显著	9	18.3～21.5	烈风	大枝折断，轻物移动
3	3.4～5.2	微风	树叶及细枝微动不息	10	21.6～25.1	狂风	拔树
4	5.3～7.4	和风	树叶、细枝动摇	11	25.2～29.0	暴风	有重大损毁
5	7.5～9.8	清风	大枝摆动	12	＞29.0	飓风	风后破坏严重，一片荒凉
6	9.9～12.4	强风	粗枝摇摆，电线呼呼作响				

5. 降水

降水是指从大地蒸发出来的水蒸气进入大气层，经过凝结后又降到地面上的液态或固态的水分，如雨、雪、雹都属降水现象。降水的性质包括降水量、降水强度和降水时间。降水量是指降落到地面的雨及雪、雹等融化后，未经蒸发或渗透流失而累积在水平面上的水层厚度（单位为 mm）。降水强度是指单位时间（24h）内的降水量（单位为 mm/d）。降水时间是指一次降水过程从开始到结束的时间，以 h、min 表示。我国大部分地区受季风影响，雨量多集中在春、夏季节，由东南向西北递减，年降雨量变化很大。

1.1.2　我国的建筑热工设计分区

我国幅员辽阔，地形复杂。由于地理纬度、地势和地理条件的不同，各地气候差异悬殊，为了拥有适宜的室内热环境，建筑设计应首先掌握建筑所在地区的气候要素资料，针对当地的气候特点和资源状况，科学地进行建筑布局，合理地确定围护结构及建筑构造措施。根据《民用建筑热工设计规范》（GB 50176—2016），建筑热工设计区划系统分为一级区和二级区两级。建筑热工设计一级区区划指标及设计要求见表 1-2。

表 1-2　建筑热工设计一级区区划指标及设计要求

一级区名称	区划指标		设计要求
	主要指标	辅助指标	
严寒地区（1）	$t_{min \cdot m} \leqslant -10℃$	$145 \leqslant d_{\leqslant 5}$	必须充分满足冬季保温要求，一般可以不考虑夏季防热
寒冷地区（2）	$-10℃ < t_{min \cdot m} \leqslant 0℃$	$90 \leqslant d_{\leqslant 5} < 145$	应满足冬季保温要求，部分地区兼顾夏季防热
夏热冬冷地区（3）	$0℃ < t_{min \cdot m} \leqslant 10℃$ $25℃ < t_{max \cdot m} \leqslant 30℃$	$0 \leqslant d_{\leqslant 5} < 90$ $40 \leqslant d_{\geqslant 25} < 110$	必须满足夏季防热要求，适当兼顾冬季保温
夏热冬暖地区（4）	$10℃ < t_{min \cdot m}$ $25℃ < t_{max \cdot m} \leqslant 29℃$	$100 \leqslant d_{\geqslant 25} < 200$	必须充分满足夏季防热要求，一般可以不考虑冬季保温
温和地区（5）	$0℃ < t_{min \cdot m} \leqslant 13℃$ $18℃ < t_{max \cdot m} \leqslant 25℃$	$0 \leqslant d_{\leqslant 5} < 90$	部分地区应考虑冬季保温，一般可以不考虑夏季防热

注：$t_{min \cdot m}$ 为最冷月平均温度，应为累年一月平均温度的平均值；$t_{max \cdot m}$ 为最热月平均温度，应为累年七月平均温度的平均值；$d_{\leqslant 5}$ 为日平均温度 $\leqslant 5℃$ 的天数；$d_{\geqslant 25}$ 为日平均温度 $\geqslant 25℃$ 的天数。

　　建筑热工设计二级区是在一级区的基础上，根据采暖度日数 HDD18 和空调度日数 CDD26 进行更为细致的划分，二级区区划指标及设计要求应符合表 1-3 的规定。建筑热工设计分区典型城市列举见表 1-4。

表 1-3 建筑热工设计二级区区划指标及设计要求

二级区名称	区划指标		设计要求
严寒 A 区（1A）	6000≤HDD18		冬季保温要求极高，必须满足保温设计要求，不考虑防热设计
严寒 B 区（1B）	5000≤HDD18＜6000		冬季保温要求非常高，必须满足保温设计要求，不考虑防热设计
严寒 C 区（1C）	3800≤HDD18＜5000		必须满足保温设计要求，可不考虑防热设计
寒冷 A 区（2A）	2000≤HDD18＜3800	CDD26≤90	应满足保温设计要求，可不考虑防热设计
寒冷 B 区（2B）		CDD26＞90	应满足保温设计要求，宜满足隔热设计要求，兼顾自然通风、遮阳设计
夏热冬冷 A 区（3A）	1200≤HDD18＜2000		应满足保温、隔热设计要求，重视自然通风、遮阳设计
夏热冬冷 B 区（3B）	700≤HDD18＜1200		应满足隔热、保温设计要求，强调自然通风、遮阳设计
夏热冬暖 A 区（4A）	500≤HDD18＜700		应满足隔热设计要求，宜满足保温设计要求，强调自然通风、遮阳设计
夏热冬暖 B 区（4B）	HDD18＜500		应满足隔热设计要求，可不考虑保温设计，强调自然通风、遮阳设计
温和 A 区（5A）	CDD26＜10	700≤HDD18＜2000	应满足冬季保温设计要求，可不考虑防热设计
温和 B 区（5B）		HDD18＜700	宜满足冬季保温设计要求，可不考虑防热设计

　　注：HDD18 为以 18℃为基准的采暖度日数，应为历年采暖度日数的平均值；CDD26 为以 26℃为基准的空调度日数，应为历年空调度日数的平均值。

表 1-4 建筑热工设计分区典型城市列举

建筑热工设计分区	典型城市
严寒 1A 区	博克图、伊春、海拉尔、玛多、黑河、嫩江、那曲、漠河、色达
严寒 1B 区	哈尔滨、齐齐哈尔、海伦、富锦、安达、牡丹江、绥芬河、二连浩特、多伦、大柴旦、阿勒泰、长白
严寒 1C 区	长春、延吉、四平、沈阳、本溪、呼和浩特、赤峰、额济纳旗、大同、乌鲁木齐、克拉玛依、酒泉、西宁、日喀则、甘孜、康定
寒冷 2A 区	丹东、大连、张家口、承德、唐山、青岛、太原、天水、榆林、延安、宝鸡、银川、平凉、兰州、喀什、拉萨、日照、敦煌
寒冷 2B 区	北京、天津、济南、德州、石家庄、邢台、保定、郑州、安阳、运城、西安、吐鲁番、库尔勒、哈密、徐州
夏热冬冷 3A 区	南京、蚌埠、合肥、安庆、武汉、岳阳、汉中、安康、上海、杭州、长沙、南昌、南充、成都、遵义、绵阳
夏热冬冷 3B 区	重庆、赣州、宜宾、南平、韶关、桂林、榕江、泸州、丽水
夏热冬暖 4A 区	福州、河池、柳州、漳平、平潭、佛冈、连平、梧州
夏热冬暖 4B 区	厦门、广州、汕头、深圳、湛江、南宁、梧州、北海、海口、三亚
温和 5A 区	昆明、贵阳、丽江、会泽、腾冲、保山、大理、楚雄、泸西、广南、兴义、独山
温和 5B 区	瑞丽、耿马、临沧、澜沧、思茅、江城、蒙自

1.1.3　城市小气候

城市小气候是在不同区域气候的条件下，在人类活动特别是城市化的影响下形成的一种特殊气候（图 1-3），能够使城市区域的气候要素产生显著变化的因素很多，具体如下。

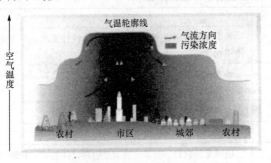

图 1-3　城市小气候

1. 大气透明度较小，削弱了太阳辐射

因为大气污染，城市的太阳辐射比郊区减少，且工业区比非工业区减少得多。

2. 热岛效应

因为城市的"人为热"及下垫面向地面近处大气层散发的热量比郊区多，气温也就不同程度地比郊区高，且由市中心地带向郊区方向逐渐降低，这种气温分布的特殊现象称为热岛效应（urban heat island effect）。

3. 风速减小

因为城市房屋高低不同、街道纵横交错，城市区域下垫面粗糙程度增大，所以市区内风速减小。

4. 蒸发减弱、湿度变小

因为城区降水容易排泄，地面较为干燥，蒸发量小，而且气温较高，所以年平均相对湿度比郊区低。

5. 雾多、能见度差

因为城市中的大气污染程度要比郊区严重，所以大气中具有丰富的凝结核，一旦条件适宜，易产生大量的雾。

1.2　室内热环境概述

任务描述

工作任务　分析、讨论什么样的环境是舒适的室内热环境。

工作场景　学生进行分组讨论、体验、查找资料，在教室进行资料汇总、编写工作。

1.2.1　室内热环境的影响因素

室内热环境又称为室内气候，室内热环境的构成要素以人的热舒服程度为评价标准。人的热舒服程度受室内空气温度、室内空气湿度、气流速度（室内风速）、室内热辐射（环境辐射温度）等环境因素的影响。

1. 室内空气温度

室内空气温度有相应的规定，冬季室内空气温度一般应在 16～22℃，夏季空调房间的空气温度多规定为 24～28℃，并以此作为室内计算空气温度的依据。室内实际空气温度则由房间内得热和失热、围护结构内表面的温度及通风等因素构成的热平衡所决定，设计者的任务是使实际温度达到室内计算温度。

2. 室内空气湿度

室内空气湿度直接影响人体的蒸发散热。一般认为最适宜的相对湿度应为 50％～60％。在大多数情况下，即气温在 16～25℃时，相对湿度在 30％～70％内变化，对人体的热感觉影响不大。湿度过低（低于 30％），则人会感到干燥、呼吸器官不适；湿度过高，则影响人的正常排汗，尤其在夏季高温时，如湿度过高（高于 70％），则汗液不易蒸发，令人不舒适。

3. 气流速度

室内气流状态影响人的对流换热和蒸发换热，也影响室内空气的更新。在一般情况下，使人体舒适的气流速度应小于 0.3m/s；但在夏季利用自然通风的房间，由于室温较高，舒适的气流速度也应较大。

4. 室内热辐射

对于一般民用建筑而言，室内热辐射主要是指房间周围墙壁、顶棚、地面、窗玻璃对人体的热辐射作用，如果室内有火墙、壁炉、辐射采暖板之类的采暖装置，还须考虑该部分的热辐射。室内热辐射的强弱通常用平均辐射温度 T_{mrt} 来表示，即室内对人体辐射热交换有影响的各表面温度的平均值。在炎热地区，夏季室内过热的原因除了夏季气温高外，主要是外围护结构内表面的热辐射，特别是由窗口进入的热辐射。而在寒冷地区，如外围护结构内表面的温度过低，将对人产生"冷辐射"，也严重影响室内热环境。

1.2.2　人的热舒服感要求

人的热舒服感主要建立在人和周围环境正常的热交换上，即人由新陈代谢的产热率和人向周围环境的散热率之间的平衡关系。人体得热和失热过程可用下式表示：

$$\Delta q = q_m \pm q_c \pm q_r - q_w$$

式中：Δq——人体热负荷，即人体产热率与散热率之差（W/m²）；

　　　q_m——人体新陈代谢产热率（W/m²）；

　　　q_c——人体与周围环境的对流换热率（W/m²）；

　　　q_r——人体与环境的辐射换热率（W/m²）；

　　　q_w——人体蒸发散热率（W/m²）。

当 $\Delta q = 0$ 时，体温恒定不变；当 $\Delta q > 0$ 时，体温上升；当 $\Delta q < 0$ 时，体温下降。

当 $\Delta q = 0$ 时，人体处于热平衡状态，但 $\Delta q = 0$ 并不一定表示人都处于舒服状态，因为各种热量之间可能有许多不同的组合使 $\Delta q = 0$，即人们会遇到各种不同的热平衡，只有那种能使人体按正常比例散热的热平衡，才是舒服的。按正常比例散热是指，对流换热量占总热量的 25% ～ 30%，辐射散热量占总热量的 45% ～ 50%，呼吸和无感觉蒸发散热量占总热量的 25% ～ 30%。

当劳动强度或室内热环境要素发生变化时，正常的热平衡可能被破坏。当环境过冷时，皮肤毛细血管收缩，血流减少，皮肤温度下降，以减少散热量；当环境过热时，皮肤毛细血管扩张，血流增多，皮肤温度升高，以增加散热量，甚至大量出汗使蒸发散热量变大，以争取新的热平衡。这时的热平衡称为负荷热平衡，在负荷热平衡下，虽然 $\Delta q = 0$，但人体不处于舒服状态。

1.2.3　室内热环境综合评价方法

室内空气温度、室内空气湿度、气流速度（室内风速）、室内热辐射（环境辐射温度）作为影响室内热环境的各因素，它们是互不相同的物理量，但对人们的热感觉来说，它们之间又有着密切的关系。改变其中的一个因素往往可以补偿其他因素的不足，如室内空气温度低而平均环境辐射温度高和室内空气温度高而平均环境辐射温度低的房间可以有同样的热感觉。所以，任何一个单独因素并不足以说明人体对热环境的反应。科学家们长期以来一直希望用一个单一的参数来描述这种反应，这个参数称为热舒适指数，它综合了影响室内热环境的全部因素的效果。下面介绍两种综合评价方法。

1. 有效温度

有效温度（effective temperature，ET）最早由美国采暖通风工程师协会于 1923 年推出，是通过受试者对不同空气温度、相对湿度、气流速度等环境的主观反映得出的具有相同热感觉的综合指标。在同一有效温度作用下，虽然温度、湿度、风速各项因素的组合不同，但人体会有相同的热舒服感觉。

2. 预测热感指数

预测热感指数（predicted mean vote，PMV）是 20 世纪 80 年代初得到国际标准化组织（International Organization for Standardization，ISO）承认的一种比较全面的热舒适指标。方格（Fanger）综合了近千人在不同热环境下的热感觉试验结果，提出了一个表征人体热舒适的较为客观的指标。该指标综合考虑了环境因素和人的因素，包括人体活动情况（新陈代谢率）、衣着情况（服装热阻）、空气温度、空气相对湿度、空气流速、平均辐射温度，并以心理、生理的主观热感觉的等级为出发点，建立起 PMV 指标系统，把 PMV 值按人的热感觉分成 7 个等级，它们之间的数值关系见表 1-5。国际标准化组织规定 PMV 值在 $-0.5 \sim +0.5$ 内为室内热舒适指标，但只有舒适性空调建筑才能达到这一标准。

表 1-5　PMV 值与人体热感觉的关系

PMV	-3	-2	-1	0	$+1$	$+2$	$+3$
热感	很冷	冷	稍冷	舒适	稍热	热	很热

1.3　建　筑　日　照

任务描述

工作任务　了解日照棒影图的基本知识，考虑可绘制日照棒影图的材料和工具。

工作场景　学生进行分组，利用相关测绘知识、仪器及网络信息完成工作任务。

1.3.1　日照的基本原理

1. 日照及建筑对日照的要求

日照是指物体表面被太阳直接照射的现象。阳光直接照射到建筑地段、建筑物外围护结构表面和房间内部的现象称为建筑日照。建筑对日照的要求主要根据它的使用性质和当地气候情况而定，具体见表 1-6。

表 1-6　建筑对日照的要求

要求	建筑类型	日照要求	主要原因
争取日照	托儿所、幼儿园	生活用房应满足底层冬至日满窗日照不小于 3h 的标准	阳光中的紫外线能起到预防和治疗某些疾病的作用，对身体发育有重要的作用
	小学、中学	教学建筑中普通教室应满足冬至日满窗日照不小于 2h 的标准	
	医院、疗养院	病房楼应满足冬至日日照不小于 2h 的标准	
	老年人居住建筑	应满足冬至日日照不小于 2h 的标准	
	居住建筑	每套住宅至少有一个居住空间（卧室、起居室）能获得冬季日照，宿舍半数以上的居室应能获得同住宅居住空间相等的日照	阳光起消灭细菌与干燥潮湿房间的作用，能够使室内有良好的卫生条件，另外在冬季获得太阳辐射能够提高室温
	农业用日光室	全天阳光	日光照射能引起生物的各种光生物学反应，从而促进生物机体的新陈代谢
避免日照	某些化工厂、实验室、药品车间	—	直射阳光可引起物品变质，甚至引发爆炸，故需防止阳光直射引起的化学反应
	展览室、绘图室、阅览室、精密仪器车间		眩光易引起视觉疲劳，降低工作效率，需避免眩光
	恒温恒湿的纺织车间、高温的冶炼车间等		防止室内过热，特别是在炎热地区，夏季一般建筑需要避免过量的直射阳光进入室内

同时，日照对建筑造型艺术有不可替代的作用与影响，直射阳光不仅能增强建筑物的立体感，不同角度变化的阴影还能使建筑物具有艺术风采。为满足建筑对日照的要求，在

设计时应按使用要求，结合当地气候条件、日照特点、地形及前后建筑的遮挡条件、房间的自然通风要求及节约用地等因素综合考虑，正确地选择房屋间距、朝向、建筑体型、窗口位置、遮阳处理方法等。综上所述，建筑日照设计的任务，将主要解决以下一些问题。

1）按地理纬度、地形与环境条件，合理确定城乡规划的道路网方位、道路宽度、居住区位置、居住区布置形式和建筑物的体型。

2）根据建筑物对日照的要求及相邻建筑的遮挡情况，合理选择和确定建筑物的朝向和间距。

3）根据阳光通过采光口进入室内的时间、面积和太阳辐射照度等的变化情况，确定采光口及建筑构件的位置、形状及大小。

4）正确设计遮阳构件的形式、尺寸及构造。

2. 地球绕太阳运行的规律

地球按一定的轨道绕太阳运动称为公转，公转一周的时间是一年。地球公转轨道平面称为黄道面。由于地轴是倾斜的，地球的地轴与黄道面成 $66°34'$ 的交角。在公转的过程中，地轴的倾斜方向和黄道面的交角是固定不变的。这样，太阳光线直射地球的范围，在南北纬 $23°26'$ 之间做周期性的变化，从而形成春、夏、秋、冬四季的更替。图 1-4 表示地球绕太阳运行一周的行程。

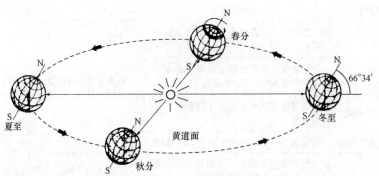

图 1-4　地球绕太阳运行一周的行程

太阳赤纬角 δ 是指太阳光线与地球赤道面所夹的角度，它是表征不同季节的一个数值。太阳赤纬角从赤道面算起，向北为正，向南为负。一年当中，季节不同，太阳赤纬角不同。主要节气的赤纬角可查表 1-7。春分时，阳光直射赤道，太阳赤纬角为 $0°$，阳光正好切过两极，因此南北半球昼夜等长，如图 1-5（a）所示。此后，太阳向北移动，到夏至日，阳光直射北纬 $23°26'$，且切过北极圈，即北纬 $66°34'$ 线，这时的赤纬角为 $+23°26'$，如图 1-5（b）所示。所以，赤纬角也可看成阳光直射的地理纬度。在北半球，从夏至到秋分为夏季，北极圈内在向太阳的一侧是"永昼"，南极圈内在背太阳的一侧为"长夜"，北半球昼长夜短，南半球昼短夜长。夏至以后太阳不继续向北移动，而是逐日南移返回赤道，所以北纬 $23°26'$ 处称为北回归线。当阳光又射到地球赤道时，赤纬角为 $0°$，称为秋分。这时，南北半球又是昼夜等长，如图 1-5（c）所示。当阳光继续向南半球移动，到达南纬 $23°26'$，即赤纬角为 $-23°26'$，称为冬至。此时，阳光切过南极圈，南极圈内为"永昼"，北极圈内背太阳的一侧为"长夜"，南半球昼长夜短，北半球昼短夜长，如图 1-5（d）所示。冬至以后，阳光又向北移动返回赤道，当回到赤道时，又是春分了。如此周期性变化，年复一年。由此可以看出，地球在绕太阳公转的行程中，太阳赤纬角的变化反映了地球的不同季节。

表 1-7　主要节气的太阳赤纬角

节气	日期	赤纬角 δ	日期	节气
夏至	6 月 21 日左右	$+23°26'$		
小满	5 月 21 日左右	$+20°00'$	7 月 23 日左右	大暑
立夏	5 月 6 日左右	$+15°00'$	8 月 8 日左右	立秋
谷雨	4 月 20 日左右	$+11°00'$	8 月 23 日左右	处暑
春分	3 月 21 日左右	$0°$	9 月 23 日左右	秋分
雨水	2 月 21 日左右	$-11°00'$	10 月 23 日左右	霜降
立春	2 月 4 日左右	$-15°00'$	11 月 7 日左右	立冬
大寒	1 月 20 日左右	$-20°00'$	11 月 22 日左右	小雪
		$-23°26'$	12 月 22 日左右	冬至

地球公转的同时，还绕地轴自转，自转一周为一天，即 24h。一天中不同的时刻有不同的时角，以 Ω 表示。地球自转一周为 360°，因而每小时的时角为 15°，即

$$\Omega = 15t$$

式中：Ω——时角（°）；

　　　　t——时数（h）。

3. 太阳高度角和方位角

因为观察点在地球所处的位置不同，所以在不同季节、不同时刻，从观察点看太阳在天空的位置，都不相同。太阳视位置是指从地面上看到太阳的位置，用太阳高度角和太阳方位角两个角度为坐标表示，如图 1-6 所示。太阳高度角 h_s 是指从太阳中心直射到当地的光线与当地水平面的夹角，其值在 0°～90°变化。太阳方位角 A_s 是指太阳光线在地平面上的投影与地平面正南线之间的夹角，顺时针为正，逆时针为负。

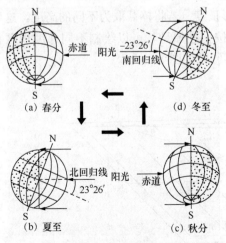

图 1-5　阳光直射地球的范围

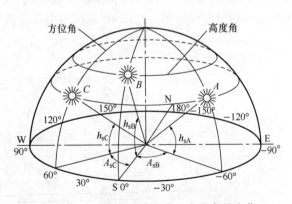

图 1-6　一天中太阳高度角和方位角的变化

太阳高度角，日出日落时为零，太阳在正天顶上为 90°，一天中，正午时（太阳中心正好在子午线上的时间，也即太阳方位角由负值变为正值的瞬间）太阳高度角最大（除极地部分地区外）。一年中，太阳高度角夏至时最大，冬至时最小。任何一天内，上午、下午太阳的位置对称于中午，如上午 8:45 的太阳高度角和方位角的数值与下午 15:15 相同，只是方位角的符号相反。

1.3.2　日照棒影图的原理及应用

1. 日照棒影图的基本原理

日照棒影图是以棒和棒影的基本关系来描述太阳运行规律的，即棒在阳光下产生棒影，以棒影端点移动的轨迹来表示太阳运行的规律。

设在地面上 O 点立一垂直的任意高度 H 的棒，在已知某时刻太阳高度角 h_s 和方位角 A_s 的情况下，太阳照射棒的顶端 a 在地面上的投影为 a'，则 Oa' 的长度 $H' = H\cot h_s$，棒影的方位角 $A'_s = A_s + 180°$。这就是棒与影的基本关系，如图 1-7（a）所示。

根据上述棒与棒影的关系，当 $\cot h_s$ 不变时，H' 与 H 成正比。若把 H 作为一个单位高度，则可求出其单位影长 H'。若棒高由 H 增加到 $2H$，则其影长也增加到 $2H'$，以此类推，如图 1-7（b）所示。

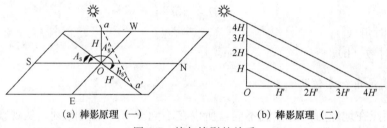

(a) 棒影原理（一）　　　　　　　(b) 棒影原理（二）

图 1-7　棒与棒影的关系

一天中，太阳高度角和方位角不断变化，棒端的落影点随太阳位置的变化而变化，如图 1-8 所示，将一天中每一时刻，如 10:00、12:00、14:00 棒的顶端 a 的落影点 a'_{10}、a'_{12}、a'_{14} 连成线，此线即为该日的棒影端点轨迹线。放射线表示棒在某时刻的落影方位线，也就是相应的时间线。a'_{10}、a'_{12}、a'_{14} 则是相应时间的棒影长度。若将棒截取为不同的高度，这些棒端落影点的轨迹可连成一条条棒影端点轨迹线。按上述原理，可以绘制不同纬度地区在不同季节的日照棒影图，北纬 40° 地区冬至日日照棒影图如图 1-9 所示。

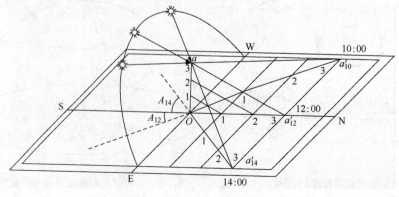

图 1-8　春分、秋分的棒影轨迹

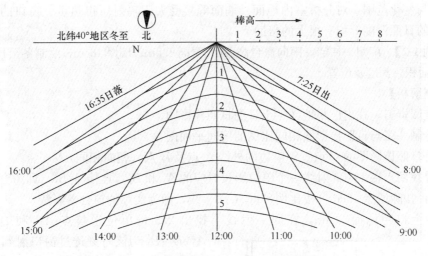

图 1-9　北纬 40°地区冬至日日照棒影图

2. 日照棒影图的应用

(1) 确定建筑物的阴影区

建筑物的阴影区可直接利用日照棒影图来解决。

【案例 1-1】 北纬 40°地区一幢高 20m、平面呈 Π 形、开口部分朝北的平屋顶建筑物如图 1-10 所示，绘制夏至日上午 10:00 周围地面上的阴影区。

【案例解析】

1) 查阅资料，找出北纬 40°地区夏至日的日照棒影图。

2) 将平屋顶建筑物的平面图绘制于透明纸上（平面图的比例最好与日照棒影图比例一致，当比例不同时，要注意日照棒影图上影长的折算，如该案例比例为 1∶500，故棒高 4cm 代表 20m）。

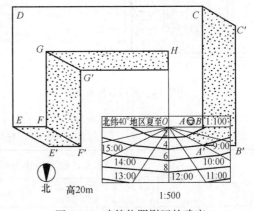

图 1-10　建筑物阴影区的确定

3) 将平面图中的 A、B、C、D、E、F、G 各点分别对准日照棒影图中的 O 点（使两图指北针的方向一致）。

4) 寻找各点在上午 10:00 射线 4cm 点的落影点 A'、B'、C'、D'（图中未画出，在阴影处）、E'、F'、G'、H'（图中未画出，在阴影处）。

5) 根据房屋的形状，依次连接 $AA'B'C'$ 和 $EE'F'G'$。

6) 从 G' 作与房屋东西向平行的平行线 $G'H'$，与 $AA'B'C'$ 和 $EE'F'G'$ 连接，即求得房屋阴影区的边界。

(2) 确定室内的日照区

利用日照棒影图可以求出采光口在室内地面或墙面的投影，即室内日照区。了解室内日照面积与变化范围，对分析室内地面、墙面等接受太阳辐射所得热量、窗口的形式与尺寸及室内的日照深度等均有很大的帮助。

【案例 1-2】　广州一住宅，南向窗台高 1m、窗高 1.5m、墙厚 16cm，绘制冬至日 14:00 室内的日照面积、深度及位置。

【案例解析】

1）查阅资料，找出广州地区冬至日的日照棒影图。

2）绘制一张与日照棒影图相同比例的房间平面图。

3）将日照棒影图的 O 点置于窗边的外线 A 点及 B 点（朝向相同）。

4）寻找两点在 14:00 射线一个单位影长对应的 A_1 和 B_1，连接 A_1B_1，即为窗台外边线的投影线，扣除墙厚 16cm（按比例）得 $A_1'B_1'$ 线，即为实际的窗台落影线。

5）窗上口距地面 2.5m，在同一射线上找出 2.5 倍单位影长点 $A_{2.5}$ 和 $B_{2.5}$，连接 $A_1'A_{2.5}B_{2.5}B_1'$ 为该时刻透过窗口射到室内地面的日照面积。

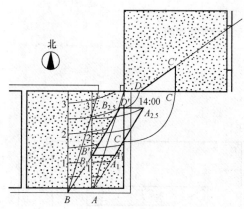

图 1-11　室内日照面积

6）在房间平面图上直接量出日照深度（窗越高，日照深度越大）。

请根据制图知识，绘制出投影于墙面上的日影面积。图 1-11 中 $CC'D$ 即为在墙面上的日照面积。同理可求出其他时刻的投影，将各个时间的日照面积连接起来，即为一天内室内的日照面积范围。

（3）确定建筑物的日照时间、朝向和间距

1）确定日照时间。住宅建筑日照标准见表 1-8。

表 1-8　住宅建筑日照标准

建筑气候区划	Ⅰ、Ⅱ、Ⅲ、Ⅶ气候区		Ⅳ气候区		Ⅴ、Ⅵ气候区
	大城市	中小城市	大城市	中小城市	
日照标准日	大寒日				冬至日
日照时数/h	≥2	≥3			≥1
有效日照时间带/h	8～16				9～15
计算起点	底层窗台面				

注：1. 本表摘自《城市居住区规划设计规范（2002 年版）》（GB 50180—1993）；

2. 底层窗台面是指距离室内地坪 0.9m 高的外墙位置。

2）选择朝向和间距。《城市居住区规划设计规范（2002 年版）》（GB 50180—1993）中规定，住宅的正面间距应按日照标准确定的不同方位的日照间距系数计算，也可采用表 1-9 所示不同方位间距折减系数换算。

表 1-9　不同方位间距折减系数

方位/（°）	0～15（含）	15～30（含）	30～45（含）	45～60（含）	＞60
间距折减系数	1.0L	0.9L	0.8L	0.9L	0.95L

注：1. 表中方位为正南向（0°）偏东、偏西的方位角；

　　2. L 为当地正南向住宅的标准日照间距（m）；

　　3. 本表指标仅适用于其他日照遮挡的平行布置条式住宅。

1.4　自 然 通 风

任务描述

工作任务　分析某一建筑物（教室、宿舍等）室内的通风情况，根据具体情况提出改进措施。

工作场景　学生进行分组，实景体验、分析，得出结论。

按形成的原因不同，建筑的通风可分为机械通风和自然通风两种。机械通风是利用通风设备（如风机或空调等）强制引起室内、外空气间的流动。自然通风是因建筑物两侧门窗或通风口存在压力差，引起空气流动。

1.4.1　自然通风的作用及形成原因

1. 自然通风的作用

自然通风可以在不消耗不可再生能源的情况下降低室内温度、带走潮湿气体、改善人体热舒适，这有利于减少能耗、降低污染，符合可持续发展的思想。同时，自然通风可以提供新鲜、清洁的自然空气（新风），有利于人的生理和心理健康。因此，建筑物应尽量采用自然通风。

2. 自然通风的形成

建筑物中自然通风的形成是因其开口处（门、窗、过道等）存在空气压力差。形成空气压力差的原因如下：一是热压；二是风压。因此，自然通风可分为热压作用下的自然通风和风压作用下的自然通风。

（1）热压通风

热压的大小主要由室内、外空气温度差和进、出风口高度差决定。室内、外空气温度差越大，进出风口高度差越大，则热压作用越强。在居住建筑中，气流通道的有效高度很小，在一般的单层房屋中小于 2m，故必须有相当大的室内、外空气温度差，才能使由热压引起的气流具有实际用途。

（2）风压通风

风压是指当风吹到建筑物上时，在迎风面上空气流动受阻，速度减弱，使风的部分动压变为静压,使建筑物迎风面上的压力大于大气压,在迎风面上形成正压区。在建筑物的背风面、屋顶、两侧,由于在气流曲绕过程中形成空气稀薄现象,该处的压力小于大气压力,形成负压区。由于正、负压的存在,整个建筑产生了压力差,具体风压分布情况如图 1-12 所示。当开口位于存在压力差的两点上时,该两点之间就会形成一股气流,压力差越大,通过的气流量就越大。甚至当开口关闭时,压力差也决定着靠渗透而通过的气流量。由风压促成的气流,可以穿过整个房间,通风量会大大超过热压促成的气流,这是夏季组织通风的主要方式。

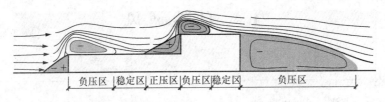

| 负压区 | 稳定区 | 正压区 | 负压区 | 稳定区 | 负压区 |

图 1-12　建筑物周围的风压分布情况

1.4.2　自然通风的合理组织

如果希望利用风压来实现较为理想的自然通风,首先要求建筑有较理想的外部风环境(平均风速一般不小于 3m/s);其次要合理进行建筑布局,综合考虑建筑的周边环境。影响建筑物自然通风的主要因素如下。

1. 建筑物的朝向

要确定建筑物的朝向,不但要了解当地日照量较多的方向,还要了解当地风的相关特性,包括冬季和夏季主导风的方向、速度及温度。每一个地区的风都有各自的特点,建筑物迎风面最大的压力在与风向垂直的面上,因此,在选择建筑物朝向时,应尽量使建筑主立面朝向夏季主导风向,建筑朝向与主导风向的夹角,条形建筑不宜大于 30°,点式建筑宜在 30°~60°内。而侧立面对着冬季主导风向。南向是太阳辐射量最多的方向,加之我国大部分地区夏季主导风向都是南或南偏东,故无论从改善夏季自然通风、调节房间热环境,还是从减少冬季、夏季的房间采暖空调负荷的角度来讲,大多数情况下,南向都是建筑物朝向最好的选择,而且选择南向也有利于避免东、西晒。

2. 建筑物的间距

建筑物的间距直接影响建筑物内房间的自然通风。在建筑物成排群体布置时,足够的

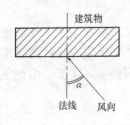

图 1-13　风向投射角

间距可使后排房屋迎风面摆脱前排房屋旋涡区的影响而获得正压。如正吹风,为保证后排房屋的通风,其两排房屋的间距为前排房屋高度的 4~5 倍。从保证自然通风和节省用地的角度综合考虑,风向和建筑物应有一定的风向投射角。风向投射角是指风向投射线与房屋墙面的法线交角 α,如图 1-13 所示。表 1-10 说明了风向投射角对流场的影响(其中 H 为建筑高度)。从表 1-10 中可以看出,风向投射角越小,对该建筑的自然通风越有利,但要使后排房屋也获得良

好的通风，则需较大的建筑间距。故在设计中应从多方面考虑，设法争取较大的风向投射角（45°左右），在实际工作中房间的通风间距常采用 $1.3H\sim1.5H$。

表 1-10　风向投射角对流场的影响

风向投射角(α)/(°)	屋后旋涡区深度	室内风速降低值/%	风向投射角(α)/(°)	屋后旋涡区深度	室内风速降低值/%
0	$3.75H$	0	45	$1.5H$	30
30	$3H$	13	60	$1.5H$	50

3. 建筑群的布局

建筑群的布置和自然通风的关系可以从平面和空间两个方面来考虑。

从平面规划的角度来分析，建筑物的群体布置方式有行列式、周边式和自由式，如图 1-14 所示。行列式是最基本的建筑群布局，是条式单元住宅或联排式住宅按一定朝向和合理间距成排布置的方式。其布局包含并列式、错列式和斜列式，并列式布局发生错动，从而形成错列式和斜列式及大间距并列式的布局。并列式的建筑布局虽然由于建筑群内部的流场因风向投射角不同而有很大变化，但总体说来受风面较小；错列式和斜列式可使风从斜向导入建筑群内部，下风向的建筑受风面大一些，风场分布较合理，所以通风好。周边式布置形式形成封闭或半封闭的内院空间，风很难导入，这种布置方式只适于冬季寒冷地区。自由式住宅布局包括低层独院式住宅布局、多层点式住宅布局及高层塔式住宅布局。通过整体规划布局及调整路网，自由式住宅的建筑布局之间不再是简单的行列关系，而是形成组团。自然风通过主干道流向各组团，又通过组团之间的绿化空间流向各住宅。

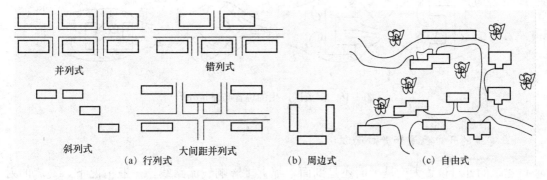

图 1-14　建筑物的群体布置方式

从立面设计的角度来分析，应使建筑单体间高低有序。在进行建筑群体布局时，宜采用前低后高、高低交错的方式，尽量避免建筑之间风的遮挡，高空建筑周围空气的流动情况如图 1-15 所示。建筑群的布局尽可能沿夏季主导风向，在主导风向上游的建筑底层宜架空，临近主导风向建筑宜为低层和多层；处于区域边缘、远离主导风向的建筑宜采用小高层和高层。这样，一方面可以把自然风引入区域内，另一方面又起到阻隔冬季风的作用。

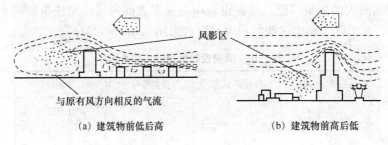

图 1-15　高层建筑周围空气的流动情况

4. 建筑的形体

对于单体建筑，图 1-16 中涡流区产生的位置取决于建筑物的外形和风向，涡流区大，正压力大的部分，通风最有利，但对其背后的建筑通风很不利。圆形建筑的涡流区最小。同时建筑物的长度、宽度、高度对涡流区的大小也产生较大的影响。

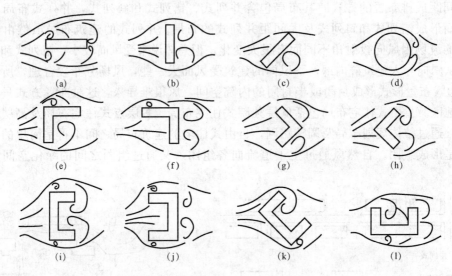

图 1-16　涡流区产生的位置与建筑外形

5. 建筑的开口位置和开口面积

建筑的开口位置无论是平面还是剖面，都直接影响气流路线。一般情况下，气流的射流方向基本取决于进风口的位置、形式与大小，其两旁或者上下的旁侧压力不等时，气流经入口后，射流向压力小的一边（即窗口周围墙面积小的一边）倾斜（图 1-17）。出风口的位置，只决定气流流出室外以后的方向，对室内射流路线的影响不大，但对气流速度影响较大。如需调整气流速度，可主要调整进、出风口的面积比例或出风口的位置与形式。若只有进风口，没有出风口，或者进风口和出风口的位置与室外气流方向平行，则气流对室内空气扰动很小。因此，为了保证室内有穿堂风，必须正确组织建筑物的正压区与负压区，使进风口位于正压区内，出风口位于负压区内。

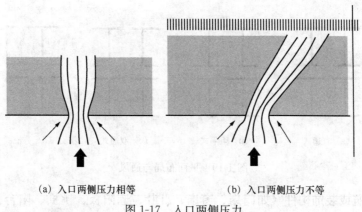

(a) 入口两侧压力相等　　　　　(b) 入口两侧压力不等

图 1-17　入口两侧压力

1.4.3　自然通风的改善措施

自然通风的改善措施如下。

1）充分利用植被、绿化带在建筑物窗口附近形成正压区与负压区，起到导流作用，改变室内的通风状况（图 1-18）。

(a) 植被前高后低　　　　(b) 植被前低后高　　　　(c) 植被位于两侧

图 1-18　利用植被改善通风

2）利用建筑形体及布局设计改变室内的通风状况。

室内通风路径的设计应遵循布置均匀、阻力小的原则，如图 1-19 所示。图 1-19（a）中流线及流速较好，但由于使用要求，房门常按图 1-19（b）中设计而增加了阻力，因此可增加内窗通风，如图 1-19（c）所示。当房间有侧窗时，气流大都按短路流出，如图 1-19（d）所示。在设计中，可将室内开敞空间、走道、室内房间的门窗、多层的共享空间或者中庭作为室内通风路径。在室内空间设计时宜组织好上述空间，使室内通风路径布置均匀，避免出现通风死角。采用自然通风的建筑，如未设置通风系统的居住建筑，户型进深不应超过 12m；公共建筑进深不宜超过 40m，进深超过 40m 时应设置通风中庭或天井。

当房间采用单侧通风时，应采取下列措施增强自然通风效果：通风窗与夏季或过渡季节典型风向之间的夹角应控制在 45°～60°内；宜增加可开启外窗窗扇的高度；迎风面应有凹凸变化，尽量增大凹口深度；可在迎风面设置凹阳台。

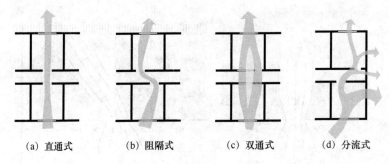

(a) 直通式   (b) 阻隔式   (c) 双通式   (d) 分流式

图 1-19 平面布局与通风

3）利用建筑或装饰构件（如门扇、窗扇、百叶、遮阳板、挑檐、阳台栏板、隔断等）进行挡风、导风，改变气流路线，改变室内的通风状况，如图 1-20 和图 1-21 所示。

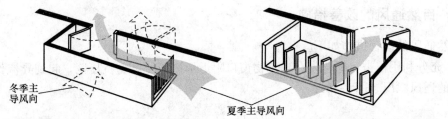

(a) 阳台漏室部分朝夏季主导风向，门开启方向要导流   (b) 阳台栏杆作导风板与夏季主导分向平行

图 1-20 引风方式

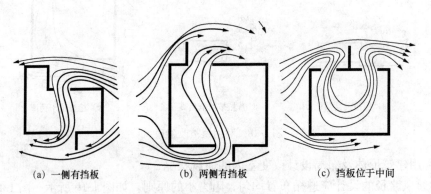

(a) 一侧有挡板   (b) 两侧有挡板   (c) 挡板位于中间

图 1-21 利用挡板改善通风

知识拓展

实例 1——德国国会大厦

德国国会大厦（图 1-22）的进风口位于建筑檐口，出风口位于玻璃穹顶的顶部。设计者还利用深层土壤来蓄冷和蓄热，并使之与自然通风相结合（在夏季使空气预冷，在冬季使空气预热），产生理想的节能效果。

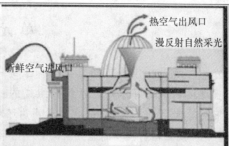

热空气出风口

漫反射自然采光

新鲜空气进风口

图 1-22　德国国会大厦

实例 2——芝柏文化中心

伦佐·皮亚诺设计的芝柏文化中心（图 1-23）是利用风压进行自然通风的现代经典作品。新喀里多尼亚是位于澳大利亚东侧的南太平洋岛国，属热带平原性气候，炎热潮湿，常年多风，因此最大限度地利用自然通风来降温、除湿，便成为适应当地气候、注重生态环境的核心技术。芝柏文化中心由十个被皮亚诺称为"容器"的棚屋状单元组成，棚屋一字排开，形成三个"村落"。每个棚屋大小不同，最高的达 28m，外部材料均使用当地出产的木材。常年光顾南太平洋的强劲西风是大自然给这个小岛的恩赐。贝壳状的棚屋背向夏季主导风向，在下风向处产生强大的吸力（形成负压区），而在棚屋背面开口处形成正压，从而使建筑内部产生空气流动。针对不同风速（从微风到飓风）和风向，设计者通过调节百叶的开合来控制室内气流（图 1-24），从而实现完全被动式的自然通风，达到节约能源、减少污染的目的。

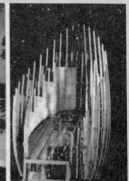

图 1-23　芝柏文化中心

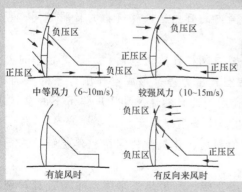

负压区

正压区　　负压区

正压区

中等风力（6~10m/s）

负压区

正压区

较强风力（10~15m/s）

负压区

负压区　正压区

有旋风时

负压区

正压区

有反向来风时

图 1-24　不同部位的百叶

单 元 小 结

室外热环境是指作用在外围护结构上的一切热物理量的总称，是由太阳辐射、大气温度、空气湿度、风、降水等因素综合组成的一种热环境。

太阳辐射属于短波辐射，是决定室外热环境的主要因素。太阳辐射由直射辐射和散射辐射两部分组成。太阳辐射强弱的差异及其影响因素有纬度位置、天气状况、海拔和日照时间等。

室外气温是指各城市近郊气象台站距地面 1.5m 处百叶箱内的空气温度。地面与空气的热交换是室外气温升降的直接因素。

空气湿度是指空气中水蒸气的含量，可用绝对湿度或相对湿度表示。

风向玫瑰图也称为风频玫瑰图，表示风向和风向的频率。风向玫瑰图所表示的风向（即风的来向）是指风从外面吹向地区中心的方向。

建筑气候分区：严寒地区、寒冷地区、夏热冬冷地区、夏热冬暖地区、温和地区。

城市小气候的特点：①大气透明度较小，削弱了太阳辐射；②热岛效应；③风速减小、风向随地而异；④蒸发减弱、湿度变小；⑤雾多、能见度差。

室内热环境的各要素以人的热舒服程度为评价标准。

人的热舒服程度受室内空气温度、室内空气湿度、气流速度（室内风速）、室内热辐射（环境辐射温度）等环境因素的影响。

建筑日照是指阳光直接照射到建筑地段、建筑物外围护结构表面和房间内部的现象，建筑对日照的要求可概括为争取日照和避免日照。

地球按一定的轨道绕太阳运动即公转，公转一周的时间是一年。地球公转轨道平面称为黄道面。由于地轴是倾斜的，地球的地轴与黄道面成 $66°34'$ 的交角。在公转的过程中，地轴的倾斜方向和黄道面的交角是固定不变的，从而形成了春、夏、秋、冬四季的更替。

太阳高度角（h_s）指从太阳中心直射到当地的光线与当地水平面的夹角，其值在 $0°\sim 90°$ 变化。太阳方位角（A_s）即太阳所在的方位，指太阳光线在地平面上的投影与地平面正南线之间的夹角，东偏为负，西偏为正。

日照棒影图是以棒和棒影的基本关系来描述太阳运行规律的，即棒在阳光下产生棒影，以棒影端点移动的轨迹来表示太阳运行的规律。

利用日照棒影图可确定建筑物的阴影区，室内的日照区，建筑物的日照时间、朝向和间距等。

建筑的通风按形成的原因不同，可分为机械通风和自然通风两种。建筑物中自然通风的形成是因其开口处（门、窗、过道等）存在空气压力差。形成空气压力差的原因有二：一是热压；二是风压。故自然通风可分为热压作用下的自然通风和风压作用下的自然通风。热压的大小主要由室内、外空气温度差和进、出风口高度差决定。

影响建筑物自然通风的主要因素有建筑物的朝向、建筑物的间距、建筑群的布局、建筑的形体、建筑的开口位置和开口面积。

自然通风的改善措施包括充分利用植被、绿化带，利用建筑形体及布局设计，利用建筑或装饰构件等。

能 力 训 练

基本能力

一、名词解释

1. 室外热环境　2. 热岛效应　3. 风向玫瑰图　4. 建筑日照　5. 赤纬角

6. 太阳高度角　7. 太阳方位角

二、填空题

1. 室外热环境是由_____、_____、_____、_____、_____等因素综合组成的一种热环境。

2. 建筑物所在地的室外热环境通过_____将直接影响室内环境。

3. 太阳辐射属于_____辐射。

4. 太阳辐射由_____、_____组成。

5. 室外气温是指各城市近郊气象台站距地面_____处百叶箱内的空气温度。

6. 空气温度升降的直接因素是_____。

7. 室外气温的年变化规律由_____引起，日变化规律则由_____引起。

8. 空气相对湿度的年变化规律为_____月相对湿度最小，_____月相对湿度最大，日变化规律为晴天时，日相对湿度最大值出现在_____，最小值出现在_____。

9. 气象学上根据风速将风分为_____级，级别越高，风速越_____。

10. 室内热环境构成要素以人的_____为评价标准。

11. 人的热舒服程度受_____、_____、_____、_____环境因素的影响。

12. 太阳高度角的值在_____到_____变化。太阳方位角_____为正，_____为负。

13. 按形成的原因不同，建筑的通风可分为_____和_____两种。

14. 建筑物中的自然通风，可分为_____作用下的自然通风和_____作用下的自然通风。

15. 热压的大小主要由_____和_____决定。

16. 在实际工作中房间的通风间距常采用_____。

三、选择题

1. 晴天时，日相对湿度最大值出现在（　　），最小值出现在（　　）。

　　A. 4:00～5:00　　　　　　　　　　B. 10:00～11:00

　　C. 20:00～22:00　　　　　　　　　D. 13:00～15:00

2. 我国大部分地区冬夏风向更替明显。冬季盛行偏（　　）风，夏季多吹偏（　　）风。

　　A. 东　　　　　B. 西　　　　　C. 南　　　　　D. 北

3. 风向玫瑰图所表示的风向（即风的来向）是指（　　）。

　　A. 从地区中心吹向外面的方向　　　B. 从外面吹向地区中心的方向

4. 下列城市中不属于同一个热工设计分区的是（　　）。

A. 长春、哈尔滨、乌鲁木齐 　　　　B. 杭州、南京、长沙

C. 北京、拉萨、西安 　　　　D. 北京、大连、呼和浩特

5. 按《民用建筑热工设计规范》（GB 50176—2016）的要求，热工设计必须满足夏季防热并适当兼顾冬季保温的是（　　）地区。

A. 严寒 　　　　B. 夏热冬冷 　　　　C. 温和 　　　　D. 夏热冬暖

6. 下列城市中属于夏热冬冷地区的是（　　）。

A. 广州 　　　　B. 长沙 　　　　C. 海口 　　　　D. 昆明

7. 下列建筑在设计时需避免日照的是（　　）。

A. 幼儿园 　　　　B. 医院 　　　　C. 纺织车间 　　　　D. 中小学

8. 上午 8:45 的太阳高度角和方位角的数值与下午（　　）相同。

A. 15:15 　　　　B. 14:45 　　　　C. 16:15 　　　　D. 15:45

四、简答题

1. 简述不同地区太阳辐射强弱的差异及造成差异的影响因素。

2. 简述使城市区域的气候要素产生显著变化的因素。

3. 简述建筑日照设计的任务可解决的问题。

4. 简述形成春、夏、秋、冬四季更替的原因。

5. 简述影响建筑物自然通风的主要因素。

拓展能力

1. 查找资料了解热岛效应的成因及减轻热岛效应的对策。

2. 查找资料绘制当地的风向玫瑰图，并分析当地风向玫瑰图的特点及对城市规划和建筑的影响。

3. 以学习小组的形式，讨论气候是如何影响建筑的（如材料、形态），并写出调查报告。

4. 利用本单元所学知识，查找资料，分析建筑物朝向对室内热环境的影响（如日照时间的长短、范围的大小等）。

5. 对于东西向的住宅，可以采取哪些设计方法尽可能克服西晒的缺点？

建 筑 保 温

■ **知识目标**　掌握　围护结构的热工对策、建筑保温的基本要求及措施、平均传热系数 K_m 的计算。

　　　　　　熟悉　传热的 3 种方式、围护结构的稳定传热过程。

　　　　　　了解　组合材料层的传热过程、建筑采暖中太阳能的利用。

■ **技能目标**　能　在相应的规范中查得相关的数据资料，填写节能计算书；在设计及施工过程中注重有关节能要求及知识的运用。

　　　　　　会　查找相应规范并使用。

■ **单元任务**　绘制当地常用的围护结构保温构造，计算相关数值，并尝试提出改进措施。

2.1　传热基本知识

任务描述

工作任务　分析某建筑物墙体热量传递的方式。

工作场景　学生进行课堂学习、分组讨论，在图书馆、计算机实训室查找资料，在教室进行资料汇总、完成任务。

2.1.1　传热方式

传热是指物体内部或者物体与物体之间热能转移的现象。在自然界中，只要存在温差就会有传热现象，热能由高温部位传至低温部位。根据传热机理的不同，传热的基本方式分为导热、对流和辐射，建筑物的传热大多是这 3 种方式综合作用的结果。

1. 导热

导热是指在同一物体内部或相互接触的两物体之间由于分子热运动，热量由高温处向低温处转移的现象。在固体、液体和气体中均能产生导热现象，单纯的导热仅能在密实的固体中发生。绝大多数建筑材料（固体）中的热传递过程可作为导热过程来考虑。

物体内或空间中各点的温度是空间和时间的函数，某一时刻物体内各点的温度分布称为该物体或该空间的温度场，如果温度分布不随时间而变，称为稳定温度场，由此产生的导热称为稳定导热；如果温度分布随时间而变，则称为不稳定温度场，由此产生的导热称为不稳定导热。在温度场中，连接温度相同的点便形成了等温面。只有在不同等温面上的点之间才能形成热量传递。

　　在建筑工程中，如果其宽度与高度的尺寸比厚度大得多，则通过平壁的热量流动可认为只沿厚度一个方向流动，如图 2-1 所示。对于单层匀质平壁（平壁涵盖建筑工程中的大多数围护结构，如墙、地板、屋顶等），在稳定传热的前提下，通过壁体的热流量 Q 的计算公式为

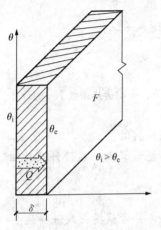

$$Q = \frac{\lambda}{\delta}(\theta_i - \theta_e)F\tau \qquad (2\text{-}1)$$

式中：Q——总导热量 [kJ 或（W·h）]；
　　　　λ——热导率 [W/(m·K)]，由材料性质决定；
　　　　θ_i——平壁内表面温度（℃ 或 K）；
　　　　θ_e——平壁外表面温度（℃ 或 K），假设 $\theta_e < \theta_i$；
　　　　δ——平壁的厚度（m）；
　　　　F——垂直于热量传递方向的平壁表面积（m²）；
　　　　τ——导热进行的时间（h）。

　　面积热流量（热流强度）是指单位时间内通过单位面积的热量，用 q 表示，其计算公式为

图 2-1　单层匀质平壁的导热

$$q = \frac{\lambda}{\delta}(\theta_i - \theta_e) \qquad (2\text{-}2)$$

也可写作

$$q = \frac{\theta_i - \theta_e}{\dfrac{\delta}{\lambda}} = \frac{\theta_i - \theta_e}{R} \qquad (2\text{-}3)$$

式中：q——面积热流量（W/m²）；

　　　　R——热阻（m²·K/W），$R = \dfrac{\delta}{\lambda}$。

　　热导率 λ 是在稳定导热条件下材料导热特性的指标，是在稳态条件和单位温差作用下，通过单位厚度、单位面积匀质材料的热流量。热导率越大，表明材料的导热能力越强。各种物质的热导率均由实验确定。金属的热导率最大，非金属和液体次之，气体最小，因而静止不流动的空气具有很好的保温性能。各种材料的 λ 值大致范围如下：气体为 $0.006 \sim 0.6$ W/(m·K)，液体为 $0.07 \sim 0.7$ W/(m·K)，绝热材料为 $0.025 \sim 3$ W/(m·K)，金属为 $2.2 \sim 420$ W/(m·K)。工程上常把热导率小于 0.25 W/(m·K) 的材料称为隔热材料（绝热材料），如石棉制品、泡沫混凝土、不流动的空气等。影响热导率的因素主要有物质的种类（液体、气体、固体）、结构成分、密度、湿度、压力、温度等。

　　热阻 R 是表征围护结构本身或其中某层材料阻抗传热能力的物理量，反映了热量通过平壁时的阻力。在同样的温差条件下，热阻越大，通过材料层的热量越少。其大小受平壁的厚度及材料热导率的影响。

　　2. 对流

　　对流是指流体与流体之间、流体与固体之间各部分发生相对位移时所产生的热量交换

现象，是流体所特有的一种传热方式。建筑工程中大量遇到的是流体流过一个固体表面时发生的热量交换过程，这个过程称为表面对流换热。

对流按产生的原因可分为自然对流和受迫对流。自然对流是由流体冷热部分的密度不同而引起的流动。自然对流的面积热流量主要取决于流体局部受热或受冷时所产生的温差。由于外力作用（如吹风泵压）而迫使流体产生对流称为受迫对流，因此，受迫对流的面积热流量主要取决于外力扰动的大小。

流体与固体表面对流换热过程的面积热流量 q_c 的计算公式为

$$q_c = \alpha_c(t - \theta) \tag{2-4}$$

式中：α_c——表面换热系数 $[W/(m^2 \cdot K)]$；

　　　θ——固体壁面温度（℃或 K）；

　　　t——流体主体部分温度（℃或 K）。

表面换热系数 α_c 指围护结构表面通过对流、辐射和与之接触的空气之间换热，与单位温差作用下，单位时间通过单位面积的热量。α_c 包括一切影响对流换热面积热流量的因素。在建筑热工中，表面换热系数主要与气流的状况、结构所处的部位、壁面状况和热流方向等有关。

3. 辐射

凡是温度高于绝对零度（0K）的物体，都会从其表面向外界空间辐射电磁波，同时又不断地吸收其他物体投射的电磁波，如果这种辐射的电磁波的波长范围为 $0.4 \sim 40\mu m$，就会有明显的热效应，这种辐射与吸收的过程就形成了以辐射形式进行的物体之间的能量转移，称为辐射换热。辐射换热有以下几个方面的特点。

1）在辐射换热过程中伴随能量的转移和转化。

2）辐射换热是物体之间相互辐射的结果。

3）辐射换热不需要物体相互接触，也不需要任何中间媒介。

一个物体对外来入射辐射可以有反射、吸收和透射 3 种情况，它们与入射辐射的比值分别称为物体对辐射的反射系数 ρ、吸收系数 α、透射系数 τ。根据能量守恒定律，入射辐射为 1，则有 $\alpha + \rho + \tau = 1$。物体对不同波长外来辐射的反射、吸收及透射的性能是不同的，将外来辐射全部反射的物体（$\rho = 1$）称为绝对白体，将外来辐射全部吸收的物体（$\alpha = 1$）称为黑体（或全辐射体），使外来辐射全透过的物体（$\tau = 1$）称为绝对透明体。自然界中没有绝对黑体、绝对白体和绝对透明体。灰体是自然界中介于黑体与白体之间的不透明物体，建筑材料多数为灰体。

物体对不同波长外来辐射的反射能力是不同的，如擦光的铝表面对各种波长辐射的反射系数都很大；黑色表面对各种波长辐射的反射系数都很小；白色表面对 $2\mu m$ 以下辐射的反射系数很大，对波长 $6\mu m$ 以上辐射的反射系数又很小，接近黑色表面。这种现象对建筑表面颜色和材料的选用有一定的影响。

常用的普通玻璃一般为透明材料，它只对波长为 $0.2 \sim 2.5\mu m$ 的可见光和近红外线有很高的透过率，而对波长为 $4\mu m$ 以上的远红外辐射的透过率却很低。玻璃对太阳辐射中大部分波长的光可以透过，而对一般常温物体所发射的电磁波（多为远红外线）则透过率很低。这样通过玻璃可以获取大量的太阳辐射能，使室内构件吸收辐射热而温度升高，但室内构件发射的远红外辐射则基本不能通过玻璃再辐射出去，从而可以提高室内温度，产生温室效应。在利用太阳能的建筑设计中，常用这一效应为节能服务。

2.1.2　围护结构传热现象及热工对策

热量流动的方向是由高温向低温转移，建筑所处的环境不同，热量流动的方向也不同，因此热工对策也不同。例如，冬季热量由室内流向室外，其热工对策为加强建筑围护结构的保温设计。而在夏季，其白天与晚上的热流方向相反，白天热量由室外流向室内，晚上则由室内流向室外。故其热工对策不仅要求围护结构有较好的隔热性能，同时还要求夜间具有良好的散热性。因此，应该根据建筑物室内、外的热量传递情况，传热部位及建筑结构形式，结合当地室外气候特征，采取不同的措施和处理方法。

2.2　围护结构的稳定传热

任务描述

工作任务　根据某建筑物墙体构造，分析其保温能力。

工作场景　学生进行课堂学习、分组讨论，在图书馆、计算机实训室查找资料，在教室进行资料汇总、完成任务。

围护结构传热的计算模型可分为稳定传热和周期性不稳定传热，本节主要学习围护结构主体部分的一维稳定传热（假设室内、外的气温都不随时间而变化，热量仅从壁体厚度方向流过）。一维稳定传热具有两个主要特征：一是通过平壁的面积热流量处处相等；二是平壁内部各界面间温度分布呈折线关系，同一材质内部温度随距离的变化规律为直线。

2.2.1　匀质平壁的稳定传热

建筑围护结构通常可简化为多层平壁，通过多层匀质平壁围护结构的传热要经过 3 个过程，图 2-2 所示为 3 层平壁的稳定传热过程。

1）表面吸热：内表面从室内吸热（冬季）或外表面从室外空间吸热（夏季）。

2）结构传热：热量由结构的高温表面传向低温表面。

3）表面放热：外表面向室外空间散热（冬季）或内表面向室内空间散热（夏季）。

在冬季的保温设计中，稳定传热的过程为内表面吸热→结构传热→外表面放热。

1. 内表面吸热

根据前述知识可知，壁体内表面和室内空气

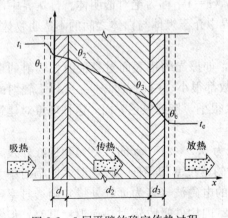

图 2-2　3 层平壁的稳定传热过程

传热方式主要是对流换热，其面积热流量为

$$q_i = \alpha_i(t_i - \theta_i) = \frac{(t_i - \theta_i)}{R_i} \tag{2-5}$$

式中：q_i——内表面换热的面积热流量（W/m^2）；

α_i——内表面的表面换热系数 $[W/(m^2 \cdot K)]$，其热阻 $R_i = \frac{1}{\alpha_i}$，一般按表 2-1 取值；

t_i——室内空气温度（K）；

θ_i——壁体内表面温度（K），$t_i > \theta_i$。

表 2-1 内表面的表面换热系数和热阻

适用季节	内表面特征	$\alpha_i/[W/(m^2 \cdot K)]$	$R_i/[(m^2 \cdot K)/W]$
冬季和夏季	墙、地面、表面平整的顶棚、屋盖或楼板及带肋的顶棚（$h/s \leqslant 0.3$）	8.72	0.11
	有井形突出物的顶棚、屋盖或楼板（$h/s > 0.3$）	7.56	0.13

注：h 为肋高；s 为肋间径距。

2. 结构传热

多层平壁内材料层的传热过程由内向外分别为

第一层：

$$q_1 = \frac{\lambda_1}{\delta_1}(\theta_i - \theta_2) = \frac{\theta_i - \theta_2}{R_1} \tag{2-6}$$

第二层：

$$q_2 = \frac{\lambda_2}{\delta_2}(\theta_2 - \theta_3) = \frac{\theta_2 - \theta_3}{R_2} \tag{2-7}$$

第三层：

$$q_3 = \frac{\lambda_3}{\delta_3}(\theta_3 - \theta_e) = \frac{\theta_3 - \theta_e}{R_3} \tag{2-8}$$

3. 外表面放热

同理，壁体外表面和室外空气传热的方式主要是对流换热，其面积热流量为

$$q_e = \alpha_e(\theta_e - t_e) = \frac{(\theta_e - t_e)}{R_e} \tag{2-9}$$

式中：q_e——外表面放热的面积热流量（W/m^2）；

α_e——外表面的表面换热系数 $[W/(m^2 \cdot K)]$，其热阻 $R_e = \frac{1}{\alpha_e}$，一般按表 2-2 取值；

t_e——室外空气温度（K）；

θ_e——壁体外表面温度（K），$t_e < \theta_e$。

表 2-2　外表面的表面换热系数和热阻

适用季节	外表面特征	$\alpha_e/[W/(m^2 \cdot K)]$	$R_e/[(m^2 \cdot K)/W]$
冬季	外墙、屋顶与室外空气直接接触的表面	23.0	0.04
	与室外空气相通的不采暖地下室上面的楼板	17.0	0.06
	闷顶、外墙上有窗的不采暖地下室上面的楼板	12.0	0.08
	外墙上无窗的不采暖地下室上面的楼板	6.0	0.17
夏季	外墙和屋顶	19.0	0.05

根据一维稳定传热的基本规律可知，通过平面的面积热流量 q 处处相等，满足

$$q = q_i = q_1 = q_2 = q_3 = q_e \tag{2-10}$$

根据式（2-5）～式（2-9）可得

$$q_i R_i = t_i - \theta_i \tag{2-11}$$

$$q_1 R_1 = \theta_i - \theta_2 \tag{2-12}$$

$$q_2 R_2 = \theta_2 - \theta_3 \tag{2-13}$$

$$q_3 R_3 = \theta_3 - \theta_e \tag{2-14}$$

$$q_e R_e = \theta_e - t_e \tag{2-15}$$

式（2-11）～式（2-15）相加可得

$$q(R_i + R_1 + R_2 + R_3 + R_e) = t_i - t_e \tag{2-16}$$

$$q = \frac{t_i - t_e}{R_i + R_1 + R_2 + R_3 + R_e} = \frac{t_i - t_e}{R_i + \sum_{n=1}^{3} R + R_e} \tag{2-17}$$

由式（2-17）可推广到多层平壁的稳定传热过程，其计算公式为

$$q = \frac{t_i - t_e}{R_i + \sum_{n=1}^{m} R + R_e} = \frac{t_i - t_e}{R_0} = K_0(t_i - t_e) \tag{2-18}$$

式中：R_0——平壁的总热阻（$m^2 \cdot K/W$）；

K_0——平壁的总传热系数 $[W/(m^2 \cdot K)]$，是总热阻 R_0 的倒数，其物理意义是，在稳态条件下，当 $t_i - t_e = 1K$ 时，在单位时间内通过单位面积围护结构的热量。

为了达到建筑节能的要求，同时使建筑环境满足工作和学习的需要，我国相关标准或规范对围护结构各部位的传热系数、热阻等相关指标做出了相应的限制。在考虑外墙存在热桥的影响后，其限值最终采用平均传热系数 K_m。《严寒和寒冷地区居住建筑节能设计标准》（JGJ 26—2010）对采暖居住建筑各部分围护结构传热系数的限值规定见附录 A。

根据上面所学的知识可知，一维稳定传热时任何一个界面的温度 θ_m 都可以根据式（2-20）计算得出

$$q = \frac{t_i - t_e}{R_0} = \frac{t_i - \theta_m}{R_i + \sum_{n=1}^{m-1} R_n} \tag{2-19}$$

$$\theta_m = t_i - \frac{R_i + \sum_{n=1}^{m-1} R_n}{R_0}(t_i - t_e) \tag{2-20}$$

式中：$n = 1, 2, 3, \cdots, m$；

$\sum R_n$——从第 1 层到第 $m-1$ 层的热阻之和。

注意：层次编号是顺着热量流动方向的。由式（2-20）即可得出，在稳定传热的条件下，同一材质平壁内部的温度呈直线关系，在多层平壁内形成连续折线，其温度下降程度与各层的热阻成正比。

建筑保温材料的热工设计计算应当采用计算值，因此在节能设计时，我们需要考虑保温材料在不同情况下的修正系数。保温材料的计算修正系数，可参照现行的国家标准《民用建筑热工设计规范》（GB 50176—2016）或者当地工程建设规范的规定。表 2-3 为常用保温材料热导率的修正系数。

表 2-3　常用保温材料热导率的修正系数 a 值

材料	使用部位	修正系数 a			
		严寒和寒冷地区	夏热冬冷地区	夏热冬暖地区	温和地区
聚苯板	室外	1.05	1.05	1.10	1.05
	室内	1.00	1.00	1.05	1.00
挤塑聚苯板	室外	1.10	1.10	1.20	1.05
	室内	1.05	1.05	1.10	1.05
聚氨酯	室外	1.15	1.15	1.25	1.15
	室内	1.05	1.10	1.15	1.10
酚醛	室外	1.15	1.20	1.30	1.15
	室内	1.05	1.05	1.10	1.05
岩棉、玻璃棉	室外	1.10	1.20	1.30	1.20
	室内	1.05	1.15	1.25	1.20
泡沫玻璃	室外	1.05	1.05	1.10	1.05
	室内	1.00	1.05	1.05	1.05

【案例 2-1】　已知太原地区，室内气温为 18℃，室外气温为 −9℃，试分析图 2-3 所示外墙结构的热阻、面积热流量和内部温度的分布。

【案例解析】

1）通过附录 B 查出各种材料的热导率。

水泥石灰砂浆：

$$\lambda_1 = 0.87\text{W/（m·K）}$$

钢筋混凝土：

$$\lambda_2 = 1.74\text{W/（m·K）}$$

岩棉板：

$$\lambda_3 = 0.041\text{W/（m·K）}$$

水泥砂浆：

$$\lambda_4 = 0.93\text{W/（m·K）}$$

2）分析各层的热阻。

20mm 厚水泥石灰砂浆：

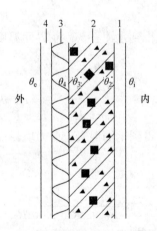

图 2-3　外保温墙体示意图

1—20mm 厚水泥石灰砂浆；

2—250mm 厚钢筋混凝土剪力墙；

3—$\rho_0 = 100\text{kg/m}^3$ 60mm 厚的岩棉板；

4—30mm 厚水泥砂浆

$$R_1 = 0.02/0.87 = 0.023 \ (\text{m}^2 \cdot \text{K/W})$$

250mm 厚钢筋混凝土剪力墙：

$$R_2 = 0.25/1.74 = 0.144 \ (\text{m}^2 \cdot \text{K/W})$$

60mm 厚岩棉板：

$$R_3 = 0.06/ \ (0.041 \times 1.10) = 1.33 \ (\text{m}^2 \cdot \text{K/W})$$

式中：1.10 为岩棉板的热导率的修正系数，见表 2-3。

30mm 厚水泥砂浆：

$$R_4 = 0.03/0.93 = 0.032 \ (\text{m}^2 \cdot \text{K/W})$$

3）分析墙体的总热阻。

$$R_0 = (R_i + R_1 + R_2 + R_3 + R_4 + R_e) = 0.11 + 0.023 + 0.144 + 1.33 + 0.032 + 0.04$$
$$= 1.679 \ (\text{m}^2 \cdot \text{K/W})$$

4）分析墙体的面积热流量。

$$q = \frac{t_i - t_e}{R_0} = \frac{18 + 9}{1.679} = 16.08 \ (\text{W/m}^2)$$

5）分析墙体各界面的温度。

因为

$$q = q_i = q_1 = q_2 = q_3 = q_e$$

所以

$$\frac{t_i - t_e}{R_0} = \frac{t_i - \theta_i}{R_i} = \frac{18 - \theta_i}{0.11} = 16.08 (\text{W/m}^2)$$

计算得到内表面温度

$$\theta_i = 16.23℃$$

所以

$$\frac{t_i - t_e}{R_0} = \frac{t_i - \theta_2}{R_i + R_1} = \frac{18 - \theta_2}{0.11 + 0.023} = 16.08 \ (\text{W/m}^2)$$

计算得到水泥石灰砂浆界面温度

$$\theta_2 = 15.86℃$$

所以

$$\frac{t_i - t_e}{R_0} = \frac{t_i - \theta_3}{R_i + R_1 + R_2} = \frac{18 - \theta_3}{0.11 + 0.023 + 0.144} = 16.08 \ (\text{W/m}^2)$$

计算得到钢筋混凝土剪力墙界面温度

$$\theta_3 = 13.55℃$$

所以

$$\frac{t_i - t_e}{R_0} = \frac{t_i - \theta_4}{R_i + R_1 + R_2 + R_3} = \frac{18 - \theta_4}{0.11 + 0.023 + 0.144 + 1.33} = 16.08 \ (\text{W/m}^2)$$

计算得到岩棉板界面温度

$$\theta_4 = -7.84℃$$

所以

$$\frac{t_i - t_e}{R_0} = \frac{t_i - \theta_4}{R_i + R_1 + R_2 + R_3 + R_4} = \frac{18 - \theta_e}{0.11 + 0.023 + 0.144 + 1.33 + 0.032} = 16.08 \ (\text{W/m}^2)$$

计算得到外表面或水泥砂浆界面温度

$$\theta_e = -8.36℃$$

θ_e 还可以采用下式进行计算

$$\frac{t_i - t_e}{R_0} = \frac{\theta_e - t_e}{R_e} = \frac{\theta_e - (-9)}{0.04} = 16.08 \ (W/m^2)$$

$$\theta_e = -8.36℃$$

2.2.2 封闭空气间层的传热

1. 封闭空气间层的传热机理

静止空气的热导率很小，因此在建筑工程中常利用封闭空气间层作为围护结构的保温层。封闭空气间层的传热过程与固体材料层不同，它实际上是在一个有限空间内的两个表面之间的热转移过程，是导热、对流和辐射三种传热方式综合作用的结果，但其传热强度主要取决于对流及辐射的强度，所以封闭空气间层的热阻与间层厚度之间不存在成比例的增长关系。

2. 影响封闭空气间层热阻的因素

封闭空气间层的热阻与空气间层平均温度、温差、间层厚度、间层放置位置（水平、垂直或倾斜）、热流方向及间层表面材料的辐射率有关，通过《民用建筑热工设计规范》（GB 50176—2016），可查得工程设计中所采用的空气间层热阻 R_{ag}。

3. 有效利用空气间层

根据空气间层的传热特性，在工程的应用中应注意以下几个方面。

1) 在建筑围护结构中采用封闭的空气间层可以有效增加热阻，并且可以节省材料、减小质量，是一项有效而经济的技术措施，如中空玻璃的大量使用。

2) 在构造技术可行的情况下，在围护结构中用几个"薄"的空气间层代替一个"厚"的空气间层的保温效果更好。

3) 为了有效减少空气间层的辐射传热量，可以在间层表面涂贴反射材料（如铝箔），综合考虑保温效果和经济成本，一般在温度较高的一侧表面涂贴，以防止间层内结露。

2.3 建筑保温的基本要求

任务描述

工作任务 在上述建筑保温性能分析的基础上，提出提高保温性能的措施。

工作场景 学生进行课堂学习、分组讨论，在图书馆、计算机实训室查找资料，在教室进行资料汇总、完成任务。

在我国，大约占全国总面积 70% 的地区冬季室内需要采暖。这些地区的建筑在设计上既要保证良好的室内热环境，又要注意节省采暖的能耗和建造费用。建筑保温包括围护结构保温和建筑方案设计中的保温处理。

2.3.1　建筑保温设计的基本原则

1. 争取日照

在建筑设计中，良好的朝向和适当的间距可以使房间获得充分的日照，提高室内温度、节约取暖燃料。在我国，建筑物朝向宜采用南北向或接近南北向。

2. 选择合理的建筑体型和平面形式

对于寒冷及严寒地区的建筑，其体形和平面设计除满足使用功能及建筑艺术的要求外，还应尽量减少外表面积，其平、立面的凹凸面不宜过多，建筑物不宜设有三面外墙的房间。建筑物体型系数 S 指建筑物与室外大气接触的外表面积（不包括地面和不采暖楼梯间内墙及户门的面积）与其所包围的体积的比值。《严寒和寒冷地区居住建筑节能设计标准》（JGJ 26—2010）规定，为满足建筑保温和节能的要求，严寒和寒冷地区居住建筑的体型系数限值见表 2-4；严寒、寒冷地区公共建筑的体型系数应小于或等于 0.40，若体型系数超出该限值，则屋顶和外墙应加强保温，其传热系数应符合附录 A 中的规定。

表 2-4　严寒和寒冷地区居住建筑的体型系数限值

热工分区名称	建筑层数/层			
	3	4～8	9～13	≥14
严寒地区	0.50	0.30	0.28	0.25
寒冷地区	0.52	0.33	0.30	0.26

对于同样体积的建筑物，在各面外围护结构的传热情况均相同时，外围护结构的面积越小，则传出的热量越少。在建筑面积相同的情况下，一般是单层建筑的体型系数及耗热量比值大于多层建筑。因此，总建筑面积增大时，要求建筑层数也相应增加，这对节能有利。

3. 防止冷风的不利影响

风作用在围护结构外表面上，使对流换热系数变大，增强外表面的散热量。在保温设计上，应尽量避免大面积外表面朝向冬季主导风向，主要房间宜避开冬季主导风向。当受条件限制而不可避开主导风向时，也应在迎风面上尽量少开门窗或其他孔洞。在严寒地区还应设置门斗，以减少通过门窗或其他孔隙进入室内的冷风。

合理布置竖向交通井（电梯、楼梯）的位置。楼梯、电梯及内天井等上下联系的空间，高度大，像烟囱一样能显著增加由热压引起的冷风渗透，如果布置在门厅口附近，中间没有一段缓冲部分，会在不同程度上增加由热压通风而产生的大量冷风渗透，从而使门厅里的温度迅速降低。

4. 使房间具有良好的热特性与合理的供热系统

房间的热特性应适合其使用性质，如全天使用的房间应有较大的热稳定性，以防室外温度下降或间断供热时，室内温度波动太大。为维持室内气温的恒定，应采用合理的连续供热方式或缩短供热间歇时间；对于只有白天使用（如办公室）或只有一段时间使用的房间（如影剧院的观众厅），要求在开始供热后，室温能较快上升，通常采用间歇式的供热方式，如利用空调采暖。

2.3.2 围护结构的保温设计

1. 外墙和屋顶的保温设计

围护结构保温性能的选择主要是根据气候条件和房间的使用要求，并按照经济和节能的原则而定。围护结构对室内热环境的影响，主要是通过内表面温度体现的。若内表面的温度太低，不仅对人产生冷辐射，影响到人的健康，而且当温度低于室内露点温度时，还会在内表面结露，并使围护结构受潮，严重影响室内热环境并降低围护结构的耐久性。外墙和屋顶是建筑外围护结构的主体部分，在外墙和屋顶的设计过程中应考虑以下几方面。

1）保证内表面不结露，满足最小传热阻的要求。

2）限制内表面温度，以免产生过强的冷辐射。

3）从节能要求考虑，热损失应尽可能小。

4）应具有一定的热稳定性。

外墙和屋顶应结合保温构造的类型、保温材料的位置和热阻值等进行保温设计。

（1）保温构造的类型

根据地方气候特点及房间使用性质，外墙和屋顶可以采用的保温构造方案多种多样，大致可分为单设保温层、封闭空气间层保温、保温与承重相结合、复合型构造几种类型。

1）单设保温层。由热导率很小的材料作保温层，主要起保温作用，不起承重作用，可以选择各种类型的保温材料。

2）封闭空气间层保温。围护结构中空气层的厚度一般以 4～5cm 为宜。同时空气间层表面最好采用强反辐射材料，如涂贴铝箔，但反辐射材料必须进行涂塑处理，以使其有足够的耐久性。

3）保温与承重相结合。利用空心板、空心砌块、轻质实心砌块等做围护结构，既能承重，又能保温，且构造简单，施工方便。

4）复合型构造。复合型结构是用两种或两种以上材料分别满足保温和承重的需要。对于复合型结构的墙体或屋顶，保温层的位置对结构及房间的使用质量、结构造价、施工、维持费用等各方面都有重大影响。复合型的构造比较复杂，但绝热性能好，在恒温室等热工要求较高的房间经常采用。

（2）保温材料的位置

按保温材料位置的设置大体上可分为：内保温、外保温和夹层保温，如图 2-4 所示。从建筑热工角度上看，外保温优点较多，适用范围广，技术含量高；外保温包在主体结构的外侧，能够保护主体结构，延长建筑物的寿命；增加建筑的有效空间；有效减少了建筑结构的热桥；消除了冷凝，提高了居住的舒适度；对结构及房间的热稳定性有利。保温材料不仅适用于新建工程，也适用于旧楼改造。但外保温的保温层不能裸露在室外，需加保护层，且外饰面比较难处理。

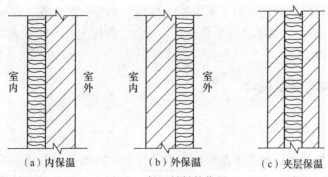

（a）内保温　　　　　　（b）外保温　　　　　　（c）夹层保温

图 2-4　保温材料的位置

内保温往往施工比较简单，其构造方式不存在雨水渗入保温材料的危险，当承重层有适当的厚度时，可不必设防水层。但"热桥"问题不易解决，容易引起开裂，施工速度较慢，影响居民的二次装修，当内墙悬挂和固定物件时，也容易破坏内保温结构。

夹层保温有利于用松散填充材料作保温层，该方式对绝热材料的要求不高，但必须保证保温层内的湿度不致过高，否则，若保温层外侧属气孔性材料，雨水可能会透过保温层和内侧墙体到达室内表面，降低保温性能，影响房间的使用功能并破坏室内环境。

（3）墙体、屋面热阻最小值的计算

建筑外围护结构应具有抵御冬季室外气温作用和气温波动的能力，非透光外围护结构内表面温度与室内空气温度的差值应控制在《民用建筑热工设计规范》（GB 50176—2016）允许的范围内。墙体、楼、屋面内表面温度与室内空气温度差值应符合表 2-5 和表 2-6 的规定。

表 2-5　墙体的内表面温度与室内空气温度差值的限值

房间设计要求	防结露	基本热舒适
允许温差 Δt_w/K	$\leqslant t_i - t_d$	$\leqslant 3$

注：Δt_x 为非透光围护结构内表面温度与室内空气温度的温差，脚注 x 用 w、r、g、b 表示墙体、屋面、地面、地下室墙；$\Delta t_w = t_i - \theta_{i \cdot w}$。

表 2-6　楼、屋面的内表面温度与室内空气温度差值的限值

房间设计要求	防结露	基本热舒适
允许温差 Δt_r/K	$\leqslant t_i - t_d$	$\leqslant 4$

注：$\Delta t_r = t_i - \theta_{i \cdot r}$。

不同地区，符合表 2-7 要求的墙体热阻最小值 $R_{\min \cdot w}$ 可按式（2-21）计算或按附录 C 的规定选用。

$$R_{\min \cdot w} = \frac{(t_i - t_e)}{\Delta t_w} R_i - (R_i + R_e) \tag{2-21}$$

式中：$R_{\min \cdot w}$——满足 Δt_w 要求的墙体热阻最小值（$m^2 \cdot K/W$）；

R_e——外表面热阻（$m^2 \cdot K/W$），应按表 2-2 的规定取值。

如果考虑不同材料和建筑不同部位的墙体热阻的最小值，则应按式（2-22）进行修正计算

$$R_w = \varepsilon_1 \varepsilon_2 R_{\min \cdot w} \tag{2-22}$$

式中：R_w——修正后的墙体热阻最小值（$m^2 \cdot K/W$）；

ε_1——热阻最小值的密度修正系数，可按表 2-7 选用；

ε_2——热阻最小值的温差修正系数，可按表 2-8 选用。

表 2-7 热阻最小值的密度修正系数 ε_1

密度/（kg/m³）	$\rho \geqslant 1200$	$1200 > \rho \geqslant 800$	$800 > \rho \geqslant 500$	$\rho > 500$
修正系数 ε_1	1.0	1.2	1.3	1.4

注：ρ 为围护结构的密度。

表 2-8 热阻最小值的温差修正系数 ε_2

部位	修正系数 ε_2
与室外空气直接接触的围护结构	1.0
与有外窗的不采暖房间相邻的围护结构	0.8
与无外窗的不采暖房间相邻的围护结构	0.5

楼、屋面的热阻最小值的计算方法同墙体。

（4）提高墙体热阻值可采取的措施

提高墙体热阻值可采取的措施具体如下。

1）采用轻质高效保温材料与砖、混凝土、钢筋混凝土、砌块等主墙体材料组成复合保温墙体构造。

2）采用低热导率的新型墙体材料。

3）采用带有封闭空气间层的复合墙体构造。

外墙宜采用热惰性大的材料和构造，为提高墙体热稳定性，可采用内侧为重质材料的复合保温墙体或采用蓄热性能好的墙体材料或相变材料复合在墙体内侧。

2. 外门窗及地面的保温设计

对一栋建筑物来说，外门、窗和地面在外围护结构总面积中占 30%～60%，而外窗、外门和地面的传热损失热量外加门窗缝隙的空气渗透耗热量，占总耗热量的 40%～60%。因此必须做好外门窗和地面的保温设计。

各个热工气候区建筑内对热环境有要求的房间，其外门窗的传热系数宜符合表 2-9 的规定，并应按该表的要求进行冬季的抗结露验算。

表 2-9 建筑外门窗传热系数的限值和抗结露验算要求

气候区	$K/\left[W/(m^2 \cdot K)\right]$	抗结露验算要求
严寒 A 区	≤2.0	验算
严寒 B 区	≤2.2	验算
严寒 C 区	≤2.5	验算
寒冷 A 区	≤3.0	验算
寒冷 B 区	≤3.0	验算
夏热冬冷 A 区	≤3.5	验算
夏热冬冷 B 区	≤4.0	不验算
夏热冬暖地区	—	不验算
温和 A 区	≤3.5	验算
温和 B 区	—	不验算

门窗的保温性能主要受窗框、玻璃两部分热工性能的影响。严寒地区、寒冷地区建筑应采用木窗、塑料窗、铝木复合门窗、铝塑复合门窗、钢塑复合门窗和隔热铝合金门窗等保温性能好的门窗。严寒地区建筑采用隔热金属门窗时宜采用双层窗。夏热冬冷地区、温和 A 区建筑宜采用保温性能好的门窗。

（1）窗户的保温设计

由于要兼顾采光、通风、造型等多方面的要求，窗是建筑围护结构中保温性能最差的部件，其主要原因有窗框、窗樘、窗玻璃等的热阻太小，以及缝隙渗透的冷风和窗洞口的附加热损失。窗户的保温设计主要考虑以下几方面：

1）控制窗墙面积比。窗墙面积比是指窗户洞口面积与房间立面单元面积（即建筑层高与开间定位线围成的面积）的比值。《严寒和寒冷地区居住建筑节能设计标准》（JGJ 26—2010）对各朝向的窗墙面积比的规定不大于表 2-10 的规定，其比值按建筑开间计算，否则要进行围护结构热工性能的权衡判断。

表 2-10　严寒和寒冷地区居住建筑的窗墙面积比限值

朝向	窗墙面积比	
	严寒地区	寒冷地区
南	0.45	0.50
东、西	0.30	0.35
北	0.25	0.30

注：1. 敞开式阳台的阳台门上部透明部分应计入窗户面积，下部不透明部分不应计入窗户面积；
　　2. 表中"北"代表从北偏东小于 60°至北偏西小于 60°的范围；"东、西"从东或西偏北小于等于 30°至偏南小于60°的范围；"南"代表从南偏东小于等于 30°至偏西小于等于 30°的范围。

2）提高窗户的气密性，减少冷风渗透。窗框在选择时材质不佳或加工、安装过程质量不过关时，会使室外冷空气大量渗入室内，严重影响保温效果，同时不利于防尘。在工程中常采用在缝隙处设置密封条，在接缝外侧加压缝条和用保温砂浆、泡沫塑料等填充密封窗框与墙之间的缝隙。

3）提高窗户自身的保温性能。首先改善窗框保温性能，如选择保温性能好的材料制作窗框或将薄壁实腹型材改为空心型材，内部形成封闭空气层，非常有利于提高保温性能。其次改善窗玻璃部分的保温性能，增加窗扇或窗玻璃层数。用双层窗（间隔 4～5cm）或双玻窗（空气间层厚度 2～3cm）保温效果较理想。

4）采用合理的窗外形。根据《严寒和寒冷地区居住建筑节能设计标准》（JGJ 26—2010），居住建筑不应设置凸窗，但节能并非居住建筑设计考虑的唯一因素。如果设置凸窗，凸窗的保温性能必须予以保证，否则不仅造成能源浪费，而且容易出现结露、淌水、长霉等问题，影响房间的正常使用。

在建筑工程中，应综合考虑经济、保温、采光等多方面的要求，合理选择窗户的类型。采用典型玻璃、配合不同窗框，在典型窗框面积比的情况下，整窗传热系数可按附录 D 的规定选用。

（2）外门的保温设计

由于外门经常开启，热损失很大。在建筑设计中，应当尽可能选择绝热性能好的保温门。同时，门的开启频率高，使得门缝的空气渗透程度要比窗缝大得多，特别是容易变形的木质门和钢质门。

外门的保温措施具体如下。

1）密封门缝。在严寒和寒冷地区，外门框与墙体之间的缝隙，应采用高效保温材料添堵，不得采用普通水泥砂浆补缝。

2）填充保温材料。即在双层木板间填充保温材料。

3）其他。用保温材料做门、增加门的厚度或做成双层门、门斗等。

（3）地面的保温设计

建筑中与土体接触的地面内表面温度与室内空气温度的温差 $\Delta t_g \leqslant 2K$ 时，满足基本的热舒适度要求。采暖房屋地板的热工性能对室内热环境的质量、人体的热舒适感有重要的影响。底层地板和屋顶、外墙一样，也应有必要的保温能力。由于地板下土壤温度的年变化比室外空气小很多，因此冬季地面散热最大的部分是靠近外墙的地面，在建筑节能计算中，周边地面是指室内距外墙内表面 2m 以内的地面。我国相关规范规定，在严寒和寒冷地区周边地面要增设保温材料层。

地板是与人脚直接接触而传热的，地面对人体热舒适感及健康影响最大的是厚度为 3～4mm 的面层材料。在室内各种不同材料的地面，即使它们的温度完全相同，人站在上面的感觉也会不一样。如木地板与水磨石，后者感觉要凉得多。地面舒适条件取决于地面的吸热指数 B。吸热指数越大，则地面从人脚吸取的热量越多越快。依据吸热指数，我国将地板划分为三类，见表 2-11。

表 2-11　地板依据吸热指数的分类

类型	常用材料	适用建筑
Ⅰ类（$B<17$）	木地板、塑料地板等	高级居住建筑、幼儿园、医疗机构等
Ⅱ类（$17 \leqslant B \leqslant 23$）	水泥砂浆地面等	普通居住建筑、公共建筑（包括中小学教室）等
Ⅲ类（$B>23$）	水磨石地面及其他石类地面	人们短时间逗留的房间，以及室温高于 23℃ 的房间

3. 特殊部位保温设计

（1）围护结构交角处的保温设计

围护结构的交角，包括外墙角、内外墙交角、楼板或屋顶与外墙的交角等。在这些部位，散热面积大于吸热面积，气流不畅，吸收的热量少，而散失的热量多，其结果是交角处内表面温度比主体部分低，往往结露或结霜。外墙角低温的影响带，大约是墙厚 δ 的 $1.5～2.0$ 倍。常用的改进方法是在室内一侧距墙角内表面 60～90cm 内加贴一层保温材料；对屋顶和外墙的交角处，可考虑将屋顶保温层延伸到外墙顶部；同时在采暖设计中，应尽可能地将采暖系统的立管或横管布置在交角处，以提高该处的温度。

围护结构交角处的保温构造示例如图 2-5 所示。

（2）热桥保温

在围护结构中，常有保温性能远低于主体部分的嵌入构件，这些部位的传热量比主体部分大得多，所以它们内表面的温度也比主体部分低得多，在建筑热工学中，把这些容易传热的部分称为"热桥"(如外墙体中的钢筋混凝土骨架、圈梁、板材中的肋条等)。围护结构中的热桥部位应进行表面结露验算,并应采取保温措施,确保热桥内表面温度高于房间空气露点温度。

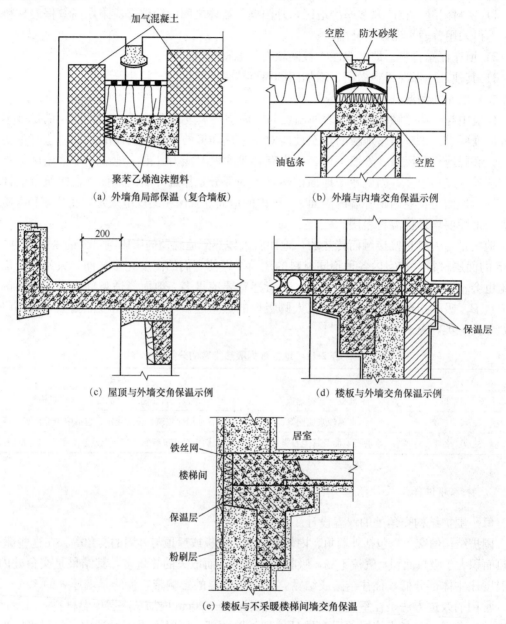

(a) 外墙角局部保温(复合墙板)

(b) 外墙与内墙交角保温示例

(c) 屋顶与外墙交角保温示例

(d) 楼板与外墙交角保温示例

(e) 楼板与不采暖楼梯间墙交角保温

图 2-5 围护结构交角处的保温构造示例

在围护结构中,热桥是不可避免的。常见的热桥有两种典型情况,即贯通式和非贯通式,如图 2-6 所示。从建筑保温的要求看,贯通式热桥是最不合适的,常会引起内表面温度的急剧下降,若低于室内露点温度,则应当做适当处理,如更换材料、调整构造、内外附加保温层等,使热桥部分的热阻调整到与主体部分的热阻相同为准,而保温层的宽度 L

应达到如下规定：

$$\alpha > \delta, L > 2.0\delta$$
$$\alpha < \delta, L > 1.5\delta$$

式中，α——肋宽（mm）；

    δ——材料层的厚度（mm）。

对于非贯通式热桥，首先要尽可能将其布置在靠近室外一侧（冷侧），此时内表面的温度要比热桥靠近室内一侧（暖侧）时高得多；其次按贯通式热桥的处理方法，在室内一侧加一定厚度和宽度的保温材料。

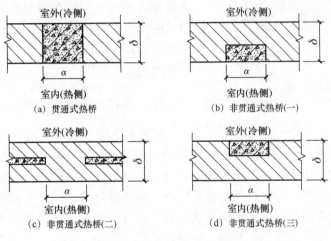

图 2-6   典型热桥形式示例

2.4 建筑采暖中太阳能的利用

任务描述

工作任务   讨论在建筑设计或室内装饰装修过程中，怎样更合理、有效地利用太阳能。

工作场景   学生进行课堂学习→分组讨论→查找资料→提出方案→完成任务。

太阳能是一种巨大的、无污染的自然能源，建筑中可利用太阳能采暖。太阳能采暖是以太阳辐射为热源，补偿建筑物的耗热损失，以维持室温达到一定标准的一种新型采暖方式，是建筑采暖中最廉价、安全、环保的形式。太阳能采暖系统根据运行过程是否需要动力分为主动式和被动式两种。主动式太阳房在运行过程中需要机械动力的驱动，才能达到采暖和制冷的目的。主动式太阳房用水泵或风机把经太阳能加热过的水或空气送入室内，达到采暖的目的，通常采用太阳能热水集热式采暖系统和太阳能热风集热式采暖系统。被动式太阳房则利用建筑构件通过自然方式收集和传送日辐射热量，不需要机械动力。被动式太阳房的主要集热方式有直接受益式、集热蓄热墙式、附加日光间式及屋顶池式和对流环路式。本节主要介绍被动式太阳能的利用。被动式太阳房的主要集热方式具体如下。

1. 直接受益式太阳房

直接受益式太阳房是让阳光直接通过窗户射入室内，通过室内空气和地面的蓄热材料储存能量（图2-7）。冬季阳光在通过较大面积的南向玻璃窗后，直接照射到蓄热性能较好的室内地面、墙面和家具上，这些材料日间吸收并存储大部分的太阳能，夜间逐渐释放，使房间在晚上仍能维持一定的温度。为了减少白天蓄积的热量在夜间消失，保证室内热环境的舒适性，集热窗的玻璃最少应在两层以上，并配置保温窗帘，使其具有良好的保温性能和密封性能，以减少热量损失。窗户还应设置遮阳板，以遮挡夏季阳光进入室内。

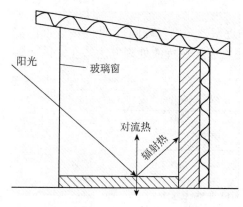

图 2-7　直接受益式太阳房

2. 集热蓄热墙式太阳房

集热蓄热墙式太阳房由透光玻璃外罩和蓄热墙体组成，其间留有空气间层，有的在墙体的下部和上部设有进、出风口（图2-8）。日间利用南向集热蓄热墙体吸收穿过玻璃罩的阳光，墙体会吸收并传入一定的热量，同时夹层内空气受热后成为热空气，通过风口进入室内。集热蓄热墙体的外表面涂成黑色或某种深色，以便有效地吸收阳光。为防止夜间热量散失，玻璃外侧应设置保温窗帘和保温板。集热蓄热墙体可分为实体式集热蓄热墙、花格式集热蓄热墙、水墙式集热蓄热墙、相变材料集热蓄热墙和快速集热墙等形式。

3. 附加日光间式太阳房

日光间附建在建筑主体房间的南侧，其围护结构全部或部分由玻璃等透光材料构成，地面做成蓄热体（图2-9）。白天日光间得到太阳光辐射而被加热，其内部温度始终高于外环境温度，热量通过与主体房间相邻的公共墙上的门、窗传入主体房间内。日光间既可以在白天供给主体房间热量，又可在夜间作为缓冲区，减少主体房间热量损失。附加日光间还可作为温室栽种花卉、美化环境。

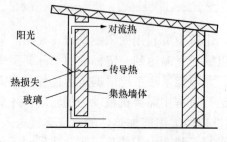

图 2-8　集热蓄热墙式太阳房　　　　图 2-9　附加日光间式太阳房

4. 屋顶池式和对流环路式太阳房

屋顶池式又称蓄热屋顶式太阳房，兼有冬季采暖和夏季降温的双重功能。屋顶主要由作为蓄热体的装满水的密封袋和其下的金属薄板顶棚及顶部可移动的保温盖板组成，如图 2-10 所示。冬季白天将保温盖板拉开，水袋暴露在阳光下充分吸收太阳辐射能，夜晚将保温盖板关闭，水袋所蓄热量由金属顶棚通过辐射、对流向室内供热。夏季保温盖板的启闭时间与冬季相反，夜间拉开保温盖板让水袋内的温度降低，白天关闭保温盖板隔绝阳光辐射。同时，已在夜间冷却的水袋可吸收下面房间的热量，使室温下降。

对流环路式是指利用附加在房间南向的空气集热器向房间供热，其供热方式是被太阳辐射加热的空气借助于温差产生的热压从集热器流到设于地板下的卵石床内，空气中的热量逐渐被卵石吸收而变冷，冷却后的空气又从下部进入集热器再次加热，蓄热后的卵石床在夜间或冬季通过地面向室内供热，如图 2-11 所示。例如，用风扇来加强热空气的流动，效果更好。

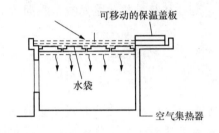

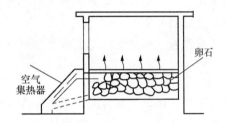

图 2-10　屋顶池式　　　　　　　　　　图 2-11　对流环路式

知识拓展

实例 1——中国银行总行办公楼

由贝聿铭先生设计的中国银行总行办公楼（图 2-12），外墙采用外保温的方式，其做法是用专用的固定件将不易吸水的各种保温板固定在外墙上，然后将铝板、天然石材、彩色玻璃等外挂在预先制作的龙骨上，直接形成装饰面。

实例 2——新加坡 EDITT 绿塔

由国际著名的生态建筑大师杨经文和东姑・汉沙共同设计的新加坡 EDITT 绿塔（图 2-13）可能是所有绿色城市规划中最简单的一种。这个方案是专门为新加坡量身定做的，它将在城市中心增添一栋美丽的绿色居住建筑。这栋大楼有 26 层，它的特色体现在光电板、沼气发电站和自然通风系统等设计方面。外部的绿色墙壁覆盖了一半的建筑，它既可以起到自然遮阳和空气过滤的效果，同时也可以提高能源利用效率。水循环利用系统可以满足大楼 55% 的用水需求，太阳能电池板可以为大楼提供40% 的所需能量。

图 2-12　中国银行总行办公楼　　　　　图 2-13　新加坡 EDITT 绿塔

单元小结

传热的基本方式分为导热、对流和辐射，建筑物的传热大多是这 3 种方式综合作用的结果。绝大多数建筑材料（固体）中的热传递过程可作为导热过程来考虑。

热导率 λ 是在稳定导热条件下材料导热特性的指标。热导率越大，表明材料的导热能力越强。金属的热导率最大，非金属和液体次之，气体最小，因而静止不流动的空气具有很好的保温性能。

热阻 R 是表征围护结构本身或其中某层材料阻抗传热能力的物理量，反映了热量通过平壁时的阻力。在同样的温差条件下，热阻越大，通过材料层的热量越少。热阻大小受平壁的厚度及材料热导率的影响。

面积热流量（热流强度）是指单位时间内通过单位面积的热量，用 q 表示，其计算公式为 $q = \dfrac{\lambda}{d}(\theta_i - \theta_e)$。

对流是指流体与流体之间、流体与固体之间各部分发生相对位移时所产生的热量交换现象，是流体所特有的一种传热方式。建筑工程中大量遇到的是流体流过一个固体表面时发生的热量交换过程，这个过程称为表面对流换热。对流按产生的原因可分为自然对流和受迫对流。流体与固体表面对流换热过程的面积热流量 q_c 的计算公式为 $q_c = \alpha_c(t - \theta)$。

凡是温度高于绝对零度（0K）的物体，都会从表面向外界空间辐射出电磁波，同时又不断地吸收其他物体投射来的电磁波。根据一个物体对外来辐射的反射、吸收、透射的能力，将其分为绝对白体、黑体（或全辐射体）和绝对透明体。灰体是自然界中介于黑体与白体之间的不透明物体，建筑材料多数为灰体。

一维稳定传热具有两个主要特征：一是通过平壁的面积热流量处处相等；二是平壁内部各界面间温度分布呈折线关系，同一材质内部温度随距离的变化规律为直线。

通过多层匀质平壁围护结构的传热经过 3 个过程，分别是表面吸热、结构传热、表面放热。

封闭空气间层的传热过程是导热、对流和辐射 3 种传热方式综合作用的结果，但其传热强度主要取决于对流及辐射的强度。

建筑保温设计的基本原则是争取日照、选择合理的建筑体型和平面形式、防止冷风的不利影响、使房间具有良好的热特性与合理的供热系统。

墙体保温根据保温材料设置的位置大体可分为内保温材料、外保温材料和夹层保温材料。从建筑热工角度看，外保温材料优点较多，适用范围广，技术含量高。外保温材料包在主体结构的外侧，能够保护主体结构，延长建筑物的寿命；增加建筑的有效空间；有效减少建筑结构的热桥；消除冷凝，提高居住的舒适度；对结构及房间的热稳定性有利。外保温材料不仅适用于新建工程，也适用于旧楼改造，但其保温层不能裸露在室外，需加保护层，且外饰面比较难处理。

窗户的保温设计主要考虑：①控制窗墙面积比；②提高窗户的气密性，减少冷风渗透；③提高窗户自身的保温能力；④采用合理的窗外形。

地面舒适条件取决于地面的吸热指数 B。吸热指数越大，则地面从人脚吸取的热量越多越快。地面对人体热舒适感及健康影响最大的是厚度为 3～4mm 的面层材料。依据吸热指数，我国将地板划分I、II、III类。《严寒和寒冷地区居住建筑节能设计标准》(JGJ 26—2010) 规定，在严寒地区周边地面一定要增设保温材料层。在寒冷地区周边地面也应增设保温材料层。

太阳能采暖系统根据运行过程是否需要动力分为主动式和被动式两种。

能 力 训 练

基本能力

一、名词解释

1. 导热　2. 热阻　3. 对流　4. 表面对流换热　5. 体型系数　6. 窗墙面积比

7. 最小传热阻

二、填空题

1. 传热是指物体内部或者物体与物体之间_____转移的现象。只要存在_____就会有传热现象，热能由_____部位传至_____部位。

2. 根据传热机理的不同，传热的基本方式分为_____、_____和_____。

3. 温度分布不随时间而变的温度场称为_____，由此产生的导热称为_____。

4. 在同样的温差条件下，热阻越大，通过材料层的热量_____，其大小受平壁的_____及材料的_____的影响。

5. 对流按产生的原因可分为_____和_____。

6. 封闭空气间层的传热强度主要取决于_____及_____的强度。

7. 对于同样体积的建筑物，在各面外围护结构的传热情况均相同时，外围护结构的面积越_____，则传出的热量越小。

8. 一般把热导率小于_____，表观密度小于_____，可用于绝热工程的材料称为绝热材料或保温材料。

9. 根据地方气候特点及房间使用性质，外墙和屋顶可以采用的保温构造方案有_____、_____、_____、_____几种类型。

10. 围护结构中空气层的厚度，一般以_____为宜。

11. 地面舒适条件取决于地面的_____值。

12. 地面对人体热舒适感及健康影响最大的是厚度为_____的面层材料。

13. 在进行地板保温设计时，应选用_____层材料的热渗透系数_____的面层材料，该系数与材料的_____、_____及_____成正比。

14. 太阳能采暖系统根据运行过程是否需要动力分为_____和_____两种。

三、选择题

1. 热导率大，表明材料的导热能力（　　）。

A. 强　　　　　　　B. 弱　　　　　　　C. 无关

2. 下列材料中热导率最大的是（　　）。

A. 钢筋　　　　　　B. 苯板　　　　　　C. 水泥砂浆　　　　　D. 大理石

3. 根据物体对不同波长的外来辐射的吸收、反射及透射的性能，建筑材料属于（　　）。

    A. 绝对白体　　　　B. 绝对黑体　　　　C. 绝对透明体　　D. 灰体

4. 封闭空气间层的热阻与间层厚度之间（　　）的增长关系。

    A. 存在正比例　　　B. 存在反比例　　　C. 不存在成比例

5. 空气间层表面涂贴反射材料，综合考虑保温效果和经济成本，一般涂贴在（　　）表面。

    A. 高温侧　　　　　B. 低温侧　　　　　C. 两侧

6. 从建筑保温的角度看，建筑物的体型设计宜尽量（　　）外表面积。

    A. 增加　　　　　　B. 减少　　　　　　C. 无关

7. 寒冷地区 4~8 层采暖居住建筑的体型系数宜控制在（　　）以下。

    A. 0.4　　　　　　 B. 0.3　　　　　　 C. 0.33　　　　　　D. 0.5

8. 当总建筑面积大时，建筑层数（　　），对节能有利。

    A. 少　　　　　　　B. 多　　　　　　　C. 无关

9. 材料受潮后，材料的保温绝热能力（　　）。

    A. 增强　　　　　　B. 减弱　　　　　　C. 不变　　　　　　D. 无法判断

10. 《严寒和寒冷地区居住建筑节能设计标准》（JGJ 26—2010）中对寒冷地区南向窗的窗墙面积比规定为（　　）。

    A. ≤0.30　　　　 B. ≤0.50　　　　 C. ≤0.25　　　　 D. ≤0.45

11. 吸热系数 B 值越大，则地面从人脚吸取的热量越（　　）越（　　）。

    A. 多、快　　　　　B. 多、慢　　　　　C. 少、快　　　　　D. 少、慢

12. 对于非贯通式热桥，首先要尽可能将非贯通热桥布置在靠近（　　）侧。

    A. 热　　　　　　　B. 冷　　　　　　　C. 都可　　　　　　D. 无关

四、简答题

1. 简述辐射换热的特点。

2. 简述一维稳定传热的主要特征。

3. 简述建筑保温设计的基本原则。

4. 简述外保温的特点及适用条件。

5. 简述提高墙体和屋顶保温能力的措施。

6. 依据吸热指数 B 值，简述我国地板划分的类型。

7. 简述被动式太阳房的主要集热方式。

拓展能力

1. 查找资料了解温室效应的产生原因、影响及相关措施。

2. 查找资料了解当地建筑外墙和屋顶的常用构造形式，试分析其保温做法。

3. 若建筑物的高度相同，其平面形式分别为圆形、正方形、长方形，则其体型系数从小到大依次是什么？

4. 通过市场调研、查找资料，分析当前建筑工程常用保温材料的特点。

5. 了解当前市场常用的保温性能好的门窗的性能及特点。

6. 了解室内装饰装修中常用内保温的构造形式。

建筑防热

知识目标 掌握 建筑防热的途径和隔热设计标准、屋顶和外墙隔热处理措施、窗口遮阳
的基本方式。

熟悉 热气候特征与建筑设计原则。

了解 室外综合温度的概念、利用自然能源防热降温的方式。

技能目标 能 熟练运用各种窗口遮阳的方式。

会 查找建筑防热相关规范并使用。

单元任务 分析当地建筑遮阳的常用方法，并尝试新的方法和措施。

3.1 建筑防热设计标准与途径

┌─ **任务描述** ─────────────────────────────┐

工作任务 了解某地区建筑设计的隔热要求。

工作场景 学生进行分组，在图书馆和机房查找相关资料。

└──┘

3.1.1 建筑防热设计标准

1. 室外综合温度

为了进行隔热计算，应当先确定围护结构在夏季室外气候条件下所受到的热作用。围护结构外表面受到以下 3 种不同方式的热作用。

1）太阳辐射能的作用。当太阳辐射能作用到围护结构外表面时，一部分被围护结构外表面吸收。

2）室外空气的传热。室外空气的温度与外表面温度存在温度差，二者以对流换热形式进行换热。

3）当围护结构受到上述两种热作用后，外表面温度升高，辐射性能提高，向外界发射长波辐射热，失去一部分热能。

在建筑物理中将这些因素综合而成一个假想的室外气象参数——室外综合温度，如图 3-1 所示，用 t_{sa} 表示，即

室外综合温度 ＝太阳辐射当量温度 ＋室外空气温度 － 外表面长波辐射温度

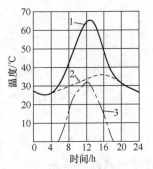

图 3-1　夏季室外综合温度的组成
1—室外综合温度；2—室外空气温度；
3—太阳辐射当量温度

关于室外综合温度的计算，这里不再详述。

室外综合温度的特点如下。

1）室外综合温度以 24h 为周期波动。

2）在夏季，同一天中不同时刻，同一地点各朝向的室外综合温度不同。

3）室外综合温度代表了室外热作用的大小。南方夏季时，除南、北墙外，其他方向的墙面所受室外热作用较大，室外综合温度较高，因此在设计中必须进行隔热处理。

2. 隔热设计标准

隔热设计标准是指围护结构的隔热应当控制到什么程度。它与地区气候特点、人们生活习惯、对地区气候的适应能力及当前的技术经济水平有密切关系。

对于自然通风的房间，外围护结构的隔热设计主要控制其内表面温度，要求外围护结构具有一定的衰减倍数和延迟时间。

《民用建筑热工设计规范》（GB 50176—2016）中规定，在给定两侧空气温度及变化规律的情况下，外墙内表面最高温度应符合表 3-1 的规定，屋面内表面最高温度应符合表 3-2 的规定。

表 3-1　外墙内表面最高温度限值

房间类型	自然通风房间	空调房间	
		重质围护结构（$D \geq 2.5$）	轻质围护结构（$D < 2.5$）
内表面最高温度 $\theta_{i \cdot max}$	$\leq t_{e \cdot max}$	$\leq t_i + 2$	$\leq t_i + 3$

注：D 为热惰性指标；$\theta_{i \cdot max}$ 为围护结构内表面最高温度；$t_{e \cdot max}$ 为累年日平均温度最高日的最高温度；t_i 为室内计算温度。

表 3-2　屋面内表面最高温度限值

房间类型	自然通风房间	空调房间	
		重质围护结构（$D \geq 2.5$）	轻质围护结构（$D < 2.5$）
内表面最高温度 $\theta_{i \cdot max}$	$\leq t_{e \cdot max}$	$\leq t_i + 2.5$	$\leq t_i + 3.5$

3.1.2　夏季室内过热的原因

室内过热的原因主要有以下 5 个方面（图 3-2）。

1）在太阳辐射和室外气温的作用下，围护结构内表面及室内空气温度升高，如屋顶、外墙等。

2）通过窗口进入室内的太阳辐射能（包括建筑物墙面、地面吸收太阳辐射能温度升高后，又向外辐射的热量），使部分地面、家具等吸热升温，加热室内空气。

3）自然通风过程中带进带出的热量。

　　4）邻近建筑物、地面、路面对房间围护结构的反射辐射及长波辐射。

　　5）室内生产或生活及设备产生的余热，包括人体散热。

3.1.3　防热途径

　　1. 减弱室外的热作用

　　正确选择建筑物的朝向和布局，力求避免主要的使用空间及透明体遮蔽空间，如建筑物的中庭、玻璃幕墙等受东、西向的日晒；同时绿化周围环境，可以降低辐射和气温，对高温气流起冷却作用；选择浅色外围护结构，减少辐射吸收。

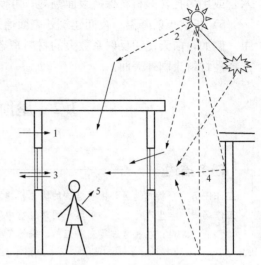

图 3-2　室内过热的原因
1—屋顶、外墙传热；2—太阳辐射；
3—热空气交换；4—传入室内的各种热辐射；
5—室内余热（包括人体散热）

　　2. 外围护结构的（白天）隔热与（夜间）散热

　　对屋顶和外墙，特别是东、西墙进行隔热处理，以降低内表面温度及减少传入室内的热量，并尽量使室内表面出现高温的时间与房间的使用时间错开。

　　3. 合理组织自然通风

　　自然通风是保持室内空气清新、排除室内余热、改善人体热舒适感的重要途径。

　　4. 窗口遮阳

　　遮阳的作用在于遮挡太阳光直接从窗口透入，减少对人体与室内的热辐射。

　　5. 利用自然能源防热降温

　　利用自然能源防热降温，具体如下。

　　1）太阳能降温。利用太阳能降温，可使用太阳能空调，但目前尚未普及；或者将用于热水和采暖的太阳能集热器置于屋顶或阳台护栏上，遮挡部分屋面和外墙，起到间接降温的作用。

　　2）夜间通风或对流降温。全天持续自然通风并不能达到降温的目的，而改用间歇通风，即白天（特别是午后）关闭门窗、限制通风，可避免热空气进入，遏制室内温度上升，减少蓄热；夜间则开窗，利用自然通风或小型通风扇（效果更佳），让室外相对干、冷的空气穿越室内，可达到散热降温的效果。

　　3）地冷空调。夏季，地下温度总是低于室外气温，可在地下埋入管道，让室外空气流经地下管道降温后再送入室内的冷风降温系统，既降低室温，又节约能源。

　　4）被动蒸发降温。利用水的汽化耗热大的特点，在建筑物的外表面喷水、淋水、蓄水，或用多孔含湿材料保持表面潮湿，可使水蒸发而获得自然冷却的效果。

5）长波辐射降温。夜间建筑外表面通过长波辐射向天空散热，采取措施可强化降温效果。例如，白天使用反射系数大的材料覆盖层以减少太阳的短波辐射，夜间收起或者使用选择性材料涂刷外表面。

3.2 屋顶、外墙的隔热

任务描述

工作任务 分析本地区外围护结构的隔热措施。

工作场景 学生进行分组，观察周围建筑物中采用了哪种隔热措施，并去图书馆和机房查找相关资料；在教室进行资料汇总、编写工作，总结当地外围护结构隔热措施的特点。

3.2.1 外围护结构的隔热设计原则及合理选择

1. 外围护结构的隔热设计原则

外围护结构的隔热设计原则如下。

1）围护结构隔热的重点在屋顶，其次是西墙与东墙，隔热次序为屋顶、西墙、东墙、南墙和北墙。

2）降低室外综合温度：结构外表面采用浅色饰面，减少对太阳辐射的吸收；屋顶或外墙采用遮阳结构；结构外表面选用特殊材料（对太阳短波辐射的吸收率小，而对长波辐射的发射率大），降低表面温度。

3）在外围护结构内部设置通风间层（特别适合要求白天隔热好、夜间散热快的房间）。

4）依据气候特点和房屋使用情况合理选择外围护结构的材料。

5）利用水的蒸发和植被对太阳能的转化作用降温。

6）屋顶和东、西墙应当进行隔热计算，使内表面最高温度满足隔热设计指标。

7）充分利用自然能源降温。

8）对于空调建筑，围护结构的传热系数应符合相应的规范要求。

2. 合理选择不同隔热能力的围护结构原则

合理选择不同隔热能力的围护结构原则如下。

1）夏热冬暖地区：主要考虑夏季隔热，要求白天隔热好，晚上散热快。

2）夏热冬冷地区：外围护结构除考虑隔热外，还要满足冬季保温要求。

3）有空调的房间：因要求传热量少和室内温度波动小，故其对外围护结构的隔热能力要求应高于一般房屋。

3.2.2 屋顶的隔热

屋顶隔热分为四大类：实体材料层和带有封闭空气层的隔热屋顶、通风间层隔热屋顶、阁楼屋顶、其他形式的屋顶（蓄水屋顶和植被屋顶）。

1. 实体材料层和带有封闭空气层的隔热屋顶

应用隔热材料（隔热层）提高围护结构的热阻 R 和热惰性指标 D 值，从而加大对波动热作用的阻尼作用，使围护结构具有较大的衰减倍数和延迟时间值，可以降低围护结构内表面的平均温度和最高温度。例如，结构层［图 3-3（a）］上加一层 80mm 厚泡沫混凝土［图 3-3（b）］或者 50mm 厚粒化高炉矿渣［图 3-3（c）］，可以提高隔热效果。

应用封闭空气间层隔热［图 3-3（d）］，特别是在间层内加铺反射系数大、辐射系数小的材料，如硬铝箔［图 3-3（e）］，隔热效果显著。

应用白色或浅色光滑的材料，如光滑的无水石膏［图 3-3（f）］做成屋顶的面层，可减少吸收屋顶外表面太阳辐射能，增加了面层的热稳定性，从而使屋顶内表面温度降低。实验证明，白色表面的最高温度可比黑色表面低 25～30℃。

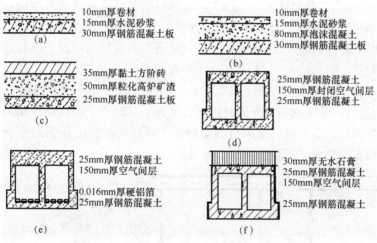

图 3-3 实体材料层和带有封闭空气层的隔热屋顶

对于图 3-3 中给出的 6 种屋顶隔热的做法，表 3-3 给出了不同做法屋顶的隔热效果。

表 3-3 不同实体材料层和带有封闭空气层的隔热屋顶的效果

实体材料层（隔热层）	屋顶做法	屋顶内表面温度/℃	封闭空气间层	屋顶做法	屋顶内表面温度/℃
图 3-3（a）	15mm 厚水泥砂浆	基准温度	图 3-3（d）	150mm 厚封闭空气间层	基准温度
图 3-3（b）	增加了 80mm 厚泡沫混凝土	降低 19.8℃	图 3-3（e）	增加了 0.016mm 厚硬铝箔	降低 7℃
图 3-3（c）	增加了 50mm 厚粒化高炉矿渣	降低 20℃	图 3-3（f）	增加了 30mm 厚无水石膏	降低 12℃

2. 通风间层隔热屋顶（适合炎热多雨地区）

通风间层隔热屋顶的间层与室外相通，利用热压和风压作用，使间层的空气流动，从而带走大部分进入间层的辐射热，减少了向室内传递的热量，可有效降低围护结构内表面的温度。

通风间层隔热屋顶的隔热效果取决于间层所能带走热量的多少，这与间层高度、间层的气流速度和进风口温度有密切关系。

1）通风间层的高度。间层高度关系到通风面积。实测资料表明，随着间层高度的增加，隔热效果呈上升趋势，一般多为180mm或240mm。通风屋顶的风道长度不宜大于10m。

2）通风间层的气流速度。尽管间层内表面的光滑程度影响通风阻力的大小，但是至关重要的还是当地室外风速的大小。如果采用坡屋顶，进、出风口有一定高度差，对间层通风更为有利。对于沿海地区，无论白天还是夜晚，陆地与海面的气温差都会形成气流，间层内通风流畅，作用较大。

3）通风口的朝向。在同样风力作用下，通风口朝向与风向投射角越小，间层的通风效果越好，所以通风口的朝向要面向夏季的主导风向。

4）采用兜风檐口的做法。将间层面层檐口处适当向外挑出一段，能起兜风作用，可提高间层的通风效果。

图3-4给出了3种间层通风的组织形式：①从室外进气（采用兜风檐口可加强风压作用）；②从室内进气；③室内、室外同时进气。另外，有时为了提高热压作用，在水平的通风层中间增设排风帽，造成进、出风口的高度差，并且在帽顶的外表面涂上黑色，加强吸收太阳辐射，以提高帽内的气温，有利于排风。

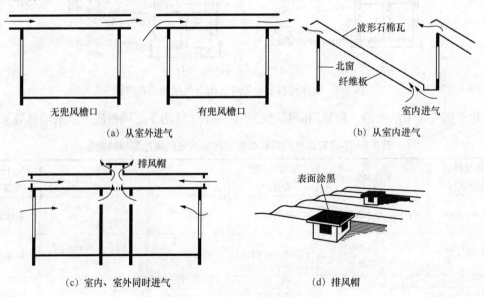

图3-4　间层通风的组织形式

3. 阁楼屋顶

阁楼常在檐口、屋脊、山墙等处开通气孔，有助于透气、排湿和散热。在提高阁楼隔热能力的措施中，加强阁楼的通风是一种经济而有效的办法。合理布置通风口的位置、加大通风口的面积，是提高阁楼通风隔热能力的有效措施。通风口可做成开闭式的，夏季开启，便于通风；冬季关闭，以利保温。通风阁楼的通风形式如图3-5所示。

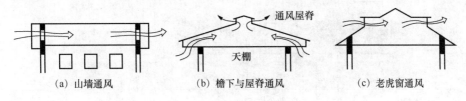

(a) 山墙通风　　　　(b) 檐下与屋脊通风　　　　(c) 老虎窗通风

图3-5　通风阁楼的通风形式

4. 其他形式的屋顶

（1）蓄水屋顶

水之所以能起到隔热作用，主要是因为水的热容量大，而且水在蒸发时要吸收大量的汽化热，从而减少了经屋顶传入室内的热量，降低了屋顶的内表面温度。蓄水屋顶是行之有效的隔热措施，特别是南方地区使用蓄水屋顶较多。蓄水屋顶的水层深度，从白天隔热和夜间散热的作用综合考虑，宜大于3cm而小于5cm。水面辐射铝箔或者种植漂浮植物，如水浮莲、水葫芦等将反射或吸收大量太阳辐射，能取得更好的隔热效果。蓄水屋顶夏季热量传导示意图如图3-6所示。但是蓄水屋顶要求屋顶有很好的防水层，否则易发生漏水现象。

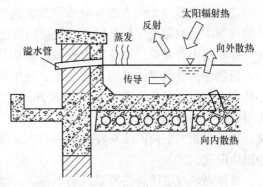

图3-6　蓄水屋顶夏季热量传导示意图

（2）植被屋顶

在屋顶上种植植物，利用植物的光合作用，将热能转化为生化能；利用植物叶面的蒸腾作用增加蒸发散热量，均可大大降低屋顶的室外综合温度；同时，利用植物栽培基质材料的热阻与热惰性，降低屋顶内表面平均温度与温度波动振幅，综合起来，达到隔热的目的。植被屋顶温度变化小，隔热性能优良，且是一种生态型的节能屋面，如图3-7所示。

现在广泛采用无土种植，无土种植自重轻、屋面温差小，有利于防水防渗。无土种植是采用膨胀蛭石、水渣、泥炭土等代替土壤，质量减小了，隔热性能反而增加了，且对屋面没有特殊要求，只是在檐口和走道板处须防止蛭石等材料在雨水外溢时被冲走。

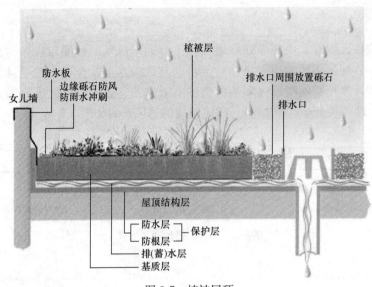

图 3-7　植被屋顶

3.2.3　外墙隔热

墙体是建筑与大气直接接触面积最大的部分。外墙的室外综合温度较屋顶低，因此在一般建筑中外墙隔热与屋顶隔热比较是次要的。但对采用轻质结构的外墙或在空调建筑中，外墙隔热仍十分重要。在建筑中外围护结构的热损耗较大，而且外围护结构中墙体又占了很大份额。传统的墙体材料，如生土、黏土砖，其隔热效果较好。但毁掉了大量农田，也使住宅在数量、品种、质量和节能等方面受到严重制约，取而代之的新墙体有空心砌块、大型板材、各种轻板结构等。从热工性能来看，两面抹灰各 2cm 的 19cm 厚双排孔空心砌块，其效果相当于两面抹灰各 2cm 的 24cm 厚黏土实心砖墙的热工性能，是效果较好的一种砌块形式。

墙体隔热与屋顶隔热的原理基本相同，墙体隔热通常采用设置外、中、内 3 道防线的处理方法。

1）外。外表面做浅色处理，如浅色粉刷、涂层和面砖等；墙体可做垂直绿化处理。

2）中。设置带铝箔的封闭空气间层；采用双排或三排孔混凝土或轻骨料混凝土空心砌块墙体；设置通风间层，由于通风墙的进、出风口之间高度差较大，热压通风的效果较好，间层厚度可适当减小，常用 20～100mm。

3）内。高效的隔热隔声复合轻型墙板有广阔的发展前景，如图 3-8 所示。复合墙体的内侧宜采用厚度为 10cm 左右的砖或混凝土等重质材料，墙体外侧则采用轻质材料。

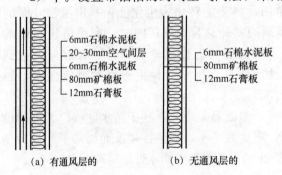

图 3-8　隔热隔声复合轻型墙板

3.3 建 筑 遮 阳

—任务描述—

工作任务 分析本地区经常采用的遮阳方式，了解本地区建筑设计要求的综合遮阳系数。
工作场景 学生进行分组，观察周围建筑物中采用了哪些遮阳措施，进行资料汇总，完成任务要求。

3.3.1 遮阳的目的与要求

1. 遮阳的目的

建筑遮阳是在建筑门窗洞口室外侧与门窗洞口一体化设计的遮挡太阳辐射的构件，其目的是防止阳光直射，减少投入室内的太阳辐射能，防止室内过热，以及避免产生眩光和保护物品，防止室内物品褪色、变形或损坏。

2. 遮阳的要求

遮阳的要求有如下几个方面。
1）主要防止夏季的阳光直射，并尽量避免散射和辐射的影响。
2）有利于窗口的采光、通风和防雨。
3）不阻挡从窗口向外眺望的视野。
4）遮阳形式与建筑造型要协调处理，并且力求构造简单，经久耐用。

3.3.2 遮阳的基本形式

由于日辐射强度随地点、日期、时间和朝向而异，建筑中各向窗口要求遮阳的日期、时间及遮阳的形式和尺寸，也需根据具体地区的气候和窗口朝向而定。

建筑遮阳类型很多，可以利用建筑的其他构件，如挑檐、搁板或各种突出构件，也可以专为遮阳目的而设置。按照构件遮挡阳光的特点来区分，主要分为以下几类。

1. 遮阳板遮阳

（1）水平式遮阳
水平式遮阳［图 3-9（a）］是位于建筑门窗洞口上部，水平伸出的板状建筑遮阳构件，它能有效遮挡高度较大的、从窗口上方投射下来的阳光，适用于接近南向的窗口，或者北回归线以南低纬度地区的北向及其附近的窗口。
（2）垂直式遮阳
垂直式遮阳［图 3-9（b）］是位于建筑门窗洞口西侧，垂直伸出的板状建筑遮阳构件，它能有效遮挡高度角较小的、从窗侧斜射的阳光，但对于高度角较大的、从窗口上方投射的阳光，或接近日出、日落时平射窗口的阳光不起遮挡作用，主要适用于东北、西南和西北向附近的窗口。

（3）组合式遮阳（格栅）

组合式遮阳 [图 3-9（c）] 是在门窗洞口的上部设水平式遮阳，两侧设垂直式遮阳的组合式建筑遮阳构件，它能有效遮挡高度角中等的、从窗前斜射下来的阳光，这样效果比较均匀，主要适用于东南或西南向附近的窗口。

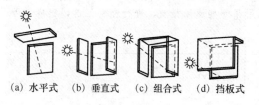

（a）水平式　（b）垂直式　（c）组合式　（d）挡板式

图 3-9　遮阳板的基本形式

（4）挡板式遮阳

挡板式遮阳 [图 3-9（d）] 在门窗洞口前方设置的与门窗洞口面平行的板状建筑遮阳构件，它能有效遮挡高度角较小、正射窗口的阳光，主要适用于东、西向附近的窗口。这种遮阳形式效果好，但影响通风和采光，可采用透光材料做挡板解决采光问题，采用百叶形式解决通风问题。

各种遮阳方式的采光效果如图 3-10 所示，图中阴影部分为工作面上的照度值。其中水平式和垂直式遮阳板可使照度降低 20%～40%，组合式遮阳可使照度降低 30%～55%。

2. 绿化遮阳

绿化遮阳可以通过在窗外一定距离种树，也可以通过在窗外或阳台上种植攀缘植物来实现对墙面的遮阳。另外，还有屋顶花园等形式。根据不同的气候条件选择植被，如落叶树木可在夏季遮阳，常青树则整年遮阳。植物还能通过蒸发周围的空气降低地面的反射，同时常青的灌木和草坪对于降低地面反射和建筑反射很有用。

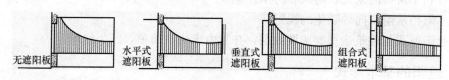

无遮阳板　　水平式遮阳板　　垂直式遮阳板　　组合式遮阳板

图 3-10　各类遮阳方式的采光效果

3. 活动遮阳

使用者可以根据环境变化和个人喜好，自由地控制遮阳系统的工作状况。其遮阳形式可采用遮阳卷帘、活动百叶遮阳、遮阳篷、遮阳纱幕等。

我国幅员辽阔，气候差异较大。建筑遮阳的选择必须因地制宜，根据建筑物的朝向、地区气候特征选取适宜的遮阳方式。

3.3.3　遮阳的设计要求

各种遮阳设施遮挡太阳辐射能的效果一般以遮阳系数表示。建筑遮阳系数是指在照射时间内，透过透光围护结构部件（如窗户）直接进入室内的太阳辐射量与透光围护结构外表面（如窗户）接收到的太阳辐射量的比值。系数越小，说明透进窗口的太阳辐射能越少，即防热效果越好。外窗的综合遮阳系数 S_w 是考虑窗本身和窗口的建筑外遮阳装置综合遮阳效果的一个系数，其值为窗本身的遮阳系数 S_C 与窗口的建筑外遮阳系数 S_D 的乘积。窗本身的遮阳系数一般指玻璃的遮阳系数，表征窗玻璃在无其他遮阳措施情况下对太阳辐射透射的热的减弱程度，其数值为透过窗玻璃的太阳辐射的热与透过 3mm 厚普通透明窗玻璃的太阳辐射的热的比值。

《严寒和寒冷地区居住建筑节能设计标准》（JGJ 26—2010）对寒冷（B）区居住建筑外窗综合遮阳系数限值的规定见表 3-4。

表 3-4　寒冷（B）区居住建筑外窗综合遮阳系数限值

围护结构部位		遮阳系数 S_C（东、西向/南、北向）		
		≤3 层建筑	4～8 层建筑	≥9 层建筑
外窗	窗墙面积比≤0.20	—/—	—/—	—/—
	0.20＜窗墙面积比≤0.30	—/—	—/—	—/—
	0.30＜窗墙面积比≤0.40	0.45/—	0.45/—	0.45/—
	0.40＜窗墙面积比≤0.50	0.35/—	0.35/—	0.35/—

《夏热冬冷地区居住建筑节能设计标准》（JGJ 134—2010）对夏热冬冷地区居住建筑外窗综合遮阳系数限值的规定见表 3-5。

表 3-5　夏热冬冷地区居住建筑外窗综合遮阳系数限值

建筑	窗墙面积比	传热系数 K /[W/(m² · K)]	外窗综合遮阳系数 S_W（东、西向/南向）
体型系数 ≤0.40	窗墙面积比≤0.20	4.7	—/—
	0.20＜窗墙面积比≤0.30	4.0	—/—
	0.30＜窗墙面积比≤0.40	3.2	夏季≤0.40/夏季≤0.45
	0.40＜窗墙面积比≤0.45	2.8	夏季≤0.35/夏季≤0.40
	0.45＜窗墙面积比≤0.60	2.5	东、西、南向设置外遮阳 夏季≤0.25/冬季≥0.60
体型系数 ＞0.40	窗墙面积比≤0.20	4.0	—/—
	0.20＜窗墙面积比≤0.30	3.2	—/—
	0.30＜窗墙面积比≤0.40	2.8	夏季≤0.40/夏季≤0.45
	0.40＜窗墙面积比≤0.45	2.5	夏季≤0.35/夏季≤0.40
	0.45＜窗墙面积比≤0.60	2.3	东、西、南向设置外遮阳 夏季≤0.25/冬季≥0.60

注：1. 表中的"东"和"西"代表从东或西偏北 30°（含 30°）至偏南 60°（含 60°）的范围，"南"代表从南偏东 30° 至偏西 30°的范围；

　　2. 楼梯间、外走廊的窗不按本表规定执行。

3.3.4　遮阳的构造

1. 遮阳构件的材料

遮阳构件的材料相当丰富，既有传统的木材和混凝土，也有现在被广泛应用的金属材料，如钢格网遮阳，其具有很高的结构强度，可以满足人员走动和上下通风的需要，广泛应用在可通风的双层玻璃幕墙中。轻质的铝材可以加工成室外遮阳格栅、遮阳卷帘及室内百叶窗。同时，生产工艺方面的进步，确保了金属遮阳构件的精确和精密。还有采用高性能热反射玻璃制成的玻璃遮阳板和结合光电光热转换的遮阳板。

设置遮阳板时，应选择合适的材料并注意颜色对遮阳效果的影响。应尽量选择轻质、坚固耐用的材料。遮阳板背向阳光的一面应尽量无光泽，而朝向阳光的一面则应为浅色并尽量光滑。

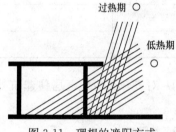

图 3-11　理想的遮阳方式

2. 遮阳板的尺寸

遮阳板可以隔热降温，但同时又会对采光、通风有一定影响。在很多地区，夏季需遮阳而冬季又需要有日照，因此遮阳板理想的尺寸应根据当地冬季和夏季的太阳高度角变化分别计算，从而使其在室内过热时有满窗遮阳，而在低温时又有足够的日照，如图 3-11 所示。

3. 遮阳板的安装

阳光照射会使遮阳板温度升高，遮阳板附近的空气被加热，热空气聚集在窗口附近，在风的作用下大量进入室内 [图 3-12 (a)]，因此通常在遮阳板与墙体间留出一段空隙 [图 3-12 (b)] 或将遮阳板设置成百叶形式 [图 3-12 (c)]，使大部分热空气沿墙面流走。

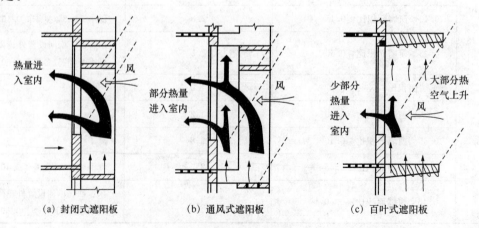

(a) 封闭式遮阳板　　　　(b) 通风式遮阳板　　　　(c) 百叶式遮阳板

图 3-12　建筑遮阳的构造方式

实例 1——纽约州布法罗市胡克大厦

纽约州布法罗市胡克大厦（图 3-13）玻璃间层宽 1.5m，间层中设可以调节的遮阳百叶，且各层之间相互连通，加强了夏季的热压通风，取得了非常显著的节能效果，整栋建筑几乎无须空调系统。

实例 2——普赖斯大厦、亚利桑那州凤凰坡中央图书馆、波士顿市政厅、孟买干城章嘉公寓、弗莱堡沃邦生态村电池厂房

普赖斯大厦（图 3-14）是赖特晚期的代表作，其大面积的垂直遮阳板形成了鲜明的竖向线条，与水平遮阳板相结合，共同营造出丰富多彩的几何形体。

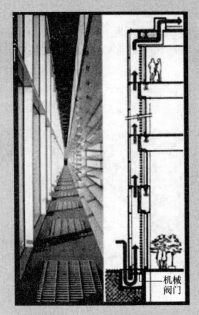

图 3-13　纽约州布法罗市胡克大厦　　　　　　图 3-14　普赖斯大厦

亚利桑那州凤凰坡中央图书馆（图 3-15）则将垂直遮阳作为一种标志或装饰：由钢架支撑起的片片三角帆布最直观地向人们展示了垂直遮阳所具有的艺术感染力，在浩瀚、酷热的西部沙漠之中，那片片白帆仿佛使人们看到蔚蓝的大海。

波士顿市政厅（图 3-16）受到柯布西耶作品的极大影响，其体型厚重、有雕塑感。极富韵律的、柱廊般的混凝土垂直遮阳板给人留下了深刻的印象，层层向内缩进的平面使得每层的窗户都于不知不觉中获得了自然的水平遮阳。

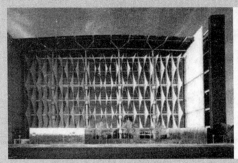
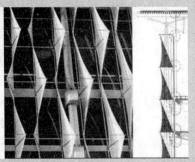

图 3-15　亚利桑那州凤凰坡中央图书馆

图 3-16 波士顿市政厅

柯里亚设计的孟买干城章嘉公寓（图 3-17）所采用的遮阳方式属于建筑自遮阳。这类遮阳方式没有明显的遮阳构件，而是通过建筑自身的凹凸来形成大面积阴影，最主要的采光窗都位于阴影之中，而暴露在墙体表面的窗洞口往往尺寸较小。

弗莱堡沃邦生态村电池厂房中庭侧面（图 3-18）都布满了太阳能板，既接受太阳光转换成电力，又能够遮阳。弗莱堡的旋转别墅还将光电与光热转换综合起来加以运用。

图 3-17 孟买干城章嘉公寓　　　　　图 3-18 弗莱堡沃邦生态村电池厂房

单元小结

室外综合温度＝太阳辐射当量温度＋室外空气温度－外表面长波辐射温度

室外综合温度的特点：①室外综合温度以 24h 为周期波动；②在夏季，同一天中不同时刻，同一地点各朝向的室外综合温度不同；③室外综合温度代表了室外热作用的大小。

防热的途径：①减弱室外的热作用；②外围护结构的（白天）隔热与（夜间）散热；③合理组织自然通风；④窗口遮阳；⑤利用夜间对流、被动蒸发冷却、地冷空调等自然能源防热降温。

围护结构隔热的侧重次序：屋顶、西墙、东墙、南墙和北墙。

对于有空调的房间，因要求传热量少和室内温度波幅小，故其对外围护结构的隔热能力要求应高于一般房屋。

屋顶隔热的主要措施：①实体材料层和带有封闭空气层的隔热屋顶；②通风间层隔热屋顶；③阁楼屋顶；④其他形式的屋顶。

外墙隔热的措施：①外表面做浅色处理，如浅色粉刷、涂层和面砖等；②采用双排或三排孔混凝土或轻骨料混凝土空心砌块墙体；③复合墙体的内侧宜采用厚度为 10cm 左右的砖或混凝土等重质材料；④设置带铝箔的封闭空气间层。当为单面铝箔空气间层时，铝箔宜设在温度较高的一侧；⑤墙体可做垂直绿化处理。

遮阳板遮阳的形式及选择：①水平式遮阳，适用于接近南向的窗口，或者北回归线以南低纬度地区的北向及其附近的窗口；②垂直式遮阳，主要适用于东北、西南和西北向附近的窗口；③组合遮阳（格栅），主要适用于东南或西南向附近的窗口；④挡板遮阳，主要适用于东、西向附近的窗口。

外窗的综合遮阳系数 S_w 是考虑窗本身和窗口的建筑外遮阳装置综合遮阳效果的一个系数，其值为窗本身的遮阳系数 S_C 与窗口的建筑外遮阳系数 S_D 的乘积。

遮阳构件材料应尽量选择轻质、坚固耐用的材料。遮阳板背向阳光的一面应尽量无光泽，而朝向阳光的一面则应为浅色并尽量光滑。

遮阳板安装时通常在遮阳板与墙体间留出一段空隙或将遮阳板设置成百叶形式，使大部分热空气沿墙面流走。

能 力 训 练

基本能力

一、名词解释

1. 室外综合温度　2. 外窗的综合遮阳系数

二、填空题

1. 室外综合温度是由_____、_____和_____组成。

2. 围护结构隔热的侧重次序为_____、_____、_____、_____及_____。

3. 将空气间层布置在围护结构的_____侧，可减少辐射换热量。

4. 遮阳板的基本形式有_____、_____、_____、_____。

5. 水平遮阳适用于_____向附近的窗口，垂直遮阳主要适用于_____向窗口，组合遮阳适用于_____向附近的窗口，挡板遮阳主要适用于_____向窗口。

6. 蓄水屋面的水深宜为_____。

三、选择题

1. 构成室外综合温度的因素中不包括（　　）。

　　A. 太阳辐射当量温度　　　　　　　B. 室内空气温度

C. 室外空气温度　　　　　　　　　D. 外表面长波辐射温度

2. 下列材料表面对太阳辐射吸收系数，其中最大的是（　　　）。

　A. 青灰色水泥墙面　　　　　　　　B. 白色大理石墙面

　C. 红砖墙面　　　　　　　　　　　D. 灰色水刷石墙面

3. 在进行外围护结构的隔热设计时，隔热处理的侧重点依次是（　　　）。

　A. 西墙、东墙、屋顶　　　　　　　B. 南墙、西墙、屋顶

　C. 屋顶、西墙、东墙　　　　　　　D. 西墙、屋顶、南墙

4. 遮阳板遮阳的方式中不包括（　　　）。

　A. 水平式遮阳　　B. 垂直式遮阳　　C. 倾斜式遮阳　　D. 挡板式遮阳

5. 遮阳的基本形式包括（　　　）。

　A. 遮阳板遮阳　　B. 绿化遮阳　　C. 活动遮阳　　D. 前三项都正确

四、简答题

1. 简述建筑保温设计的基本原则。

2. 简述外保温的优缺点。

3. 简述防热的途径。

4. 试从隔热的观点分析多层实体结构、有封闭空气间层结构、带有通风间层的结构的传热原理及隔热处理原则。

5. 简述窗口遮阳设计中应满足的要求。

拓展能力

1. 建筑外墙保温防水一体化新型材料已问世（聚氨酯硬泡体），查找相关资料对其进行了解。

2. 为提高封闭间层的隔热能力应采取什么措施？外围护结构中设置的封闭空气间层其热阻值在夏季和冬季是否一样？试从外墙和屋顶的不同位置加以分析。

3. 分析当地主要遮阳的方式。

4. 设计一种适合本地区遮阳的构造形式。

5. 查找资料，提出一种新型隔热墙体的构造方案（如水幕墙）。

建筑防湿

■知识目标 掌握 防止和控制冷凝的措施。
　　　　　熟悉 湿空气的物理性质；建筑外围护结构湿状况的影响因素。
　　　　　了解 材料的吸湿机理；外围护结构的水分迁移过程。
■技能目标 能 判断出表面冷凝和内部冷凝。
　　　　　会 防止和控制冷凝的相关措施。
■单元任务 分析学校宿舍外墙的湿状况，找到问题的原因，并提出解决方法。

4.1　湿空气的物理性质

┌─ **任务描述** ─────────────────────────────┐

　工作任务 使用温度计记录所在教室的温湿度（调整好时间间隔，记录一星期内的水蒸气压、绝对湿度、相对湿度、露点）。

　工作场景 学生进行分组，通过计算分析得出相关结论。

└──┘

　　舒适的热环境要求空气中必须有适量的水蒸气，但是，空气的湿状况也对外围护结构产生负影响。例如，材料受潮后，热导率将增大，保温能力就降低；湿度过高，材料的机械强度将会降低，对结构产生破坏性的变形；有机材料还会腐朽，从而降低结构的使用质量和耐久性；材料受潮，对房间的卫生情况也有影响，潮湿的材料有利于繁殖霉菌和微生物，这些菌类会散布到空气中和物品上，危害人体健康，使物品变质。因此，在建筑中要尽量避免空气水蒸气凝结，具体措施如下：一是避免在围护结构的内表面产生结露；二是防止在围护结构内部因蒸汽渗透而产生凝结受潮，这一点对结构最为不利。

4.1.1　湿空气的状态参数

　　湿空气是指含有水蒸气的空气，即干空气和水蒸气的混合物。在温度和压力一定的条件下，一定容积的干空气所能容纳的水蒸气的量是有限的，湿空气中水蒸气含量未达到这一限度时称为未饱和湿空气，达到这一限度时称为饱和湿空气。

　　1. 水蒸气的分压力

道尔顿分压定律为湿空气的总压力等于干空气的分压力和水蒸气的分压力之和。

$$P_w = P_d + P \tag{4-1}$$

式中：P_w——湿空气的总压力（Pa）；

　　　P_d——干空气的分压力（Pa）；

　　　P——水蒸气的总压力（Pa）。

在一定温度下，湿空气中水蒸气部分所产生的压强称为水蒸气分压。

处于饱和状态的湿空气中，水蒸气所呈现的压力称为饱和蒸汽压，用 P_s 表示。处于未饱和状态的湿空气中，水蒸气所呈现的压力称为未饱和蒸汽压。在标准大气压下，P_s 随温度升高而变大，这是因为在一定大气压力下湿空气的温度越高，其一定体积内能容纳的水蒸气越多，故压力也越大。

2. 空气湿度

空气湿度是表征空气干湿程度的物理量。它分为绝对湿度和相对湿度。

1）绝对湿度 f 指每立方米空气中所含水蒸气的质量。饱和状态下的绝对湿度用饱和蒸汽量 f_{max} 表示。绝对湿度只有与温度一起才有意义，因为空气中能够含有水蒸气的量随温度变化而变化。其描述的空气湿度与人的主观感觉和材料的湿特性出入较大，必须在相同温度与气压下进行判断。

2）相对湿度 Φ 指在一定温度及大气压下，湿空气的绝对湿度 f 与同温度下的饱和蒸汽量 f_{max} 的比值。在实际计算过程中，使用实际的空气水气压强和同温度下饱和水气压强的百分比表示。

$$\Phi = \frac{f}{f_{max}} \times 100\% \tag{4-2}$$

相对湿度一方面取决于绝对湿度，另一方面取决于空气温度。在寒冷的地区和季节，空气湿度容易达到饱和，在绝对湿度或水蒸气压力并不太高的情况下，相对湿度可能较高。在同样的绝对湿度条件下，温暖地区和季节的相对湿度往往偏低。中国大陆年平均相对湿度分布的总趋势是自东南向西北递减，山区高于平原。相对湿度的年变化，一般是内陆干燥地区冬季高于夏季；华北、东北地区春季最低，夏季高于冬季；江南各地年变化较小。

相对湿度描述的空气湿度与人的主观感觉和材料的湿特性相吻合。

4.1.2　露点温度

通过测定露点温度可以确定空气的绝对湿度和相对湿度，所以露点也是空气湿度的一种表示方式。

空气在含湿量和大气压不变的情况下，冷却到饱和状态所对应的温度，称为该状态下的露点温度，用 t_d 表示。

【案例 4-1】　已知某房间在标准大气压下露点温度是 12℃，则该空气在 20℃时的相对湿度是多少？

【案例解析】　1）从附录 E 中查得 20℃时的饱和水蒸气压为 2337.1Pa，12℃时的饱和水蒸气压为 1401.2Pa。

2）空气的相对湿度 $\Phi = \dfrac{f}{f_{max}} \times 100\% = \dfrac{P}{P_{max}} \times 100\% \approx \dfrac{1401.2}{2337.1} \times 100\% \approx 60\%$

4.2　外围护结构中的水分迁移

任务描述

工作任务　讨论蒸汽渗透带给建筑的影响。
工作场景　学生进行分组，查找资料、讨论，提出个人或团队的看法。

4.2.1　材料的吸湿

把一块干的材料置于湿空气中，材料会从空气中逐步吸收水蒸气而受潮，这种现象称为材料的吸湿。材料的吸湿特性与空气的相对湿度有关系，可用材料的等温吸湿曲线表示。

当材料试件与某一状态（一定气温和一定相对湿度）的空气处于热平衡时，即材料的温度与周围空气的温度一致时，试件的质量不再发生变化（湿平衡），这时的材料湿度称为平衡湿度（ω_w）。

从图 4-1 可以看出，在温度不变的情况下，材料的平衡湿度随空气相对湿度的增加而增加，在饱和状态下的平衡湿度称为最大吸湿湿度。

建筑材料吸收的水分，是靠着水分子与材料固体颗粒表面的材料分子之间的分子作用力，以及水的表面张力作用保持在材料内部的。水分子与材料固体骨架之间的结合能量取决于材料的含水量。当含水量很低时，水分子与材料的结合是非常牢固的。在严重受潮的材料中，水分子与材料的结合较弱，所以水分较易自由迁移。

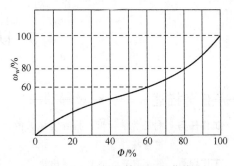

图 4-1　材料的等温吸湿曲线

材料内部存在的压力差（分压力或总压力）、湿度差（材料含湿量）或温度差均能引起材料内部水分从高势位面向低势位面转移。材料内所包含的水分可以以气态（水蒸气）、液态（液态水）和固态（冰）三种形态存在。而在材料内部可以迁移的只有两种相态：一种以气态的扩散方式迁移（又称水蒸气渗透）；一种以液态水分的毛细渗透方式迁移。

4.2.2　围护结构的蒸汽渗透

如前所述，当室内、外空气中的含湿量不等，也就是围护结构的两侧存在水蒸气分压力差时，水蒸气分子就会从分压力高的一侧通过围护结构向分压力低的一侧渗透扩散或迁移，这种传湿现象称为蒸汽渗透。若设计不当，水蒸气通过围护结构时，会在材料的空隙中凝结成冰或水，造成内部冷凝受潮。

室内、外空气的水蒸气分压力取定值不随时间改变，不考虑围护结构内部液态水分的转移，也不考虑热湿交换过程之间的相互影响，在这种稳态下蒸汽渗透强度 ω 为

$$\omega = \frac{1}{H_0}(P_i - P_e) \tag{4-3}$$

式中：ω——蒸汽渗透强度（面积湿流量）$[g/(m^2 \cdot h)]$；

$\quad\quad P_i$——室内空气的水蒸气分压力（Pa）；

$\quad\quad P_e$——室外空气的水蒸气分压力（Pa）；

$\quad\quad H_0$——围护结构的总蒸汽渗透阻（$m^2 \cdot h \cdot Pa/g$）。

$$H_0 = H_1 + H_2 + H_3 + H_4 + \cdots + H_n = \frac{d_1}{\mu_1} + \frac{d_2}{\mu_2} + \frac{d_3}{\mu_3} + \frac{d_4}{\mu_4} + \cdots + \frac{d_n}{\mu_n} \tag{4-4}$$

式中：d_1，d_2，$\cdots$，d_n——围护结构中某一分层的厚度（m）；

$\quad\quad \mu_1$，μ_2，$\cdots$，μ_n——围护结构相应层的蒸汽渗透系数 $[g/(m \cdot h \cdot Pa)]$。

蒸汽渗透系数是指单位厚度的物体，在两侧单位水蒸气分压差作用下，单位时间内通过单位面积渗透的水蒸气量。它表明，材料的蒸汽渗透能力与材料的密实程度有关。材料的孔隙率越大，蒸汽渗透性就越强。材料的蒸汽渗透系数还与温度、相对湿度有关，计算中采用的是平均值。常用建筑材料的蒸汽渗透系数 μ 值见附录 B。

围护结构内、外表面的水蒸气压力可以近似看成与室内、外空气的水蒸气分压力相等。围护结构内任一层内界面上的水蒸气分压力计算公式如下：

$$P_m = P_i - \frac{\sum\limits_{j=1}^{m-1} H_j}{H_0}(P_i - P_e) \tag{4-5}$$

4.3 防止和控制冷凝

任务描述

工作任务 利用所学知识，检查某施工图设计中的外墙构造是否会产生冷凝现象，若有，则提出改进措施。

工作场景 学生自查、互查，得出检查结果及改进方案。

4.3.1 围护结构冷凝的检验

在取暖期，围护结构中导热和蒸汽渗透是同时存在的。若表面温度低于露点温度，水蒸气会在表面冷凝成水（表面冷凝）。表面冷凝水将会影响室内卫生，某些情况下还将直接影响生产和房间的使用。若设计不当，水蒸气通过围护结构时，会在结构内部材料的孔隙中冷凝成水或冻结成冰，这种内部冷凝现象危害更大，是一种看不见的隐患。内部出现冷凝水，会使保温材料受潮，材料受潮后，热导率增大，保温能力降低；此外，由于内部冷凝水的冻融交替作用，抗冻性差的保温材料便遭到破坏，从而降低结构的使用质量和耐久性。

1. 表面冷凝检验

冬季室外计算温度低于 0.9℃ 时，应对围护结构进行内表面结露验算，检验方法如下。

1）计算室内空气的露点温度 t_d。

2）计算围护结构薄弱部位的热阻。

3）计算围护结构内表面的温度 θ_i。

4）根据 θ_i 和 t_d 大小判断是否出现表面冷凝：$\theta_i > t_d$，不出现表面冷凝；$\theta_i \leqslant t_d$，出现表面冷凝。

2. 内部冷凝检验

当围护结构内表面温度低于空气露点温度时，应采取保温措施，并应重新复核围护结构内表面温度，采暖建筑中，对外侧有防水卷材成其他密闭防水层的屋面，保温层外侧有密实保护层或保温层的蒸汽渗透示数较小的多层外留，当内侧结构层的蒸汽渗透示数较大时，应进行屋面、外墙的内部冷凝验算，检验方法如下。

1）根据室内、外空气的温度和湿度，确定水蒸气分压力 P_i 和 P_e，并以此计算围护结构各层的水蒸气分压力，绘出水蒸气分压力的分布曲线图。

2）根据室内、外空气温度 t_i 和 t_e，确定围护结构各层的温度，查出相应的饱和水蒸气分压力 P_S，绘制出 P_S 分布曲线。

3）根据 P 线与 P_S 线相交与否来判断围护结构内部是否会出现冷凝现象：两线相交，内部出现冷凝 [图4-2（a）]；两线不相交，内部不出现冷凝 [图4-2（b）]。

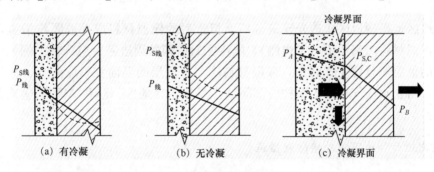

(a) 有冷凝　　　　　(b) 无冷凝　　　　　(c) 冷凝界面

图4-2　材料内部冷凝状况

4.3.2　围护结构冷凝强度的计算

在围护结构蒸汽渗透的过程中，如材料的蒸汽渗透系数，由大到小，水蒸气在界面处将遇到较大的阻碍，最易发生冷凝现象，习惯上把最易出现冷凝且凝结最严重的界面称为围护结构的冷凝界面，其饱和水蒸气分压力用 $P_{S,c}$ 表示 [图4-2（c）]。在此界面处，水蒸气不易通过，如保温材料与其外侧密实材料交界处。

当冷凝界面处有冷凝时，该界面的水蒸气分压力已达到该界面温度下的饱和状态，为 $P_{S,C}$，根据冷凝界面两侧的蒸汽渗透强度之差，可计算界面处的冷凝强度 ω_c 为

$$\omega_c = \omega_1 - \omega_2 = \frac{P_A - P_{S,c}}{H_{0,i}} - \frac{P_{S,c} - P_B}{H_{0,e}} \tag{4-6}$$

式中：P_A——水蒸气分压力较高一侧空气的水蒸气分压力（Pa）；

P_B——水蒸气分压力较低一侧空气的水蒸气分压力（Pa）；

$P_{s,c}$——冷凝界面处的饱和水蒸气分压力（Pa）；

$H_{0,i}$——在冷凝界面水蒸气渗入一侧的蒸汽渗透阻（$m^2 \cdot h \cdot Pa/g$）；

$H_{0,e}$——在冷凝界面水蒸气渗出一侧的蒸汽渗透阻（$m^2 \cdot h \cdot Pa/g$）。

需要注意的是，若在围护结构内部出现少量冷凝水，但能保证围护结构内部处于正常的湿度状态，则影响使用效果。

4.3.3　防止和控制冷凝的措施

1. 外墙及屋面的防潮技术措施

采用松散多孔保温材料的多层复合围护结构，应在水蒸气分压高的一侧设置隔汽层。对于有采暖、空调功能的建筑，应按采暖建筑围护结构设置隔汽层。外侧有密实保护层或防水层的多层复合围护结构，经内部冷凝受潮验算而必需设置隔汽层时，应严格控制保温层的施工湿度。对于卷材防水屋面或松散多孔保温材料的金属夹芯围护结构，应有与室外空气相通的排湿措施。

外侧有卷材或其他密闭防水层，内侧为钢筋混凝土屋面板的屋面结构，经内部冷凝受潮验算不需设隔汽层时，应确保屋面板及其接缝的密实性，并应达到所需的蒸汽渗透阻。

严寒地区、寒冷地区非透光建筑幕墙面板背后的保温材料应采取隔汽措施，隔汽层应布置在保温材料的高温侧（室内侧），隔汽密封空间的周边密封应严密。例如，在建筑围护结构的低温侧设置空气间层，保温材料层与空气层的界面宜采取防水、透气的挡风防潮措施，防止水蒸气在围护结构内部凝结。夏热冬冷地区、温和 A 区的建筑幕墙宜设计隔汽层。

2. 室内地面和地下室外墙防潮措施

室内地面和地下室外墙防潮宜采用下列措施。

1）建筑室内一层地表面宜高于室外地坪 0.6m 以上。

2）采用架空通风地板时，通风口应设置活动的遮挡板，使其在冬季能方便关闭，遮挡板的热阻应满足冬季保温的要求。

3）地面和地下室外墙宜设保温层。

4）地面面层材料可采用蓄热系数小的材料，减少表面温度与空气温度的差值。

5）地面面层可采用带有微孔的面层材料。

6）面层宜采用热导率小的材料，使地表面温度易于紧随空气温度变化。

7）面层材料宜有较强的吸湿、解湿特性，对表面水分具有湿调节作用。

4.3.4　夏季结露产生的原因及防止方法

我国地域辽阔，南北温差大，建筑物结露现象较严重，北方地区多发生在秋冬季节，南方地区多发生在夏季梅雨季节。

1. 夏季结露产生的原因

在春末夏初室外空气温度和湿度都骤然增加时，建筑物中的物体表面温度由于热容量〔系统温度升高（或降低）1℃所吸收（或放出）的热量称为这个系统在该过程中的"热容量"〕的影响而上升缓慢，滞后若干时间而低于室外空气的露点温度，以致高温高湿的室外空气流过室内低温表面时发生表面凝结，这种现象称为差迟凝结，是夏季结露产生的原因。因此发生室内夏季结露的充分必要条件如下。

1）室外空气温度高、湿度大，空气饱和或者接近饱和。

2）室内某些物体表面热惰性大，使其温度低于室外空气的露点温度。

3）室外高温、高湿空气与室内物体低温表面接触。

2. 防止夏季结露的方法

防止夏季结露的方法具体如下。

1）利用架空层或空气层将地板架空，对防止首层地面、墙面的夏季结露有一定作用。

2）用热容量小的材料装饰房屋内表面和地面，如铺设地板、地毯，以提高表面温度，减少夏季结露的可能性。

3）利用有控制的通风防止夏季结露，如室外温度和湿度突然上升时，紧闭门窗。

4）利用空调除湿。

5）利用各类干燥剂，如石灰、竹炭等。

知识拓展

实例——日本美秀美术馆

贝聿铭设计的日本美秀美术馆如图4-3所示。根据当地的规定，总面积为1.7万 m² 的部分，大约只允许2000m² 的建筑部分露出地面，所以美术馆80％的部分必须在地下。美术馆从外观上只能看到许多三角、棱形等玻璃的屋顶，其实那都是天窗，一旦进入内部，明亮舒展的空间超过人们的预想。整个建筑由地上一层和地下两层构成，现代收藏品仓库在最下层，因此防水和防潮成为施工上的大课题。美术馆所有的壁面都使用隔热材料，以防止由于室内、外的温差而结霜。为了防止建筑上覆盖的土渗水，美术馆采用了具有耐寒和耐根（即耐树根的侵蚀）性的、瑞士生产的防水剂，再在上面筑水泥，以防发生事故。不只是建筑本身，在其他方面，如对美术品的安放、收藏环境等，贝聿铭都下了相当大的功夫，如展示和收藏间的空调系统设计。在展示间没有直接的空调，而是在它的周围加以设置，目的是保护珍贵的美术品。这一设想使具有理想温度的空气渗透到展示空间中来，而内部的空气不对流，把对美术品的影响控制在最小的范围之内。

图4-3　日本美秀美术馆

单 元 小 结

　　空气湿度是表征空气干湿程度的物理量，分为绝对湿度和相对湿度。绝对湿度 f 指每立方米空气中所含水蒸气的质量。相对湿度 Φ 指在一定温度及大气压下，湿空气的绝对湿度指 f 与同温度下的饱和蒸汽量 f_{max} 的比值。

　　空气在含湿量和大气压不变的情况下，冷却到饱和状态所对应的温度，称为该状态下的露点温度，用 t_d 表示。

　　外围护结构中的水分迁移：材料内部存在的压力差（分压力或总压力）、湿度差（材料含湿量）和温度差均能引起材料内部水分从高势位面向低势位面转移。

　　当室内、外空气中的含湿量不等，也就是围护结构的两侧存在水蒸气分压力差时，水蒸气分子就会从分压力高的一侧通过围护结构向分压力低的一侧渗透扩散或迁移，这种传湿现象称为蒸汽渗透。

　　表面冷凝检验方法如下。

　　1) 计算室内空气的露点温度 t_d。

　　2) 计算围护结构薄弱部位的热阻。

　　3) 计算围护结构内表面的温度 θ_i。

　　4) 根据 θ_i 和 t_d 大小判断是否出现表面冷凝：$\theta_i > t_d$，不出现表面冷凝；$\theta_i \leqslant t_d$，出现表面冷凝。

　　内部冷凝检验方法如下。

　　1) 根据室内、外空气的温度和湿度，确定水蒸气分压力 P_i 和 P_e，并以此计算围护结构各层的水蒸气分压力，绘出水蒸气分压力的分布曲线图。

　　2) 根据室内、外空气温度 t_i 和 t_e，确定围护结构各层的温度，查出相应的饱和水蒸气分压力 P_s，绘制出 P_s 分布曲线。

　　3) 根据 P 线与 P_s 线相交与否来判断围护结构内部是否会出现冷凝现象：两线相交，内部出现冷凝；两线不相交，内部不出现冷凝。

　　防止和控制内部冷凝：①合理布置保温层；②在围护结构内部设排汽间层或排汽沟道；③在蒸汽流入一侧设隔蒸汽层；④在外墙内设密闭空气间层。

　　结露及成因：夏季结露的原因是差迟凝结，即气温和湿度骤然变化，物体表面温度变化缓慢造成的表面结露。发生室内夏季结露的充分必要条件如下：①室外空气温度高、湿度大，空气饱和或接近饱和；②室内某些物体表面热惰性大，使其温度低于室外空气的露点温度；③室外高温、高湿空气与室内物体低温表面发生接触。

　　防止夏季结露的方法：①利用架空层或空气层将地板架空，对防止首层地面、墙面的夏季结露有一定作用；②用热容量小的材料装饰房屋内表面和地面，如铺设地板、地毯，以提高表面温度，减少夏季结露的可能性；③利用有控制的通风防止夏季结露，如室外温度和湿度突然上升时，紧闭门窗；④利用空调除湿；⑤利用各类干燥剂，如石灰、竹炭等。

能 力 训 练

基本能力

一、名词解释

1. 露点温度　2. 绝对温度　3. 相对湿度

二、填空题

1. 在温度和压力一定条件下，一定容积的干空气所能容纳水蒸气量是有限的，未达到这一限度时称为（　　　　），达到这一限度称为（　　　　）。

2. 在同样的绝对湿度条件下，温暖地区和季节的相对湿度往往（　　　　）。

3. 相对湿度的年变化，一般是内陆干燥地区，（　　）季高于（　　）季。

4. 当材料试件与某一状态（一定气温和一定相对湿度）的空气处于热平衡时，试件的质量不再发生（　　　　），这时材料湿度称为（　　　　）。

三、选择题

1. 空气中水蒸气的饱和蒸汽压（　　）。

　　A. 随水蒸气含量的增加而增加　　　　B. 随空气温度的增加而减少

　　C. 随空气温度的增加而增加　　　　　D. 随空气绝对湿度的增加而增加

2. 当室内气温为 20℃时，饱和蒸汽压为 2337.1Pa，若室内的水蒸气分压力为 1051.7Pa，相对湿度为（　　）。

　　A. 35%　　　　　B. 45%　　　　　C. 55%　　　　　D. 65%

3. 若不改变室内空气的水蒸气含量，使室内空气温度下降，室内空气的相对湿度（　　）。

　　A. 增加　　　　　B. 减少　　　　　C. 不确定　　　　D. 不变

4. 为防止采暖建筑外围护结构内部冬季产生冷凝，以下几项措施中错误的是（　　）。

　　A. 在围护结构内设排气通道通向室外

　　B. 将水蒸气渗透系数大的材料放在靠近室外一侧

　　C. 将隔气层设在靠近室外一侧

　　D. 将隔气层设在保温材料层内侧

5. 若不改变室内空气中的水蒸气含量，使室内空气温度上升，室内空气的相对湿度（　　）。

　　A. 不变　　　　　　　　　　　　　B. 减小

　　C. 不能确定增加还是减小　　　　　D. 增加

6. 一定的室外热湿作用对室内气候影响的程度，主要取决于（　　）。

　　A. 房屋的朝向、间距

　　B. 围护结构材料的热物理性能和构造方法

　　C. 环境绿化及单体建筑平、剖面形式

　　D. 有无设备措施

7. 水蒸气含量不变的湿空气温度越高，其相对湿度（　　），绝对湿度（　　）。

    A. 越小、越大　　　B. 越小、不变　　　C. 不变、越小　　　D. 越大、越小

8. 为避免可能出现的结露，在封闭空气间层壁面贴铝箔时，应贴在间层的（　　）。

    A. 高温侧　　　　　B. 低温侧　　　　　C. 两侧　　　　　D. 任一侧

四、简答题

1. 简述地面泛潮现象产生的原因。

2. 简述围护结构冷凝的检验。

拓展能力

1. 试从降温和地面泛潮的角度来分析南方地区几种室内地面（木地板、水泥地或者其他地面）中，在春季和夏季中，哪一种地面较好？该地面处于底层和楼层时有无差别？

2. 调查了解陕北窑洞冬暖夏凉的原因（热容量）。

任务解析——【典型工作任务 1】

■知识目标　掌握　节能设计及计算步骤。
　　　　　　熟悉　设计标准中的术语、计算参数。
■技能目标　能　进行居住建筑节能设计计算；进行节能构造设计。
　　　　　　会　查找相应规范并使用。
■单元任务　根据建筑热工学所学的知识，结合日后岗位对这方面的要求，对第 1 模块的模块任务进行分析、解决。
■解析步骤

5.1　任务分析

为了达到节能标准，围护结构需采取相应的节能措施。根据《严寒和寒冷地区居住建筑节能设计标准》（JGJ 26—2010）及《居住建筑节能设计标准》（DBJ 04—242—2012），首先确定太原地区属于寒冷（A）区，其次计算体型系数，建筑体积及建筑各部位面积按照《严寒和寒冷地区居住建筑节能设计标准》（JGJ 26—2010）中附录 F 的要求进行计算。根据《严寒和寒冷地区居住建筑节能设计标准》（JGJ 26—2010）中表 4.1.3（本书见表 2-4）判断体型系数是否满足要求；同时计算窗面积墙比，看窗墙面积比是否满足《严寒和寒冷地区居住建筑节能设计标准》（JGJ 26—2010）中表 4.1.4 的规定（本书见表 2-10）。如不满足，则需进行围护结构热工性能的权衡判断，决定采用参数法还是权衡判断法进行设计。

5.2　任务解析

围护结构节能计算如下。

5.2.1　体型系数的计算

1. 外表面积

南向：$44.4 \times 2.8 \times 6 -$（过街楼洞）$3.6 \times 2.8 = 735.84 (\text{m}^2)$；

北向：$(44.4 + 0.9 \times 4) \times 2.8 \times 6 -$（过街楼洞）$3.6 \times 2.8 = 796.32 (\text{m}^2)$；

东向：$11.4 \times 2.8 \times 6 +$（过街楼洞）$11.4 \times 2.8 = 223.44(\text{m}^2)$；

西向：$11.4 \times 2.8 \times 6 +$（过街楼洞）$11.4 \times 2.8 = 223.44(\text{m}^2)$；

过街楼洞顶板：$11.4 \times 3.6 = 41.04$（m^2）；

屋顶：$44.4 \times 11.4 - 2.4 \times 0.9 \times 2 = 501.84$（$\text{m}^2$）；

总面积：$735.84 + 796.32 + 223.44 + 223.44 + 41.04 + 501.84 = 2521.92$（$\text{m}^2$）。

2. 体积

$(44.4 \times 11.4 - 2.4 \times 0.9 \times 2) \times 2.8 \times 6 -$（过街楼洞）$11.4 \times 3.6 \times 2.8 = 8316(\text{m}^3)$

3. 体型系数

$$2521.92 \div 8316 \approx 0.30 < 0.33$$

太原地区属寒冷（A）区，体型系数满足表 2-4 中严寒和寒冷地区 4～8 层居住建筑的体型系数限值的要求。

5.2.2　窗墙比的计算

《严寒和寒冷地区居住建筑节能设计标准》（JGJ 26—2010）中规定窗墙面积比按照开间进行计算，具体计算过程见表 5-1。

表 5-1　窗墙面积比

朝向	位置	窗面积/m²	墙面积/m²	窗墙面积比	限值
南	卧室 1（凸窗）	$1.8 \times 1.8 = 3.24$	$3.6 \times 2.8 = 10.08$	$3.24/10.08 \approx 0.32$	0.50
	卧室 2（普窗）	$1.5 \times 1.5 = 2.25$	$3.3 \times 2.8 = 9.24$	$2.25/9.24 \approx 0.24$	
	客厅	$2.1 \times 2.4 = 5.04$	$4.2 \times 2.8 = 11.76$	$5.04/11.76 \approx 0.43$	
北	卧室	$1.5 \times 1.5 = 2.25$	$3.6 \times 2.8 = 10.08$	$2.25/10.08 \approx 0.22$	0.30
	厨房（门联窗）	$1.5 \times 1.5 = 2.25$	$4.2 \times 2.8 = 11.76$	$2.25/11.76 \approx 0.19$	
	卫生间	$0.9 \times 1.5 = 1.35$	$2.1 \times 2.8 = 5.88$	$1.35/5.88 \approx 0.23$	
东西向	卫生间	$0.9 \times 1.5 = 1.35$	$2.1 \times 2.8 = 5.88$	$1.35/5.88 \approx 0.23$	0.35

从表 5-1 中可以看出，各朝向的窗墙面积比均不大于窗墙面积比限值。

5.2.3　节能设计方法的确定

因为体型系数和窗墙面积比均未超过窗墙面积比限值，所以采用热工性能参数法。

5.2.4　传热系数限值的选择

根据《严寒和寒冷地区居住建筑节能设计标准》（JGJ 26—2010）中表 4.2.2-4 或由本书附录 A 中（附表 A-4），太原地区 6 层建筑，其传热系数限值如下：屋顶为 0.45，外墙为 0.60，非采暖楼梯间的隔墙与户门分别为 1.5 与 2.0，阳台门下部门芯板为 1.70，过街楼洞顶板为 0.60，非采暖地下室顶板为 0.65，周边地面为 0.56，地下室外墙为 0.61。

对于窗的选择，从经济角度出发，可把不同的窗墙面积比进行归类，窗的类型详见表 5-2。也可按照最大窗墙面积比确定窗的类型。典型玻璃配不同窗框常用窗的传热系数见附录 D。

表 5-2　窗的类型

窗墙面积比	位置	窗墙面积比值	传热系数限值（4～8 层）	窗的类型
0.2＜窗墙面积比≤0.3	南向 卧室 2（普窗）	2.25/9.24≈0.24	2.8	多腔塑料型材 K_ρ＝2.2[W/(m²·K)]；框面积＝25％；6 透明＋12 空气＋6 透明
	北向 卧室	2.25/10.08≈0.22		
	北向 厨房（门联窗）	2.25/11.76≈0.19		
	北向 卫生间	1.35/5.88≈0.23		
	东西向 卫生间	1.35/5.88≈0.23		
0.3＜窗墙面积比≤0.4	南向 卧室 1（凸窗）	3.24/10.08≈0.32	2.5－(2.5×15％)＝2.125	塑料型材 K_f＝2.7 [W/(m²·K)]；框面积：25％；较低透光 Low-E＋12 空气＋6 透明
0.4＜窗墙面积比≤0.5	南向 客厅	5.04/11.76≈0.43	2.0	塑料型材 K_f＝2.7 [W/(m²·K)]；框面积：25％；较低透光 Low-E＋12 空气＋6 透明

注：北向楼梯间不采暖，则不计算楼梯间外窗面积。

凸窗的传热系数限值应比普通窗降低 15％。

5.2.5　围护结构传热系数的确定

围护结构的具体做法、传热系数限值及传热系数汇总见表 5-3。

表 5-3　围护结构的具体做法、传热系数限值及传热系数汇总

序号	部位	做法	备注	传热系数限值(K_m)/[W/(m²·K)]	传热系数(K_m)/[W/(m²·K)]
1	屋顶	防水层 20mm 厚水泥砂浆 ρ＝100kg/m³ 的 100mm 厚岩棉板 平均 70mm 厚水泥焦砟 100mm 厚钢筋混凝土板 20mm 厚白灰砂浆	$R=0.11+\dfrac{0.01}{0.17}+\dfrac{0.02}{0.93}+\dfrac{0.1}{0.045\times1.2}$ $+\dfrac{0.07}{0.29}+\dfrac{0.1}{1.74}+\dfrac{0.02}{0.81}+0.04$ ≈2.406（m²·K/W）$K=\dfrac{1}{2.406}\approx0.416$ [W/(m²·K)]	0.45	0.416

续表

序号	部位	做法	备注	传热系数限值（K_m）/[W/(m²·K)]	传热系数（K_m）/[W/(m²·K)]
2	外墙	20mm厚白灰砂浆 370mm厚多孔砖 60mm厚岩棉板 30mm厚水泥抗裂砂浆	**热阻计算过程见本书【案例2-1】** 　传热系数 $K=1/R=1/1.955\approx0.512$ [W/(m²·K)] 　建筑工程中，外墙的传热系数为包括结构性热桥在内的平均传热系数 K_m，其计算方法可查《严寒和寒冷地区居住建筑节能设计标准》（JGJ 26—2010）中附录B（B.0.11），该建筑凸窗所占外窗总面积不足30%，故墙体平均传热系数值按普通窗计算，太原地区外墙传热系数限值为0.6，因此修正系数 ϕ 取1.1，根据计算公式 $K_m=\phi K=1.1\times0.512=0.5632$ [W/(m²·K)]	0.60	0.5632
3	楼梯间隔墙	20mm厚白灰砂浆 240mm厚多孔砖 10mm厚岩棉板 20mm厚白灰砂浆	$R=0.11+\dfrac{0.02}{0.93}+\dfrac{0.24}{0.58}+\dfrac{0.01}{0.045\times1.2}$ 　$+\dfrac{0.02}{0.93}+0.04\approx0.792$ (m²·K/W) $K=\dfrac{1}{0.792}\approx1.26$ [W/(m²·K)]	1.50	1.26
4	户门	双层钢板内夹20mm厚的岩棉板	钢板热阻忽略，$R=0.11+0.02/(0.045\times1.2)+0.04=0.52$ (m²·K/W) $K=1/0.52\approx1.92$ [W/(m²·K)]	2.0	1.92
5	窗户	单框中空 Low-E 玻璃	见表5-2	—	—
6	阳台门门芯板	双层铝合金板内夹25mm厚的岩棉板	铝板热阻忽略，$R=0.11+0.025/(0.045\times1.2)+0.04=0.613$ (m²·K/W) $K=1/0.613$ 　≈1.63 [W/(m²·K)]	1.70	1.63
7	凸窗顶板、底板	20mm厚白灰砂浆 60mm厚钢筋混凝土板围板 80mm厚岩棉板 5mm厚抹面胶浆复合玻纤网格布	$K=\dfrac{1}{0.11+\dfrac{0.02}{0.81}+\dfrac{0.06}{1.74}+\dfrac{0.08}{0.045\times1.2}+0.04}$ 　$=\dfrac{1}{1.69}\approx0.59(<0.6)$[W/(m²·K)]	0.60	0.59

序号	部位	做法	备注	传热系数限值（K_m）/[W/(m²·K)]	传热系数（K_m）/[W/(m²·K)]
8	过街楼顶板	20mm 厚水泥砂浆 100mm 厚钢筋混凝土板 80mm 厚岩棉板 30mm 厚抗裂砂浆	$R=0.11+\dfrac{0.02}{0.93}+\dfrac{0.1}{1.74}+\dfrac{0.08}{0.045\times1.2}+\dfrac{0.03}{0.93}+0.04$ $=1.743\ (\text{m}^2\cdot\text{K/W})$ $K=\dfrac{1}{1.743}\approx0.574\ [\text{W/(m}^2\cdot\text{K)}]$	0.60	0.574
9	地下室顶板	20mm 厚水泥砂浆 100mm 厚钢筋混凝土板 80mm 厚岩棉板 5mm 厚聚合物砂浆网格布	$R=0.11+\dfrac{0.02}{0.93}+\dfrac{0.1}{1.74}+\dfrac{0.08}{0.045\times1.2}+0.04$ $=1.71\ (\text{m}^2\cdot\text{K/W})$ $K=\dfrac{1}{1.71}\approx0.585\ [\text{W/(m}^2\cdot\text{K)}]$	0.65	0.585
10	无地下室地面	20mm 厚 1:2.5 水泥砂浆 40mm 厚素混凝土 20mm 厚挤塑聚苯板 300mm 厚 3:7 灰土 素土夯实	查《居住建筑节能设计标准》（DBJ 04-242—2012）中表 H-1，满足热阻限值时，保温层采用 20mm 厚挤塑聚苯板	0.56	0.56
11	地下室外墙	20mm 厚 1：2.5 水泥砂浆 200mm 厚钢筋防水混凝土墙 20mm 厚的 1：3 水泥砂浆 3mm 厚 SBS 防水层 30mm 厚模塑聚苯板 回填灰土，上端最薄处 500mm 厚	查《居住建筑节能设计标准》（DBJ 04-242—2012）中表 H-2，满足热阻限值时，保温层采用 30mm 厚模塑聚苯板	0.61	0.61

5.2.6　填表

将选定和计算的数值填入居住建筑节能设计围护结构热工性能参数表中，具体见表 5-4。

5.2.7　得出结论

因为各部分围护结构构造做法的传热系数均不大于该围护结构的传热系数限值，所以该住宅围护结构部分的节能设计达到了标准。

表5-4　居住建筑节能设计围护结构热工性能参数表

工程名称	太原市某小区5#楼	气候子区	寒冷A区	
建筑层数	地上6层,地下1层	建筑面积	地上3165m²	地下267m²

窗墙面积比	东	西	南	北	体型系数	综合遮阳系数
"标准"限值	0.35	0.35	0.5	0.3	0.3	0.33
设计值(最大值)	0.23	0.23	0.42	0.23	0.23	0.30

围护结构部位	围护结构传热系数 /[W/(m²·K)] "标准"限值	设计值
屋面	0.45	0.416
外墙	0.60	0.5621
架空或外挑楼板	0.60	0.573
不采暖地下室顶板	0.65	0.585
分隔采暖与不采暖空间的隔墙、楼板	1.5	1.26
分隔采暖与不采暖空间的户门	2.0	1.92
阳台门门芯板	1.7	1.63
变形缝　填满保温材料		
变形缝　不填满保温材料		

外门窗		传热系数 /[W/(m²·K)] "标准"限值	设计值	凸窗围板传热系数 /[W/(m²·K)] "标准"限值	设计值	综合遮阳系数 "标准"限值	设计值
窗墙面积比≤0.2	普通窗						
	凸窗						
0.2<窗墙面积比≤0.3	普通窗	2.8	2.7				
	凸窗	2.125		0.60	0.59		
0.3<窗墙面积比≤0.4	普通窗						
	凸窗						
0.4<窗墙面积比≤0.5	普通窗	2.0	2.0				
	凸窗	2.0	2.0	0.60			

续表

围护结构部位		窗墙面积比				传热系数 [W/(m²·K)]													
		连通体		阳台		连通体						严寒地区门窗		寒冷地区门窗		阳台					
						门窗		门芯板		隔墙						墙板		顶板		地板	
		限值	设计值	限值	设计值	限值	设计值	限值	设计值	限值	设计值	限值	设计值	限值	设计值	限值	设计值	限值	设计值	限值	设计值
非采暖封闭阳台和直接连通房间之间的隔墙和门、窗的设置	设置隔墙和门窗，其传热系数不大于限值	东																			
		西																			
		南																			
		北																			
	设置隔墙和门窗，其传热系数大于限值	东																			
		西																			
		南																			
		北																			
	不设置隔墙和门窗	东																			
		西																			
		南																			
		北																			

围护结构部位	标准限值传热阻 R/[(m²·K)/W]	设计限值传热阻 R/[(m²·K)·W]
周边地面	0.56	0.56
地下室外墙（与土壤接触的外墙）	0.61	0.61

第 2 模块 建筑声学

模块任务

某音乐学院附中音乐厅的声学设计

该厅是某音乐学院附中专业排练音乐厅，属中小型音乐厅，769 座，以演奏交响乐为主。观众厅吊顶最高处为 13.26m，大厅平均高度为 10.5m，宽度为 20m，后部布置有一层挑台，两侧设置逐次跌落的浅挑台。演奏台面积为 170.82m²，平面开口为 16.97m，深度为 11.82m，演奏台高度为 7.72～11.05m。观众厅总容积为 7137.12m³，每座容积为 9.28m³。

任务要求 ☞

演奏端的音质要求如下。

1）演员能尽情地发挥演技，保证彼此听闻，使演奏具有整体感。

2）演员能感觉到演奏中大厅的音质效果，以便调整自己的音乐演奏。

观众厅的音质要求如下。

1）合适的混响时间和频率特性曲线，适于音乐欣赏。

2）厅堂内各个部位，包括后部座位，都应有足够的响度。

3）厅堂内的声能应均匀地分布，声音扩散充分。

4）短的延迟反射时间，使音乐厅具有亲切感。

5）厅堂内无回声、长延迟反射声、颤动回声、声聚焦、声失真、声影等缺陷。

6）允许噪声指标为噪声评价（noise rating，NR）数 25～30dB。

任务目的 ☞

通过第 2 模块建筑声学的学习，掌握建筑声学的基本理论知识，对声学空间进行设计时，能进行简单的声学分析，注重声学处理。

建筑声学的基本知识

6.1 声音的产生与传播

6.1.1 声音的产生

声音是人耳所感觉到的"弹性"介质中的振动，是压力迅速而微小的起伏变化。

声音产生于物体的振动，如扬声器的纸盆、拨动的琴弦等，把振动的物体称为声源。根据声源的性质，声源又分为点声源（声源尺寸远小于声波波长，如家用电器等）、线声源（许多点声源排列呈线状，如行进中的火车）、面声源（如大海海面、有强烈噪声源的工业厂房墙壁）。

"弹性"介质可以是气体，也可以是液体和固体。在受到声源振动的干扰后，介质的分子也随之发生振动，从而使能量向外传播。但必须指出的是，介质的分子只是在其未被扰动前的平衡位置附近做来回振动，并没有随声波一起向外移动。

声音在空气中传播时，这种振动引起邻近空气质点疏密状态的变化，又随即沿着介质依次传向较远的质点，最终到达接收者。在空气中传播的声音称为空气声，在固体中传播的声音称为固体声，人耳最终听到的声音，一般是空气声。

6.1.2　声音的基本物理性质

声波是"纵波"，它的传播方向和振动的方向相同。为方便起见，可用声射线表示声音的传播方向，简称为声线。

在某时刻声波到达空间各点的包迹面称为波振面（或波前）。波振面为平面的波称为平面波，如离点声源足够远的局部范围；波振面为球面的波称为球面波，如点声源辐射的声波。球面波的声线是以声源为中心的径向射线。在均匀介质中，球面波在任意方向上有着相同的强度，故它是无方向性的。

声波振动一周所传播的距离称为波长，用 λ 表示，单位为米（m）。声波单位时间传播的距离称为波速，用 c 表示，单位为米/秒（m/s）。声波 1s 振动的次数称为频率，用 f 表示，单位为赫兹（Hz）。声波每完成一次往复运动所需的时间称为周期，用 T 表示，单位为秒（s）。它们之间的关系如下：

$$\lambda = c/f \tag{6-1}$$
$$T = 1/f \tag{6-2}$$

研究表明，声速的大小与声源的特性无关，只与传声介质的性质（如介质的弹性、密度和温度）有关。当温度为 0℃时，声波在不同介质中的传播速度见表 6-1。

表 6-1　0℃时声波在不同介质中的传播速度

介质类型	钢	混凝土	软木	橡皮	玻璃	淡水	松木	玄武岩
声速/（m/s）	5050	3100	500	50	5200	1481	3320	3140

声速在同一介质中是确定的，因此频率 f 越高，波长 λ 就越短，通常室温下空气中的声速约为 340m/s，100～400Hz 的声音，其波长在 3.4～8.5m 内。

物体振动产生的声波，人耳并不都能感觉到，只有当声波的频率在 20～20000Hz 范围内（空气中波长 17mm～17m）时才能产生声音的感觉，这个范围的声波称为可闻声。低于 20Hz 的声波称为次声波，高于 20000Hz 的声波称为超声波，次声和超声都不属于可闻声。

6.1.3　声波的传播特性

声波在传播过程中，遇到障碍物（如墙、孔洞等）时将产生反射和衍射、折射和干涉、透射和吸收等现象。

1. 声波的反射和衍射

声波在同一介质内按直线传播。当声波遇到尺寸比波长大得多的障碍物时，声波的一部分将被反射，形成反射波。这种反射与光反射非常相似，仍遵守反射定律。如果用声线表示前进方向，反射线可以看成从虚声源发出的。所以，利用声源和虚声源的对应关系，以几何声学的作图法就能很容易地确定反射波的方向，如声源发出的是球面波，经平面反射后仍是球面波。

图 6-1 是对由平面、凸圆面和凹圆面形成的反射声射线及波振面所做的比较。从声源

到反射面的距离都相等，所分析的入射声波的立体角相同，所画的波振面的时间间隔也相同。可以看出，来自凸圆面的波振面比来自平面的波振面大得多，而来自凹圆面的波振面则小得多，并且缩小了。因此，与平面的反射波相比，凸圆面反射波的强度较弱，凹圆面反射波的强度较强。

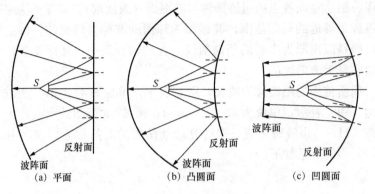

图 6-1　不同反射面的反射

S—声源

图 6-2　声波的衍射

　　声波在传播过程中碰到尺寸比其波长大得多的障碍物时将产生反射作用，在障碍物后形成一个声影区（由于障碍物阻挡或物体折射等，声音辐射不到的区域或声源的直达声无法到达的区域）。如果障碍物或孔洞的几何尺寸比声波波长小，声波将绕过它们，而不出现声影，这种现象称为声波的衍射。可以将小孔处的各点近似地看成一个集中的新声源，它的子波包迹面可以近似地看成以小孔为球心的球面，形成球面波，与原来的波形无关（图 6-2）。由于低频声的波长长，故衍射现象特别明显。

2. 声波的折射和干涉

　　声波在传播过程中，遇到不同介质的分界面时，除了反射外，还会发生折射，从而改变声波的传播方向。

　　在空气中传播时，由于空气的密度随地面高度的变化而变化，声波会沿着密度变低的方向传播。此外，空气中各处风速的不同也会改变声波的传播方向，声波顺风传播时向下弯曲；逆风传播时向上弯曲，并产生声音减弱区。正是利用了声音的这一特性，阶梯教室、剧院等大型场地的台阶常做成前低后高的形式，使场地后面的观众听力不受影响。实际上，很难严格区分温度与风对声音折射的影响，因为它们往往同时存在，且二者的组合情况又千变万化，同时还会受到其他因素的影响。

　　声波在传播过程中还会发生相互干涉作用。两个频率相同、振动方向相同且步调一致的声源发出的声波相互叠加时就会出现干涉现象。如果它们的相位相同，两波叠加后幅度增加且声压加强；反之，它们的相位相反，两波叠加后幅度减小且声压减弱，如果两波幅度一样，将完全抵消。声波的干涉作用常使声音在空间出现固定的分布，形成波峰和波谷，即音响术语中常提到的——驻波现象。两列声波相交后，各自仍按原来的方向传播。对于小空间，如录音、播音、监听和琴室等小房间需特别注意干涉现象。

3. 声波的透射与吸收

当声波遇到障碍物时，声波疏密相间的压力将推动障碍物发生相应的振动，其振动又引起另一侧的传声介质随之振动，这种声音透过障碍物的现象称为声波的透射。

声波引起障碍物振动要消耗声能。由于摩擦、碰撞，其中一部分声能转化为其他形式的能量（如热能），声能因而衰减，这种现象称为声波的吸收。其吸收量取决于材料的有关特性及其表面状况、构造等。

6.1.4　建筑材料的声音特性

根据能量守恒定律，总声能 E_0 是反射声能 E_γ、透射声能 E_τ 和吸收声能 E_a 之和，即

$$E_0 = E_\gamma + E_\tau + E_a \tag{6-3}$$

透射声能 E_τ 与总声能 E_0 之比称为透射系数，记作 τ；反射声能 E_γ 与总声能 E_0 之比称为反射系数，记作 γ，即

$$\tau = E_\tau / E_0 \tag{6-4}$$
$$\gamma = E_\gamma / E_0 \tag{6-5}$$

通常把 τ 值小的材料称为隔声材料，把 γ 值小的材料称为吸声材料。实际上障碍物吸收的声能仅仅是 E_a，但从入射波和反射波所在的空间考虑，常把除反射以外的部分都认为被吸收了，由此得出材料的吸声系数 α 为

$$\alpha = 1 - \gamma = 1 - \frac{E_\gamma}{E_0} = \frac{E_a + E_\tau}{E_0} \tag{6-6}$$

在室内音质设计或进行噪声控制时，必须了解各种材料的隔声、吸声特性，从而合理地选用材料。常用建筑材料及结构的吸声系数见附录 F。

6.2　声音计量

任务描述

工作任务　结合实训，测试或计算某一声源发声后，距离其 10m 远位置接收到声音的声功率级、声压级和声强级。

工作场景　学生进行课堂学习，通过分组讨论和查找资料，制订和实施方案，得出结论。

6.2.1　声功率、声强和声压

1. 声功率

声功率指声源在单位时间内向外辐射的声音能量，记作 W，单位为瓦（W）或微瓦

（μW）。在建筑声学中，一般认为声源辐射的声功率不随环境条件而改变，属于声源本身的一种特性。

声源的声功率一般非常小。人正常说话的声功率是 $10\sim50\mu W$，400 万人同时大声讲话的声功率仅相当于一只 40W 灯泡的电功率，充分而合理地利用人们讲话、演唱时发出的有限声功率是室内声学研究的主要内容之一。

2. 声强

在声波传播的过程中，单位面积波振面上通过的声功率称为声强，记为 I，单位为 W/m^2。

$$I = W/S \tag{6-7}$$

式中：S——波振面的面积。

平面波波振面的面积不变，故声强不变；球面波波振面的面积是 $4\pi r^2$（r 为测量点与声源的距离），因此球面声波的声强与距离的平方成反比，越远越弱。这个规律称为平方反比定律。

$$I = W/4\pi r^2 \tag{6-8}$$

以上考虑的都是理想情况，即假设声音在介质中传播时无能量损耗、无衰减。实际上，声波在一般介质中传播时，声能总是有损耗的。

3. 声压

声音在空气中传播引起空气发生疏密相间的变化，从而导致大气压强的起伏变化，这种在大气压强基础上变化的压强称为声压，声压只有大小没有方向，单位为帕斯卡（Pa）。任何一点的声压都随时间而不断变化，每一瞬间的声压称为瞬时声压。某段时间内瞬时声压的平均值称为有效声压，记作 P，且其等于瞬时声压的最大值 P_m 除以 $\sqrt{2}$，即

$$P = \frac{P_{\max}}{\sqrt{2}} \tag{6-9}$$

通常所说的声压，如未加说明，就是指有效声压。

6.2.2　声强级、声压级、声功率级及其叠加

1. 听阈和痛阈

人耳刚能感觉到其存在的声音的声压称为听阈，听阈对于不同频率是不相同的。人耳对 1000Hz 的声音感觉最灵敏，其听阈为 $P_0 = 2\times10^{-5}Pa$（称为基准声压）。对应的声强为 $I_0 = 10^{-12} W/m^2$（称为基准声强），对应的声功率为 $W_0 = 10^{-12} W$（称为基准声功率）。

使人产生疼痛感的上限声压称为痛阈。对于 1000Hz 的声音，其痛阈声压为 20Pa，对应声强为 $1W/m^2$，对应声功率为 1W。

2. 声强级、声压级和声功率级

用声压、声强和声功率来表示声音的强弱极不方便，因此，常采用按对数方式分等分

级的办法来描述声音，对声音进行计量常用的单位为分贝（dB）。对应的物理量分为声强级、声压级和声功率级 3 种。

声强级的公式为

$$L_I = 10\lg I/I_0 \tag{6-10}$$

式中：L_I——声强级（dB）；

I——声强（W/m²）；

I_0——基准声强，$I_0 = 10^{-12}$（W/m²）。

声压级的公式为

$$L_P = 20\lg P/P_0 \tag{6-11}$$

式中：L_P——声压级（dB）；

P——声压（Pa）；

P_0——基准声压，$P_0 = 2 \times 10^{-5}$（Pa）。

声功率级的公式为

$$L_W = 10\lg W/W_0 \tag{6-12}$$

式中：L_W——声功率级（dB）；

W_0——基准声功率，$W_0 = 10^{-12}$（W）。

在一定条件下，声强级和声功率级在数值上相等。

由式（6-11）可计算出：人耳的听阈和痛阈用声压级表示，对应为 0dB 和 120dB；声压级每增加 1dB，约相当于声压变化 12%；声压每增加 1 倍，声压级增加约 6dB；声压每增大到原来的 10 倍，声压级增加 20dB。人们长时间暴露在高于 80dB 的噪声环境中，有可能导致暂时或永久的听力损失。

一般情况下，声压级每增加 10dB，人耳主观听闻的响度大致增加 1 倍。

表 6-2 给出了一些声源的相关物理量。

表 6-2　一些声源的相关物理量

声强 /（W/m²）	声压/Pa	声强级或 声压级/dB	相应的环境	声强 /（W/m²）	声压/Pa	声强级或 声压级/dB	相应的环境
10^2	200	140	离喷气机 3m 处	10^{-4}	2×10^{-1}	80	—
1	20	120	痛阈	10^{-6}	2×10^{-2}	60	相距 1m 处交谈
10^{-1}	$2 \times 10^{1/2}$	110	风动铆钉机旁	10^{-8}	2×10^{-3}	40	安静的室内
10^{-2}	2	100	织布机旁	10^{-10}	2×10^{-4}	20	—
				10^{-12}	2×10^{-5}	0	人耳最低听阈

3. 多个声音叠加的相关运算

多个声音叠加时，总声强为各个声强的代数和，即为

$$I_Z = I_1 + I_2 + I_3 + I_4 + \cdots（代数和） \tag{6-13}$$

总声压是各个声压的均方根值，即为

$$P_Z = (P_1^2 + P_2^2 + P_3^2 + P_4^2 + \cdots)^{1/2} \tag{6-14}$$

然而，声强级、声压级叠加时，不能简单地进行算术相加，而要按对数规律进行。例如，当声压级分别为 L_{P1} 和 L_{P2} 的两个声音（假设 $L_{P1} \geqslant L_{P2}$）叠加时，叠加后的总声压级为

$$L_P = L_{P1} + 10\lg[1 + 10^{-(L_{P1}-L_{P2})/10}] \tag{6-15}$$

两个声音叠加后的声压级如按式（6-15）计算相当麻烦，故经式（6-15）计算后 $L_{P1} - L_{P2}$ 与 $\Delta L_P = L_P - L_{P1}$ 的关系见表 6-3，可直接由表 6-3 中查出两个声压级差 $L_{P1} - L_{P2}$ 所对应的附加 ΔL_P 值，将它加在较高的那个声压级上即所求的声压级。

表 6-3　声压级差值与增值的关系　　　　　　　　　　（单位：dB）

$L_{P1}-L_{P2}$	0	0.1	0.2	0.3	0.4	0.5	0.6	0.7	0.8	0.9
0	3.0	3.0	2.9	2.9	2.8	2.8	2.7	2.7	2.6	2.6
1	2.5	2.5	2.5	2.4	2.4	2.3	2.3	2.3	2.2	2.2
2	2.1	2.1	2.1	2.0	2.0	1.9	1.9	1.9	1.8	1.8
3	1.8	1.7	1.7	1.7	1.6	1.6	1.6	1.5	1.5	1.5
4	1.5	1.4	1.4	1.4	1.4	1.3	1.3	1.3	1.2	1.2
5	1.2	1.2	1.2	1.1	1.1	1.1	1.1	1.0	1.0	1.0
6	1.0	1.0	0.9	0.9	0.9	0.9	0.9	0.8	0.8	0.8
7	0.8	0.8	0.8	0.7	0.7	0.8	0.7	0.7	0.7	0.7
8	0.6	0.6	0.6	0.6	0.6	0.6	0.6	0.6	0.5	0.5
9	0.5	0.5	0.5	0.5	0.5	0.5	0.5	0.5	0.4	0.4
10	0.4	—	—	—	—	—	—	—	—	—
11	0.3	—	—	—	—	—	—	—	—	—
12	0.3	—	—	—	—	—	—	—	—	—
13	0.2	—	—	—	—	—	—	—	—	—
14	0.2	—	—	—	—	—	—	—	—	—
15	0.1	—	—	—	—	—	—	—	—	—

由表 6-3 可知，两个数值相等的声压级叠加，只比原来增加了 3dB，而不是增加 1 倍。这也可经简单计算求得。通常情况下，如两个声音的声压级相差超过 15dB，则附加声压级很小，可忽略不计。

【案例 6-1】　两辆汽车发出噪声的声压级分别为 77dB、80dB，则它们的总声压级是多少？

【案例解析】　两个声压级差为 $80 - 77 = 3$（dB），利用表 6-3 可知，声压级增量为 1.8dB。由式（6-15）可知增量应该加在较高的一个声压级上，即

$$80 + 1.8 = 81.8 （dB）$$

6.2.3 响度和响度级

量度一个声音比另一个声音响多少的量（或是声音的强弱）称为响度。它是描述人对声音大小感觉的主观评价指标，根据它可以把声音排成由轻到响的序列。响度的大小主要依赖于声强，也与声音的振幅有关。振幅越大，响度越大；振幅越小，响度越小。此外，响度还与距离发声体的远近有关，距离发声体越近，响度就越大。一般说来，对于频率相同的声音，声压越大，声音越响，但二者不成比例关系。

图 6-3 是纯音的等响曲线（以 1000Hz 连续纯音作基准，与其响度相同的其他频率纯音的各自声压级构成一条曲线，称为等响曲线）。图 6-3 中每条曲线上各点代表的声音的响度是相等的。将等响曲线中参考音 1000Hz 的垂直线与等响曲线相交点的声压级定义为各等响曲线的级别，称为响度级，单位为方（phon）。也就是说，任何一条曲线上的响度级就等于1000Hz 时同样响度的声音的声压级。可以看出，5000Hz 的 35dB 的声音和 100Hz 的 52dB 的声音与 1000Hz 的 40dB 的声音使人听起来同样响，它们的响度级都是 40phon。

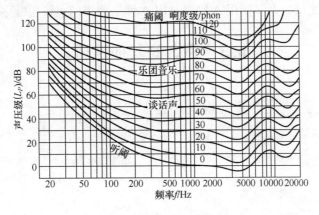

图 6-3 纯音的等响曲线

图 6-3 中最下面的一条等响曲线为 0phon，表示人耳的听阈；最上面一条等响曲线为120phon，表示人耳的痛阈。人耳可接受的声压级不能超过这两条曲线所包括的范围。在这个范围内，响度级和响度之间接近线性关系。响度级约改变 10phon，近似等于响度改变了1 倍。从图 6-3 中还可以看出，在低频段，等响曲线非常密集，而频率越高，等响曲线越稀疏。这表明同样大的声压级变化在低频引起的响度变化比高频大。同时，对于声压级相同的声音，中高频声较低频声显得更响些。在高声压级时等响曲线较平坦，这说明高声压级时声压级相同的各频率声音显得差不多一样响，而与频率的关系不大。

6.2.4 总声级

上述的响度级概念是按纯音定义的，但通常情况下，声音的频率成分十分复杂。对复合声不能直接使用纯音的等响曲线，人们对其响度感觉的量值需通过测量或计算求得。目前工程中常采用声级计（人们模拟等响曲线设计的能反映对声音主观感觉的测量仪器）进行某些简单的声音测量。声级计的读数称为声级，单位为 dB。

在声级计中参考等响曲线设计有 3 个计权网络，即 A、B、C。

C 网络模拟人耳对 85phon 以上纯音的响应，在整个可听频率范围内，它让所有的声音近乎一样通过，因此，它可代表总声级。

B 网络模拟人耳对 70phon 纯音的响应，它使接收声通过时，低频段有一定的衰减。

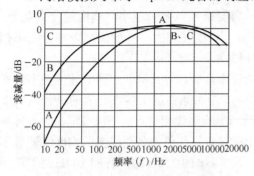

A 网络模拟人耳对 40phon 纯音的响应，它使接收的声音通过时，500Hz 以下的低频段有较大的衰减，所以 A 网络测得的声级更适合描述人耳对声音强弱的感觉。

三者的主要差别是对噪声低频成分的衰减程度，A 衰减最多，B 次之，C 最少，如图 6-4 所示。

用声级计的 A、B、C 不同网络测得的声级，分别记作 dB（A）、dB（B）和 dB（C）。

图 6-4　A、B、C 计权网络的衰减曲线

在音频范围内进行测量时，多使用 A 网络，用 A 网络测得的声级通常称为 A 声级。

6.3　声音的其他性质

─任务描述─

工作任务　寻找身边声音的掩蔽现象。

工作场景　学生在生活中观察，课堂交流讨论如何更好地利用或防止声音的掩蔽。

6.3.1　声源的指向性

声源发出的声音在各个方向上分布不均匀，具有指向性。声源的指向性是自由声场（声源在没有或近乎没有反射作用存在时所形成的声场）中声源辐射的声音强度在空间分布的一个重要特性。

当声源的尺寸比波长小得多时，可视为无方向性的点声源，即在距声源中心等远处的声压级相同。声源尺寸与波长相比差不多或更大时，声源不再是点声源，出现指向性。声源尺寸比波长大得越多，指向性就越强。人们使用喇叭，目的是增加指向性。厅堂形状的设计、扬声器的位置布置，同样要考虑声源的指向性。

总之，频率越高，声波的波长越短，声源正面的声压比背面的和侧面的声压大得多，指向性越强，而低频声声源前后的声压变化不大，因而指向性差。

6.3.2　倍频程和频谱

1. 倍频程

在通常的声学测量中，不是逐个测量声音的频率，而是将声音的频率范围划分成若干

个区段，称为频带。每一个频带有一个下界频率 f_1 和一个上界频率 f_2，而 $\Delta f = f_2 - f_1$ 称为带宽。f_1 和 f_2 的几何平均值称为频带中心频率（在进行声音计量和频谱表示时，往往使用中心频率作为频带的代表）。

在建筑声学中，通常不是在线性标度的频率轴上等距离地划分频带，而是以各频率的频程数 n 来划分，即 $\dfrac{f_2}{f_1} = 2^n$，当 n 为 1 时标为 1 倍频程，如琴键的低音 A 的频率是 220Hz，中音 A 的频率是 440Hz，而高音 A 的频率为 880Hz，则称 220Hz 和 880Hz 相差 2 个倍频程。

目前声学测量中常用的倍频带和 1/3 倍频带的划分见表 6-4。

表 6-4　倍频带和 1/3 倍频带的划分　　　　　　（单位：Hz）

倍频带		倍频带	
中心频率	截止频率	中心频率	截止频率
16	11.2～22.4	63	45～90
31.5	22.4～45	125	90～180
250	180～355	4000	2800～5600
500	355～710	8000	5600～11200
1000	710～1400	16000	11200～22400
2000	1400～2800		

2. 频谱

频谱是表示某种声音频率成分及其声压级组成情况的图形。在建筑设计中，其通常以频率范围（或称频带范围）为横坐标，以对应的声压级为纵坐标来表示。由一些离散频率成分形成的频谱称为线状谱，在一定频率范围内含有连续频率成分的频谱称为连续谱。图 6-5 为单簧管发声的频谱示意图，图 6-6 为几种噪声的频谱示意图。

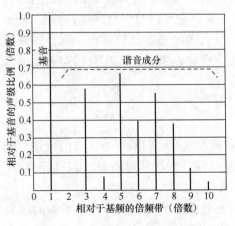

图 6-5　单簧管发声的频谱示意图

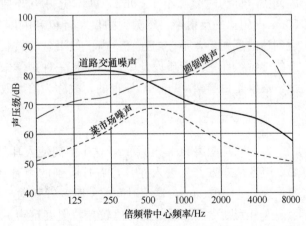

图 6-6　几种噪声的频谱示意图

6.3.3 声音的特性

声音的特性可由 3 个要素来描述，即响度、音调和音色。

响度：响度和声波振动的幅度有关。一般说来，声波振动幅度越大，则响度也越大。当用较大的力量敲鼓时，鼓膜振动的幅度大，发出的声音强；轻轻敲鼓时，鼓膜振动的幅度小，发出的声音弱。

音调：人耳对声音高低的感觉称为音调。音调主要与声波的频率有关。声波的频率高，则音调也高。当分别敲击一个小鼓和一个大鼓时，会感觉它们所发出的声音不同。小鼓被敲击后振动频率快，发出的声音比较清脆，即音调较高；而大鼓被敲击后振动频率较慢，发出的声音比较低沉，即音调较低。

音色：音色是人们区别具有同样响度、同样音调的两个声音之所以不同的特性，或者说是人耳对各种频率、各种强度的声波的综合反应。音色与声波的振动波形有关，或者说与声音的频谱结构有关。

人们在自然界中听到的绝大部分声音都具有非常复杂的波形，这些波形由基波和多种谐波构成。谐波的多少和强弱构成了不同的音色。各种发声物体在发出同一音调声音时，其基波成分相同。但由于谐波的多少不同，并且各次谐波的幅度各异，因而产生了不同的音色。

6.3.4 人耳的听闻特性

关于人耳的听闻特性，前面涉及一部分，如听阈和痛阈、响度感觉、音色和音质的感觉。除此之外，人耳的听闻特性还包括以下几点。

1. 时差效应

人耳有声觉暂留现象，人对声音的感觉在声音消失后会暂留一小段时间，即产生时差效应。声源在室内发声后，直达声和反射声（从声源或振动源直接传入人耳的称为直达声，声音通过物体反射传入人耳的称为反射声）先后到达人耳，如果到达人耳的两个声音的时间间隔（称为时差）小于 50ms，就不觉得声音是断续的。一般认为，在直达声到达后约 50ms 内到达的反射声，感觉到的仅是音色和响度的变化，它可以加强直达声；而在 50ms 后到达的反射声，不会加强直达声。如果延时较长的反射声的强度比较突出，则会形成回声的感觉。在室内音质设计中，回声是一种声学缺陷，应加以避免。人耳对回声感觉的规律，最早是由哈斯（Hass）发现的，故称为哈斯效应。

2. 听觉定位

人的双耳距离为 15～17cm，这个距离使人耳具有非常准确的判断声源位置的特性。例如，声音从左方首先进入左耳，右耳听到的声音比左耳晚一些，其时间差＝双耳距离/声速，为 0.44～0.5ms，这个时间差使听音者感觉声音来自左方。

人耳判断声源远近的能力比较差，但确定声源的方向比较准确。人耳的水平方向感要强于竖直方向感。正常人在水平方向 0°～60°内，可辨别声源方位为 1°～3°的变化，具有良好的方位辨别力。对竖直方向，可辨别声源方位为 10°～15°以上的变化。

人耳对声源的定位还受视觉的影响。当人能看到声源的位置时，只要声和像位置偏离不大，仍能感觉到视觉和听觉是一致的。因此人们在欣赏音乐时需具有立体感和空间感。

3. 掩蔽效应

人耳对一个声音的听觉灵敏度因另外一个声音的存在而降低的现象称为掩蔽效应，存在的干扰声音称为掩蔽声。当一个声音高于另一个声音 10dB 时，较小的声音因掩蔽而难于被听到和理解；由于掩蔽效应，在 90～100dB 的环境中，即使近距离讲话也会听不清。

一声音对另一声音的掩蔽量，主要取决于两者的频谱和声压级差。掩蔽声和被掩蔽声的频率越接近，掩蔽作用越大。听阈所提高的分贝数称为掩蔽量，提高后的听阈称为掩蔽阈，要想听到一个声音，该声音的声压级必须大于掩蔽阈。

掩蔽效应说明噪声的存在会干扰有用声信号的通信。但有时可以利用掩蔽效应，用不敏感的噪声去掩盖不想听到的声音或保证语言或通信的私密度。

知识拓展

实例 1——奥斯陆歌剧院

设计师在设计奥斯陆歌剧院（图 6-7）时既要求厅堂内有尽量大的体积容量，又要保证小区域内的亲切感。因此，他们让建筑物的结构层暴露出来，并创造了厅堂中"耳朵"的概念。这个剧院狭长且有一定的斜度，这样就保证了语言的清晰度和温暖感，宽阔的顶棚保证了足够的混响时间。由于厅堂内所举行的演出对于厅堂的声场要求不同，所以剧院厅堂内配备了一块巨大的吸声帘幕。通过计算机来控制电声，减少了电声音乐和乐队扩声的声学共振。

图 6-7　奥斯陆歌剧院

实例 2——北京天坛和莺莺塔

中国古代出现了不少具有声学特性的建筑，名扬天下，如明代建成的北京天坛［图 6-8（a）］，其中的回音壁、三音石和圜丘都是具有良好声学特性的建筑物，此外还有山西永济的莺莺塔［图 6-8（b）］。

（a）北京天坛　　　　　　（b）莺莺塔

图 6-8　北京天坛和莺莺塔

莺莺塔为世界奇塔之一。它和北京天坛回音壁、四川石琴、河南蛤蟆塔同属四大回音建筑，以莺莺塔声学效应最为显著，其回声机制主要有 3 个方面。

1) 塔内是中空的，站在塔的中层听上面人说话，由于声学反射效应，声音好像从下面传来。

2) 塔檐上的复杂结构有声反射作用。

3) 由于墙壁反射，在塔的四周击石拍手，均可听到清晰的蛙音回声；随着位置的变换，蛙音的从空中或地面传来的回声会发生变化。

单元小结

产生声音的两个必要条件是声源和传声介质。

在空气中传播的声音称为空气声，在固体中传播的声音称为固体声，人耳最终听到的声音，一般是空气声。

声音的周期、频率、声速和波长有如下关系：$c=f\lambda$；$c=\lambda/T$；$\lambda=cT$。

可闻声的频率范围为 $20\sim20000\mathrm{Hz}$，通常室温下空气中的声速约为 $340\mathrm{m/s}$。

声音在传播过程中，除传入人耳引起声音大小、音调高低的感觉外，遇到障碍物，如墙、孔洞等还将产生反射和衍射、折射和干涉、透射和吸收等现象。

材料的吸声系数 $\alpha=1-\gamma$。

声强级、声压级、声功率级的公式分别为 $L_I=10\lg I/I_0$；$L_P=20\lg P/P_0$；$L_W=10\lg W/W_0$。

声音叠加时，叠加后的总声压级 $L_P=L_{P1}+10\lg\left[1+10^{-(L_{P1}-L_{P2})/10}\right]$。

度量一个声音比另一个声音响多少的量称为响度。将纯音等响曲线中参考音 1000Hz 的垂直线与等响曲线相交点的声压级定义为各等响曲线的级别，称为响度级，单位为方（phon）。

声级计 A 网络测得的声级通常称为 A 声级，记作 dB（A）。A 声级更适合描述人耳对声音强弱的感觉。

频率越高，声源的指向性越强。

在建筑设计中，通常以频带范围为横坐标，以对应的声压级为纵坐标表示某一声音各组成频率的声压级，这种图形称为声源的频谱。音乐的频谱是线状谱，噪声大多数是连续谱。

声音的响度、音调和音色称为声音的三要素。

人耳的听闻特性：听阈和痛阈、响度感觉、音色和音质的感觉、时差效应与回声感觉、听觉定位、掩蔽效应。

能 力 训 练

基本能力

一、名词解释

1. 声强 2. 声压 3. 声功率 4. 倍频程 5. 听阈 6. 响度

二、填空题

1. 振动的物体称为_____，传播声波的物质称为_____。

2. 由一点声源辐射的声波是_____波，但是离声源足够远的局部范围内，可以近似地把它看成_____波。

3. 产生声音的两个必要条件是_____和_____。

4. 声波在传声介质中的传播速度称为_____。

5. 物体或空气质点每秒振动的次数称为_____，用_____表示，单位为_____。

6. 物体或空气质点每完成一次往复运动或疏密相间运动所经过的距离称为_____，用_____表示，单位为_____。

7. 声强是衡量_____的物理量。

8. 频率越高，声源的指向性越_____。

9. 声音的_____、_____和_____称为声音的三要素。

三、选择题

1. 声速的大小与（   ）无关。

   A. 介质的弹性   B. 振源的特性   C. 介质的密度   D. 温度

2. 物体或空气质点每振动一次所需的时间称为（   ）。

   A. 周期   B. 波长   C. 频率   D. 声速

3. 反映声音大小的主观物理量是（   ）。

   A. 声压   B. 响度   C. 声强   D. 声功率

4. 常温下，声音在空气中的传播速度是（   ）。

   A. 5000m/s   B. 1450m/s   C. 500m/s   D. 340m/s

5. 第一个声音的声压是第二个声音的 2 倍，如果第二个声音的声压级是 70dB，则第一个声音的声压级是（   ）。

   A. 70dB   B. 73dB   C. 76dB   D. 140dB

6. 声压级为 10dB 的两个声音，叠加后的声压级为（   ）。

   A. 没有声音   B. 0dB   C. 3dB   D. 6dB

7. 有两个机器发出声音的声压级分别为 67dB 和 85dB，如果这两个机器同时工作，这时的声压级为（   ）。

   A. 70dB   B. 85dB   C. 88dB   D. 152dB

8. 下列声压级相同的几个声音中，人耳的主观听闻响度最小的是（   ）。

   A. 100Hz   B. 500Hz   C. 1000Hz   D. 2000Hz

9. 超过（   ）Hz 的声波，一般人耳便听不到。

   A. 300   B. 500   C. 1000   D. 20000

10. 当低频声波在传播途径上遇到相对尺寸较小的障板时，会产生（   ）声现象。

    A. 反射   B. 干涉   C. 扩散   D. 绕射

11. 声波遇到（   ）形状的界面会产生声聚焦现象。

    A. 凸曲面   B. 凹曲面   C. 平面   D. 不规则曲面

12. 两个噪声源，如果声压级相等，则总的声压级比单个噪声源的声压级增加（   ）dB。

A. 6 B. 3 C. 2 D. 1

13. 两个声音传至人耳的时间差在（   ）ms 之内，人们就不易觉察是断续的。

A. 500 B. 300 C. 100 D. 50

14. 频率为（   ）的声波传播可近似看成直线传播。

A. 低频 B. 中频 C. 高频 D. 所有频率

15. 前次反射声主要是指直达声后（   ）ms 内到达的反射声。

A. 100 B. 150 C. 200 D. 50

16. 下列说法不正确的是（   ）。

A. 声强级的单位为 dB B. 声压级的单位为 Pa

C. 声功率的单位为 W D. 响度级的单位为 phon

17. 对于 1000Hz 的声音，人听觉的下限声压级为 0dB，其对应的声压为（   ）Pa。

A. 0 B. 10^{-12} C. 2×10^{-5} D. 1

18. 某声源单独作用时，自由声场中某点的声压级为 50dB，当同一位置处声源的数目增加至 4 个时，若不考虑干涉效应，声场中该点的声压级为（   ）dB。

A. 200 B. 53 C. 54 D. 56

四、简答题

1. 简述产生声音的必要条件，以及声音的频率、周期、波长和声速之间的关系。

2. 简述常温下空气中的声速大小，以及空气中可闻声的波长范围。

3. 简述夜间声音传播较远的原因。

4. 声音为何常用"级"来度量？级的运算是按算术法则进行的吗？说明理由。

5. 举例说明你对声音单位（dB）量值的感受。

6. 简述人耳的听觉特性。

拓展能力

1. 查找资料，了解教室、报告厅、家庭影院、KTV 等声学场所在设计时的声学要求。

2. 查找资料，了解声级计的种类、基本原理、使用方法等相关信息。

单元

室内声学原理

■ **知识目标** 掌握 混响时间的概念及其实用意义、声音在房间的简并现象及防治方法。
熟悉 室内声场的变化过程。
了解 室内声压级的计算。
■ **技能目标** 能 在设计过程中注意并考虑混响声对室内音质设计的影响。
会 查找相应规范并使用。
■ **单元任务** 选取一处声学建筑，感受声学效果。

7.1 室 内 声 场

┌─ **任务描述** ─────────────────────────────────

工作任务 在图书馆、会议室、多媒体教室、KTV等多处体会某一特定声源在不同体积和体型建
筑中的听觉效果，试分析其原因。

工作场景 学生进行分组体验，在教室进行几种情况下的对比并汇总资料。
└──

7.1.1 声波在室内的反射

室内声学的研究方法有几何声学方法、统计声学方法和波动声学方法。当室内几何尺寸比声波波长大得多时，可用几何声学方法研究早期反射声分布，以加强直达声，提高声场的均匀性，避免音质缺陷。统计声学方法是从能量的角度，研究在连续声源激发下声能密度的增长、稳定和衰减过程（即混响过程），并确切定义混响时间，使主观评价标准和声学客观量结合起来，为室内声学设计提供科学依据。当室内几何尺寸与声波波长可比时，易出现共振现象，可用波动声学方法研究室内声的振动方式和产生条件，以提高小空间内声场的均匀性和频谱特性。下面只简单介绍几何声学方法。

几何声学用声线来研究声音，不考虑声音的波动性，只考虑声音的强度及传播方向。用几何声学方法可得到室内声音传播的直观图形，其示意图如图7-1所示。

从图7-1中可以看出，听者接收到的声音有直达声和反射声两种。其中反射声有通过顶棚或地面的一次反射声，还有通过顶棚和后墙面的二次反射声及其他更多次反射声（图7-1中未显示），只不过反射次数越多，衰减越严重，对听音的影响越小。因此，通常只着

重研究一、二次反射声，并控制它们的分布情况，以改善室内音质。

　　图 7-2 为室内声音反射的典型情形。其中，A、B 均为平面反射，但 A 平面距声源较近，入射角较大，反射声线较发散；而 B 平面距声源较远，入射声线近似平行，反射声线也近乎平行；C 凸面使声线发散；D 凹面使声线集中在某一区域，形成声聚焦。

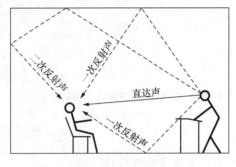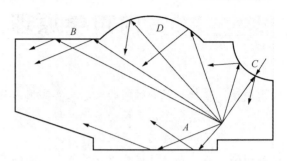

　　图 7-1　室内声音传播示意图　　　　　图 7-2　室内声音反射的典型情形

7.1.2　室内声场的形成

　　声源在室内发声，室内形成复杂的声场。房间中任一点陆续接收到的声音都可看成由直达声、近次反射声和混响声 3 部分构成。直达声是由声源直接传播到接收点的声音。直达声不受室内界面的影响，可认为其声强与距离的平方成反比衰减。近次反射声是指在直达声到达后 50ms 以内到达的反射声，主要为一、二次反射声和少数三次反射声。近次反射声对直达声起到加强的作用，此外短延时反射声和侧向到达的反射声对音质有很大影响。在近次反射声到达后陆续到达的、经过多次反射的声音统称为混响声，混响声对远场的声强起决定作用，而且其衰减的大小对音质有重要影响。

7.1.3　室内声音的增长和衰减过程

　　室内声音的增长和衰减过程可分为图 7-3 所示的 3 个过程。

　　1）增长过程。声源在室内发声时，由于发射和吸收的共同作用，室内声能密度逐渐增长。

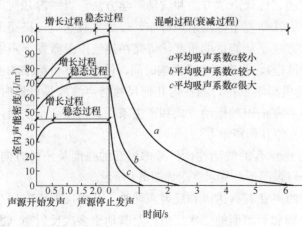

　　图 7-3　室内声音的增长和衰减过程

　　2）稳态过程。一般情况下，声源发声经过 1~2s 后，室内声能密度不再继续增加，处于动态平衡，即室内声场的稳态过程。

　　3）混响过程。当声音达到稳态后，若声源停止发声，声音不会立即消失，而是有一个衰减的过程，这个过程称为混响过程。

　　从图 7-3 可以看出，当室内表面反射很强时（a 线），声源发声后，可获得较高的声能密度，而进入稳态过程的时间稍晚一点，且衰减较慢。若室内表面吸收量增加（b 线和 c 线），则与上述情况相反，短时间内达到稳态，且声能密度小，其混响过程也短一些。

7.2 混响时间和室内声压级的计算

7.2.1 混响时间

当室内声场达到稳态，声源在室内停止发声后，残余声能在室内往复反射，经表面吸声材料吸收，室内平均声能密度下降为原有数值的百万分之一或声音衰减 60dB 所经历的时间，称为混响时间，用 T_{60} 表示（图 7-4）。

7.2.2 混响时间的计算

混响时间的计算需以以下的假设条件为前提：首先，室内声场是充分扩散的，即室内任一点的声音强度一样，而且在任何方向上的强度一样；其次，室内声能按同样的比例被各表面吸收，即吸收是均匀的。

混响时间的计算方法有以下两种。

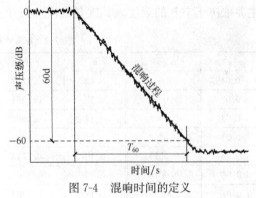

图 7-4 混响时间的定义

1. 赛宾公式

在假定条件的前提下，赛宾建立了混响时间的计算公式，该公式为

$$T_{60} = \frac{KV}{S\bar{\alpha}} = \frac{KV}{A} \tag{7-1}$$

式中：K——常数，0.161s/m；

V——房间容积（m³）；

$\bar{\alpha}$——室内表面平均吸声系数；

S——室内总表面积（m²）；

A——室内总吸声量，$A = \alpha_1 s_1 + \alpha_2 s_2 + \alpha_3 s_3 + \cdots + \alpha_n s_n = S\bar{\alpha}$。

赛宾公式表明，决定混响时间的两个主要因素是房间容积 V 和室内总吸声量 A。式（7-1）同时指出了两者的关系。但受式（7-1）假定的限制，使用中如超出一定范围，计算结果与实际会有较大出入。例如，室内表面平均吸声系数趋近 1，声能将全部吸收，实际混响时间趋近 0，但用赛宾公式计算出的 $T_{60} = KV/S$ 与实际情况并不接近。只有当 $\bar{\alpha} < 0.2$ 时，赛宾公式的计算结果才与实际情况比较接近。因此，赛宾公式通常用于一般近似计算或混

响室测定吸声系数。

2. 伊林公式

伊林考虑房间内表面对声音的吸收和空气对声能的吸收导出如下公式：

$$T_{60} = \frac{0.161V}{-S\ln(1-\bar{\alpha}) + 4mV} \qquad (7\text{-}2)$$

式中：$4m$——空气的吸声系数，见表 7-1。

表 7-1　空气的吸声系数（$4m$）值（室内温度为 20℃）

频率/Hz	室内相对湿度/%			
	30	40	50	60
2000	0.012	0.01	0.01	0.009
4000	0.038	0.029	0.024	0.022
6300	0.084	0.062	0.050	0.043
8000	0.120	0.095	0.077	0.065

对频率在 1000Hz 以上的高频声，必须考虑空气吸收声能对混响时间的影响。这种吸收主要取决于空气的湿度，其次是温度。$\bar{\alpha}$ 与的 $-\ln(1-\bar{\alpha})$ 换算关系见表 7-2。

表 7-2　$\bar{\alpha}$ 与 $-\ln(1-\bar{\alpha})$ 换算表

$\bar{\alpha}$	$-\ln(1-\bar{\alpha})$	$\bar{\alpha}$	$-\ln(1-\bar{\alpha})$	$\bar{\alpha}$	$-\ln(1-\bar{\alpha})$	$\bar{\alpha}$	$-\ln(1-\bar{\alpha})$
0.01	0.01	0.12	0.1277	0.23	0.2611	0.34	0.4151
0.02	0.0202	0.13	0.1391	0.24	0.2741	0.35	0.4303
0.03	0.0304	0.14	0.1506	0.25	0.2874	0.36	0.4458
0.04	0.0408	0.15	0.1623	0.26	0.3008	0.37	0.4615
0.05	0.0513	0.16	0.1742	0.27	0.3144	0.38	0.4775
0.06	0.0618	0.17	0.1861	0.28	0.3281	0.39	0.4937
0.07	0.0725	0.18	0.1982	0.29	0.3421	0.40	0.5103
0.08	0.0833	0.19	0.2105	0.30	0.3565	0.45	0.5972
0.09	0.0942	0.2	0.2229	0.31	0.3706	0.50	0.6924
0.10	0.1052	0.21	0.2355	0.32	0.3852	0.55	0.7976
0.11	0.1164	0.22	0.2482	0.33	0.4005	0.60	0.9153

伊林公式比赛宾公式更接近实际情况，特别是当 $\bar{\alpha}$ 趋近于 1 时，$\ln(1-\bar{\alpha})$ 趋近于 ∞，混响时间趋近于 0，这与实际情况相符。当室内平均吸声系数很小时，两公式可以得到相近的结果。伊林公式通常用于音乐厅、礼堂、体育馆、影剧院等大空间场合测定吸声系数。

伊林公式还告诉我们，当房间的壁面接近完全吸声时，平均吸声系数 $\bar{\alpha}$ 接近于 1，混响时间 T_{60} 趋于零，室内声场接近自由声场，能近似实现这种条件的房间称为消声室。在相反的情况下，房间的壁面接近完全的反射，平均吸声系数 $\bar{\alpha}$ 接近于零，混响时间 T_{60} 趋于无限大，室内混响强烈，能实现这种条件的房间称为混响室。当然一般 $\bar{\alpha}$ 不会等于零，因而混响时间不会趋于无限大，即使房间的壁面是十分坚硬而光滑的，其吸声系数几乎是零，但由于空气有黏滞性，声波要被空气所吸收，所以混响时间只能达到一个有限的数值。

7.2.3　室内声压级的计算

室内有声功率级为 L_W 的声源时，室内声场的分布取决于房间的形状、各界面材料和家具、设备等的吸声及声源的性质和位置等，此时计算室内某点声压级 L_P 分布的公式为

$$L_P = 10\lg W + 10\lg\left(\frac{Q}{4\pi r^2} + \frac{4}{R}\right) + 120 \tag{7-3}$$

式中：W——声源声功率（W）；

Q——声源指向性因数，与声源的方向性和位置有关，通常把无方向性的声源放在房间中心时，$Q=1$；声源位于某一墙面中心时，$Q=2$；声源在两个界面交线的中心时，$Q=4$；声源在三个界面的交角处时，$Q=8$；

R——房间常数，$R=\dfrac{S\bar{\alpha}}{1-\bar{\alpha}}$（$m^2$）；

r——计算点至声源的距离（m）。

【**案例 7-1**】　位于房间中部的一个无方向性声源的声功率为 $340\mu W$，房间的总表面积为 $400m^2$，对频率为 $500Hz$ 的声音，平均吸声系数为 0.1。求与声源距离 3m 处的声压级。

【**案例解析**】　房间常数为

$$R = \frac{S\bar{\alpha}}{1-\bar{\alpha}} = \frac{400 \times 0.1}{1-0.1} \approx 44.44(m^2)$$

指向性因数 $Q=1$，则有

$$L_P = 10\lg W + 10\lg\left(\frac{Q}{4\pi r^2} + \frac{4}{R}\right) + 120$$

$$= 10\lg 0.00034 + 10\lg\left(\frac{1}{4\pi 3^2} + \frac{4}{44.44}\right) + 120$$

$$\approx 75.3(dB)$$

7.2.4　房间的共振

房间受到声源激发时，对不同频率的声音会有不同的响应，最容易被激发起来的频率成分是房间的共振频率。声音的频率越接近房间的共振频率，共振响应越大。前述声音在室内的增长和衰减过程，均未考虑声音共振的影响。

房间的共振频率是由房间的空间尺寸决定的。房间的长、宽、高基本上决定了房间的共振频率。在房间对声音共振时，某些振动方式的共振频率相同，即共振频率重叠，这种现象称为共振频率的简并，如图 7-5 所示。当房间的尺寸较小且房间的长、宽、高相近或成简单倍数时，简并现象非常严重。在出现简并的共振频率范围内，那些与共振频率相同的声音被大大加强，导致室内原有的声音产生失真（也称频率畸变）。因此，在设计房间的形状时，特别是小尺寸的播音室、琴房

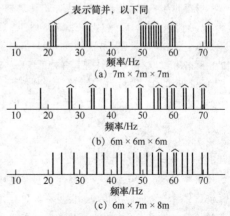

图 7-5　3 种不同矩形房间的共振频率分布

等，应避免房间的边长相同或形成简单的整数比。当房间体积大于 700m³ 时，房间尺寸及比例对声音的影响较小，一般不出现简并现象。

知识拓展

实例1——波士顿音乐厅

波士顿音乐厅（图7-6）由哈佛大学著名声学教授赛宾设计。以他通过实验得出的室内混响时间的理论为指导，设计建造的新波士顿音乐厅可容纳座位为 2631，混响时间为 1.8s，获得非凡的成功，与维也纳音乐厅、阿姆斯特丹音乐厅同被誉为三大著名古典音乐厅。

　　(a) "鞋盒式"的矩形形状（一）　　　　(b) "鞋盒式"的矩形形状（二）

(c) 内部装修

图7-6　波士顿音乐厅

该音乐厅观众厅分为3层，侧墙有两层较浅挑台，后墙有两层挑台。演奏区位于音乐厅一端，厅的高度（H）为 18.5m，宽度（W）为 23m，长度（L）为 39.5m，空间比例（$H:W:L$）为 1:1.24:2.14，符合黄金率。著名声学家赛宾在设计该厅时，坚持了声学科学的原则，拒绝了业主提出容量为维也纳容量（1680座）两倍的要求，而为 2631 座，保持了该厅"鞋盒式"的空间比例。同时改进了演奏台上顶棚，使其向内倾斜使声音集中，以利于反射。除木质地板外，整个大厅以砖、钢铁和石膏建造（这些材料吸声系数很小），并加以适度装饰。侧面包厢的进深非常浅，这样可以避免消声和声缺陷。大厅的格子平顶及装有塑像的三个侧面使每一个座位都能获得极好的音效。室内装修虽不及维也纳音乐厅豪华，却也相当考究，侧墙、后墙十多尊雕像和其精美的图案装饰对声音起到了很好的扩散作用，美化了音质。

2006年时，对交响乐大厅磨损的舞台地板进行了更换，共耗资 25 万美元。这项工程运用了原来的技术和材料，把硬枫木、压缩羊毛衬垫和硬化钢切制钉用手工敲制在一起。使用至今的杉木底层地板依然保持着良好的形状，故而留在原位继续使用。新地板使用的钉子是用和制造原有钉子相同的设备制造的，甚至连原有枫木面板上的纹路也被复制，以保持大厅的音响效果。

实例 2——国家大剧院

　　声音是决定一个剧院优与劣最直接、最核心的元素。国家大剧院（图 7-7 和图 7-8）无论是从打基础、做结构，还是内部设计和材料选择上，无不围绕着声音而进行。国家大剧院演出音响全部采用自然声，在没有扬声器的情况下，舞台上的声音，台下各个角落的观众都能听到，甚至在舞台中央撕一张纸，坐在最后一排的观众都能听得见。

图 7-7　国家大剧院外景

图 7-8　国家大剧院内部装饰

　　国家大剧院内的歌剧院、音乐厅和戏剧场分别是为表演不同的艺术形式而设计的，这是因为它们要求的混响时间不同。歌剧院作为歌剧和舞剧的演出场所，中频 500Hz 空场混响时间是 1.6s；音乐厅主要用于演奏大型交响乐和民族乐，混响时间为 2.0s；戏剧场内混响时间为 1.2s，这些指标均达到各艺术门类国际公认的最佳混响时间。

单元小结

　　室内声场可看成由直达声、近次反射声和混响声 3 部分构成。

室内声音的变化大致可分为声音的增长过程、稳态过程和混响过程。

当室内声场达到稳态，声源在室内停止发声后，残余声能在室内往复反射，经表面吸声材料吸收，室内平均声能密度下降为原有数值的百万分之一或声音衰减 60dB 所经历的时间，称为混响时间，用 T_{60} 表示。

计算混响时间的赛宾公式和伊林公式分别为 $T_{60} = \dfrac{KV}{S\bar{\alpha}} = \dfrac{KV}{A}$；$T_{60} = \dfrac{0.161V}{-S\ln(1-\bar{\alpha}) + 4mV}$。

计算室内声压级的公式为 $L_P = 10\lg W + 10\lg\left(\dfrac{Q}{4\pi r^2} + \dfrac{4}{R}\right) + 120$。

通常房间对声音的共振频率有多个，房间的长、宽、高基本上决定了房间的共振频率。

在房间对声音共振时，某些振动方式的共振频率相同，即共振频率重叠，这种现象称为共振频率的简并。为防止简并现象，在设计房间的形状时，应避免房间的边长相同或形成简单的整数比。

能力训练

基本能力

一、名词解释

1. 混响时间　2. 简并

二、填空题

1. 室内声场可看成由_____、_____和_____3 部分构成。

2. 室内声音的变化大致可分为声音的_____、_____、_____过程。

3. 常用于计算混响时间的公式有_____和_____。

4. 为防止"简并"现象，在设计房间的形状时，应避免房间的边长_____或形成简单的_____。

5. 计算室内声压级时，Q 值依据声源所在位置不同可分别选取_____。

三、选择题

1. 在用伊林公式计算混响时间时，（　　）及其以上的声音需要考虑空气吸收的影响。

　　A. 2000Hz　　　　　　　　　　　　B. 500Hz

　　C. 1000Hz　　　　　　　　　　　　D. 4000Hz

2. 下列关于混响时间的描述中，正确的是（　　）。

　　A. 混响时间与厅堂的容积成反比，与室内吸声量成正比

　　B. 混响时间与厅堂的容积成正比，与室内吸声量成反比

　　C. 混响时间计算中，在低频段需考虑空气吸声的作用

　　D. 赛宾公式适用于平均吸声系数较大的房间

3. 通常把无方向性的声源放在房间中心时，Q 值为（　　）。

　　A. 1　　　　　　　B. 2　　　　　　　C. 4　　　　　　　D. 8

4. 下列 4 个房间中，音质最好的房间是（   ）。

    A. 6m×5m×3.6m   B. 6m×3.6m×3.6m

    C. 5m×5m×3.6m   D. 3.6m×3.6m×3.6m

四、简答题

1. 简述室内声场的形成及变化过程。

2. 简述混响时间的计算式提出的前提假设。

3. 在建筑体型设计时，如何克服简并现象？

拓展能力

1. 某观众厅体积为 15000m³，室内总表面积为 5000m²，已知 500Hz 声音的平均吸声系数为 0.22，演员声功率为 300μW，在舞台上发声。求距声源 30m 处最后一排座位处的声压级。

2. 某混响室容积为 220m³，其混响时间为 3.2s。在地面上放置 10m² 的吸声材料后，其混响时间变为 2.3s。试计算该材料的吸声系数。

3. 查找资料，了解阶梯教室、KTV、电影院的混响时间，并写出分析报告。

吸声材料和吸声结构

■ **知识目标** **掌握** 多孔吸声材料的吸声特性及其影响因素、各种共振吸声结构的吸声特性。

熟悉 多孔吸声材料的吸声原理、各种共振吸声结构的吸声原理。

了解 其他吸声结构的吸声特性及使用。

■ **技能目标** **能** 在室内设计时正确选择吸声材料、设计吸声结构。

会 根据吸声材料、结构的要求进行构造设计。

■ **单元任务** 对所感受的声学场所分析其饰面材料及结构的吸声特性。

8.1 多孔吸声材料

┌─ **任务描述** ──────────────────────────────┐

工作任务 进行市场调研，了解建筑工程中常用的多孔吸声材料。

工作场景 学生进入市场，取得吸声材料的样品或相应资料，进行课堂展示。

└──┘

多孔吸声材料一直是主要的吸声材料。这类材料最初以麻、棉、毛等有机纤维材料为主，现在则大部分由玻璃棉、岩棉等无机纤维材料代替。除了棉状的以外，多孔吸声材料还可用适当的黏结剂制成板状或加工成毡，已经做到成品化。颗粒材料有膨胀珍珠岩、陶粒及其板、块制品等。常见的多孔吸声材料如图 8-1 所示。

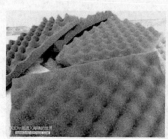　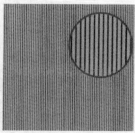　

(a) 吸音棉　　　　　　　(b) 波浪异形微孔吸声板　　　　　(c) 离心玻璃棉

图 8-1 常见的多孔吸声材料

8.1.1 多孔吸声材料的吸声机理

多孔吸声材料的构造特征是在材料中有许多微小间隙和连续气泡，因而具有一定的通气性。当声波入射到多孔吸声材料时，引起小孔或间隙中空气的振动，小孔中心的空气质点可以自由地响应声波的压缩和稀疏，但是紧靠孔壁或材料纤维表面的空气质点振动速度较慢。由于摩擦和空气的黏滞阻力，空气质点的动能不断转化为热能；此外，小孔中空气与孔壁之间还不断发生热交换，这些都使相当一部分声能转化为热能而被吸收。从上述的吸声机理可以看出，多孔吸声材料必须具备以下几个条件：

1）材料内部应有大量的微孔或间隙，而且孔隙应尽量细小或分布均匀。

2）材料内部的微孔必须是向外敞开的，也就是说必须通到材料的表面，使声波能够从材料表面容易地进入材料的内部。

3）材料内部的微孔一般是相互连通的，而不是封闭的（这是区别于保温材料的主要特征）。

8.1.2 多孔吸声材料的吸声特性及其影响因素

声波的频率越高，空气质点的振动速度越快，当声波传入多孔吸声材料的孔隙后，空气与孔壁的摩擦和热交换作用也更快。所以，多孔吸声材料对中高频声音的吸声系数大，而对低频声音的吸声系数小。

影响多孔吸声材料吸声特性的主要因素有以下几个方面。

1. 材料的表观密度和空气的流阻

材料的表观密度 γ 为材料的质量和表观体积的比值。多孔吸声材料表观密度的大小意味着材料内部空隙的多少。空气的流阻是空气质点通过材料间隙遇到的阻力。空气黏性越大，材料越厚，流阻就越大，说明材料的透气性越小。流阻过大，克服摩擦力、黏滞阻力从而使声能转化为热能的效率就很低，也就是吸声的效用很小；流阻过小，声能转换成热能的效率过低，这两种情况对吸声都不利。可见，表观密度直接影响空气的流阻。因此，从吸声性能考虑，多孔吸声材料存在一个最佳的空气流阻，即每种多孔吸声材料都有一个对应于最佳吸声效果的表观密度，如对于超细玻璃棉，$\gamma = 15 \sim 25 \text{kg/m}^3$；对于矿棉，$\gamma = 120 \text{kg/m}^3$。

2. 材料背后有无空气层

材料背后有无空气层对吸声特性有重要影响。材料背后空气层的作用相当于增加材料厚度，设置空气层能提高材料对低频声的吸声系数 α。但由于空气层的共振作用，当空气层厚度为 1/4 波长的奇数倍时，吸声系数最大；当其厚度为 1/2 波长的整数倍时，吸声系数最小。随着频率 f 的不同，吸声系数将形成不同的共振吸声峰值，背后空气层厚度对吸声系数的影响如图 8-2 所示。

3. 材料的厚度

试验表明，增加材料厚度对提高中低频吸声效果有利，而对高频声影响不显著。但厚度增加到一定的程度，吸声效果提高就不明显了。图 8-3 所示为多孔吸声材料厚度对吸声性能的影响。对于同一种多孔吸声材料，当厚度一定而密度改变时，吸声特性也会有所改变，但是比增加厚度所引起的变化小。

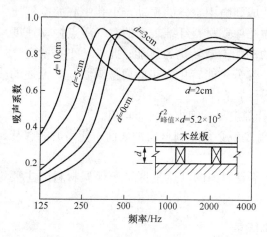

图 8-2　背后空气层厚度对吸声
系数的影响

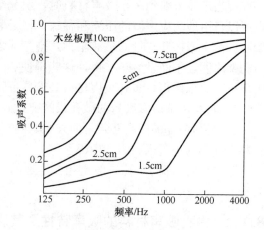

图 8-3　多孔吸声材料厚度对吸声
性能的影响

4. 饰面

大多数多孔吸声材料由于强度、维护、建筑装修或改善吸声性能的要求，常做饰面处理。若在多孔吸声材料表面加粉刷或油漆，相当于在材料表面增加高流阻材料，这将影响材料对高频声的吸收。对于软质纤维板、矿棉板等，经过钻半深孔（深度为厚度的 2/3～3/4）处理后，相当于增加了吸声表面积，材料的吸声性能有所提高。例如，用 0.5mm 以上的薄膜做护面材料，因不透气，对吸声性能有较大影响。当护面层是金属网、塑料窗纱或玻璃布时，由于穿孔率大，可认为对材料的吸声性能无影响。若护面层是穿孔板，穿孔率又在 20% 以上，那么，也可视为影响不大。图 8-4 所示为表面粉刷对多孔吸声材料吸声性能的影响。

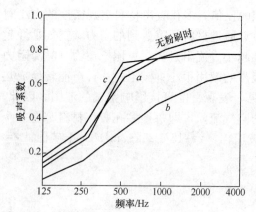

图 8-4　表面粉刷对多孔吸声材料
吸声性能的影响

a—薄粉刷（木丝板）；b—厚粉刷；
c—中等厚度粉刷

5. 吸湿、吸水的影响

多孔吸声材料受潮后，材料的间隙和小孔中的空气被水分所代替，使孔隙率降低，从而导致吸声性能的改变。一般趋势是，随着含水率的增加，首先降低对高频声的吸声系数，进而逐步扩大其影响范围。

8.2　共振吸声结构

8.2.1　穿孔板吸声结构

穿孔板吸声结构由各种穿孔的薄板及其背后的空气层组成。为了了解这种吸声结构的吸声机理，我们可以回想往玻璃瓶内倒水时听到的声音。瓶里的水越多，声音的频率就越高，瓶内的空气在某一频率产生共振。与玻璃瓶可作为一整个空腔共振器一样，穿孔板上的每个小孔及其对应的背后空气层，形成了一排排的空腔共振器，或者可以将其看成无限多个共振器系统。这种共振器称为亥姆霍兹共振器。图 8-5 所示为穿孔板吸声结构原理图。当入射声波的频率和这个系统的固有频率相同时，孔径处的空气就会因共振而剧烈振动，吸收大量的声能。

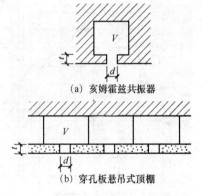

(a) 亥姆霍兹共振器

(b) 穿孔板悬吊式顶棚

图 8-5　穿孔板吸声结构原理图

结合工程实际，穿孔板常被用来吸收某个低频段的声音。穿孔板的共振频率可通过下式进行计算

$$f_0 = \frac{c}{2\pi} \sqrt{\frac{P}{(t+0.8d)L}}$$

式中：f_0——共振频率（Hz）；

c——声速，取 340m/s；

t——穿孔板厚度（cm）；

d——孔径（cm）；

P——穿孔率，即穿孔面积与总面积之比，当圆孔按正方形排列时，$P = (d/D)2\pi/4$，其中 D 为孔距（cm）；

L——背后空气层的厚度（cm）。

表 8-1 归纳了决定穿孔板结构吸声特性的主要因素。

表 8-1　决定穿孔板结构吸声特性的主要因素

主要因素	影响范围
板厚	吸声频率
孔径、孔距（或穿孔率）	吸声频率
板后空气层的厚度	吸声频率
底层材料的种类和位置	吸声系数值

穿孔板吸声结构的吸声特性取决于板厚、孔径、孔距（或穿孔率）、板后空气层的厚度及底层材料的种类和位置，可以按使用要求设计其吸声特性并在竣工后使其达到预期的效果。这种吸声结构的表面材料有足够的强度，即使对表面进行油漆等饰面处理，对穿孔也没有影响，因此得到比较广泛的应用。若不进行其他处理，最大吸声系数为 0.3～0.5。

为了使穿孔板吸声结构在较宽的频率范围内都有较大的吸声系数，可在穿孔板后设置多孔吸声材料。从提高吸声效果的角度上，应将多孔吸声材料直接靠在穿孔板上（图 8-6），以提高声阻，注意不应填放毛毡类等较密实的高流阻材料。但在实际工程中，从施工工艺等多角度考虑，多孔吸声材料往往铺设于基层上。当填加多孔吸声材料后，在以共振频率为中心的相当宽的频率范围内，吸声系数都提高了，其提高值与所填材料的种类及厚度关系不大。穿孔板吸声结构的吸声系数还随穿孔率的提高而提高。当穿孔板吸声结构背后空气层厚度很大时（如吊顶距屋顶大于 50cm），往往具有两个共振频率，并具有相当宽的吸声频率范围。

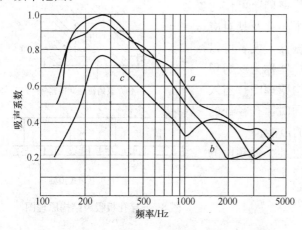

图 8-6 穿孔板后多孔吸声材料层对吸声特性的影响

a—穿孔板后贴背衬材料；b—背衬材料在构造层中间；
c—背衬材料贴墙

穿孔板孔径小于 1mm 时称为微穿孔板。声音通过微穿孔板时，空气在板孔中摩擦消耗能量，因而微穿孔板具有良好的吸声作用。微穿孔板只要求在板后留有空气，而取消了普通穿孔板吸声结构内衬贴的多孔吸声材料，使空腔共振吸声结构大大简化。孔的大小和间距决定了微穿孔板的吸声系数，当穿孔率为 1%～3% 时，吸声效果较好。板的构造和空气层厚度决定了吸声频率范围。常见的微穿孔板可用铝板、钢板、镀锌板、不锈钢板、塑料板等材料制作。由于微穿孔板后的空气层内无须填装多孔性纤维材料，因此其不怕水和潮气，防火，不霉、不蛀，清洁，无污染，可耐高温、耐腐蚀，能承受高速气流冲击。微穿孔板吸声结构在吸声降噪和改善室内音质方面已经得到十分广泛的应用。在实际工程中，为了扩大吸声频带的宽度，往往采用不同孔径、不同穿孔率的双层或多层微穿孔板复合结构。

8.2.2 薄膜吸声结构和薄板吸声结构

薄膜材料连同背后封闭的空气层共同形成薄膜吸声结构。常用的薄膜材料有皮革、人造革或塑料薄膜等，这些材料不透气、柔软、受张拉时有弹性。薄膜吸声结构一般用于吸收中频声音，吸声频率通常为 200～1000Hz，吸声系数为 0.3～0.4。薄膜吸声结构的空气层中若安装多孔吸声材料，整个频率范围的吸声系数比没有多孔吸声材料时普遍提高。

周边固定于龙骨上的薄板与背后的空气层共同构成薄板吸声结构。常用的板材有胶合板、石膏板、石棉水泥板、硬质纤维板或金属板等。其吸声机理是，薄板在声波作用下将发生振动，板振动时板内部和木龙骨间出现摩擦损耗，使声能转变为机械振动，最后转变为热能而起到吸声作用。因为低频声比高频声更容易激发薄板振动，所以薄板吸声结构更容易吸收低频声，其吸声系数为 0.2～0.5，吸声频率通常在共振频率附近，即为 80～300Hz。影响薄板吸声结构吸声系数的主要因素是空气层厚度、薄板质量和是否在空气层中填充吸声材料。

选用薄膜（薄板）吸声结构时，还应当考虑以下几点。

1）比较薄的板，因为容易振动可提供较多的声吸收。

2）薄板表面的涂层对吸声性能没有影响。

3）吸声频率的峰值一般处在低于 200～300Hz 的范围，随着薄板单位面积质量的增加及在背后的空气层中填放多孔吸声材料，吸声系数的峰值将向低频移动。

4）在薄板背后的空气层中填放多孔吸声材料，会使吸声系数的峰值有所增加。

5）当使用预制的块状多孔吸声板与背后的空气层组合时，其将兼有多孔吸声结构和薄板吸声结构的特征。

常用建筑材料及结构的吸声系数见附录 F。

8.3　其他吸声结构

任务描述

工作任务　思考建筑中还有哪些设施、构件或部位具有吸声效果。

工作场景　学生进行分组，在音乐厅、剧院、播音室、KTV 等处观察其装饰材料及构造形式，实地体会其音质效果，并写出分析报告。

8.3.1　空间吸声体

如果把多孔吸声材料加工成一定形状，悬吊在空中，就构成了空间吸声体。空间吸声体的形状可根据建筑形式的需要来确定，可以是简单的平板式，也可以用平板组合成其他形状，还可以做成锥体或圆柱体等形式，如图 8-7 所示。

图 8-7 所示的空间吸声体有两个或两个以上的面与声波接触，其有效吸声面积比装在室内界面上大得多，因此，同样质量的吸声材料做成空间吸声体，其吸声量可达贴在墙上的 10 倍。按投影面积计算，空间吸声体的吸声系数可大于 1。对于形状复杂的吸声体，通常用吸声量表示其吸声特性。

空间吸声体一般用多孔吸声材料外加透气护面层做成。其中，多孔吸声材料常用超细玻璃棉，超细玻璃棉厚度一般取 50～100mm。护面层可用钢板网、铝板网、穿孔板等，也可在钢板网外再加一层阻燃织物。图 8-8 所示为一种空间吸声体的构造示例。

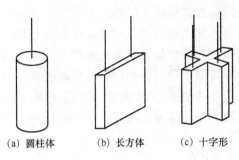

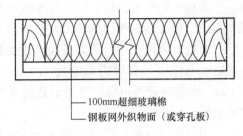

（a）圆柱体　　　（b）长方体　　　（c）十字形

图 8-7　空间吸声体的几种形式

—— 100mm超细玻璃棉
—— 钢板网外织物面（或穿孔板）

图 8-8　空间吸声体的构造示例

　　空间吸声体对中高频声音吸收较强，对低频声音的吸收较弱，因此，用空间吸声体控制室内中高频混响时间十分有效。空间吸声体的吸声效果还与吸声体的布置有关，空间吸声体布置得越密，单个吸声体的吸声量越小。对于水平吊装的平板吸声体来说，吸声体投影面积占屋顶总面积的 30%～40% 是比较经济的。吸声体吊装高度对吸声性能也有影响，位置过高，靠近屋面板会使吸声体上表面的吸声能力下降，从而降低吸声量。同时还需注意吸声体悬吊位置与照明灯具及空气调节风口的协调关系。

8.3.2　强吸声结构

　　在消声室中，通常在墙面和顶棚密布吸声尖劈。吸声尖劈及其吸声特性如图 8-9 所示，即用直径为 3.2～3.5mm 的钢筋制成所需形状和尺寸的框子，在框架上黏缝布类罩面材料，内填棉状多孔吸声材料。近年来，多把棉状材料制成厚毡，裁成尖劈，装入框架内。尖劈的吸声系数需在 0.99 以上，在中高频范围，此要求很容易达到，低频时则较困难，达到此要求的最低频率称为截止频率，通常用 f_c 表示。

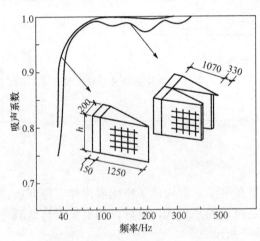

图 8-9　吸声尖劈及其吸声特性（mm）

材料为玻璃棉，其表观密度为 1000kg/m³

　　安装吸声尖劈将使房间的使用面积大大减小，为了改善这一状况，现在常采用的做法是在围护结构表面平铺多孔吸声材料，使多孔吸声材料的表观密度从外表面到内部逐渐增大，只要多孔吸声材料的厚度较大，就可做到对较宽频率范围内声音的强吸收，从而获得与吸声尖劈大致相同的吸声效果。这种做法结构简单，占用空间小。

8.3.3　帘幕

　　帘幕具有很好的透气性，具有类似多孔吸声材料的吸声特性。帘幕的吸声量与厚度和面密度有关，较厚帘幕对高频声吸收较强。当帘幕离开墙面一段距离时，相当于多孔吸声材料背后增加空腔，可改善中低频吸声效果。帘幕打褶后，吸声效果会更好。

8.3.4　洞口

房间的各种开口（如进、出风口）及大型厅堂出挑较深的楼座、舞台开口等，也吸收声音，甚至还成为大厅对声吸收的一个重要部分。如果洞口不是朝向自由声场，其吸声系数就小于 1，剧院的舞台开口就属于这一类。当房间洞口开向室外时，对声音是完全吸收的，吸声系数为 1。

8.3.5　人和家具

人和家具都是吸声体，它们的吸声特性对室内的听闻条件有重要的影响。一般的吸声材料和构造是依其吸声系数和有效面积的乘积求得吸声量，单位为 m^2。人和家具很难计算吸声的有效面积，其吸声特性用每个人或每件家具的吸声量表示。

听众对声音的吸收主要是由于着装及其空隙。因为服装不很厚，一般只对中、高频声的吸收比较明显。在大厅里，人们的衣着不同，通常选用听众吸收的平均值。此外，听众吸收还取决于座位的排列方式、座位排列的密度、暴露于入射声的部分及被通道、楼梯等遮挡的情况。对于影剧院观众厅而言，为了减小观众吸声对厅堂音质的影响，无论有无观众，每个座位的吸声量均应保持不变。

8.3.6　空气吸收

空气吸收也是整个室内声吸收的一部分。空气吸收的多少与其温度和湿度有关，其对 1000Hz 以上频率的声音有较显著的吸收效果。

知识拓展

实例——德国国会大厦会议大厅

德国国会大厦会议大厅（图 8-10）为玻璃墙面建成的圆形建筑物，耗资 2.7 亿马克，目的是增加议会的透明度，但建成后由于声学缺陷（声聚焦和声场不均匀）而影响了使用，德方请了许多专家都没有解决。1993 年中国访问学者查雪琴女士根据微穿孔板理论，在 5mm 的有机玻璃板上，用激光穿出直径为 0.55mm、孔距为 6mm 的微孔（穿孔率为 1.4% 左右，每平方米上有 2.8 万个孔，加工费达 2000 马克/ m^2），装在原玻璃墙内侧，总改造费用达 150 万马克，从而成功地解决了这一声学缺陷问题。

图 8-10　德国国会大厦会议大厅

单元小结

多孔吸声材料的吸声机理：由于多孔吸声材料具有大量内外连通的微小间隙和气泡，

声波能沿微孔进入材料内部，引起孔隙中空气振动。空气的黏滞阻力、空气与孔壁和纤维间的摩擦及热传导作用，使一部分声能转化为热能而被吸收。

多孔吸声材料对中高频声音的吸声系数大，而对低频声音的吸声系数小。

影响多孔吸声材料吸声特性的主要因素有材料的表观密度和空气的流阻、材料背后有无空气层、材料的厚度、饰面和吸湿、吸水的影响。

在穿孔板后再设置空气层，便构成空腔共振吸声结构。当入射声波的频率和穿孔板吸声结构的固有频率相同时，会引起共振，振动中因克服摩擦阻力而将声能转变为热能，起到吸声的作用。穿孔板吸声结构若不做其他处理，最大吸声系数为0.3~0.5。在穿孔板后设置多孔吸声材料，可在较宽的频率范围内提高吸声系数。穿孔板吸声结构的吸声系数还随穿孔率的提高而提高。当穿孔板吸声结构背后空气层厚度很大时，往往具有两个共振频率，并具有相当宽的吸声频率范围。

微穿孔板吸声结构不需要内衬多孔吸声材料，穿孔率为1‰~3‰时吸声效果较好。

薄膜材料连同背后封闭的空气层共同形成薄膜吸声结构。薄膜吸声结构一般用于吸收中频声，吸声频率通常为200~1000Hz，吸声系数为0.3~0.4。

周边固定于龙骨上的薄板与背后的空气层共同构成薄板吸声结构。薄板吸声结构更容易吸收低频声，其吸声系数为0.2~0.5，吸声频率通常在共振频率附近，即为80~300Hz。

同样质量的吸声材料做成空间吸声体，其吸声量可达贴在墙上的10倍。空间吸声体对中高频声吸收较强，对低频声的吸收较弱，用空间吸声体控制室内中高频混响时间十分有效。

在消声室中，通常在墙面和顶棚密布吸声尖劈。吸声尖劈的吸声系数需在0.99以上，在中高频范围，此要求很容易达到，低频时较困难，达到此要求的最低频率称为截止频率，通常用 f_c 表示。

帘幕具有很好的透气性，具有类似多孔吸声材料的吸声特性。

当房间洞口开向室外时，吸声系数为1；如洞口开向另外一个空间，其吸声系数通常小于1。

空气对1000Hz以上的声音吸收较强。

能力训练

基本能力

一、名词解释

1. 截止频率 2. 微穿孔板

二、填空题

1. 多孔吸声材料对_____频声音的吸声系数大，而对_____频声音的吸声系数小。

2. 影响多孔吸声材料吸声特性的主要因素有材料的_____、_____、_____、_____和_____。

3. 穿孔板吸声结构要求孔洞为_____孔，板背后要留有_____。

4. 薄膜吸声结构一般用于吸收_____频声音，吸声频率通常在_____Hz，吸声系数约为_____。

5. 薄板吸声结构更容易吸收_____频声，其吸声系数约为_____，吸声频率通常在共振频率附近，约在_____之间。

6. 空间吸声体对_____频声音吸收较强，对_____频声音的吸收较弱。

7. 空气对_____Hz 以上的声音吸收较强。

三、选择题

1. 下列材料中属于多孔吸声材料的是（　　　）。
　　A. 聚苯板　　　　　　　　　　　　B. 泡沫塑料
　　C. 加气混凝土　　　　　　　　　　D. 拉毛水泥墙面

2. 消声室使用的吸声尖劈的吸声系数（　　　）。
　　A. 等于 1.0　　　B. 大于 0.99　　　C. 大于 0.80　　　D. 大于 0.50

3. 吸声尖劈常用于下列场合中的（　　　）。
　　A. 消声室　　　　B. 教室　　　　　C. 厂房　　　　　D. 剧院

4. 朝向自由声场的洞口其吸声系数为（　　　）。
　　A. 0　　　　　　　B. 0.4　　　　　　C. 0.5　　　　　　D. 1.0

5. 下列罩面材料对多孔材料吸声能力的影响最小的是（　　　）。
　　A. 0.5mm 薄膜　　　　　　　　　　B. 钢板网
　　C. 穿孔率 10％的穿孔板　　　　　　D. 三合板

6. 下列穿孔板的穿孔率不致影响背后多孔吸声材料吸声特性的是（　　　）。
　　A. 3％　　　　　　B. 8％　　　　　　C. 10％　　　　　　D. 大于 20％

7. 下列措施中可有效提高穿孔板吸声结构共振频率的是（　　　）。
　　A. 减小穿孔率　　　　　　　　　　B. 减小板后空气层厚度
　　C. 减小板厚　　　　　　　　　　　D. 减小板材硬度

8. 在建筑中使用的薄板构造，其共振频率主要为（　　　）。
　　A. 高频　　　　　B. 中、高频　　　C. 中频　　　　　D. 低频

9. 在大型厂房进行吸声减噪处理，对（　　　）进行处理效果较好。
　　A. 墙面　　　　　B. 地面　　　　　C. 悬挂空间吸声体　　D. 顶棚

四、简答题

1. 简述多孔吸声材料的吸声机理，以及其吸声特性及影响因素。

2. 简述穿孔板吸声结构的吸声特性及影响因素。

3. 简述薄膜吸声结构、薄板吸声结构的吸声特性。

4. 简述选用薄膜（薄板）吸声结构时，应当考虑的因素。

5. 简述多孔吸声材料和保温材料的区别。

拓展能力

　　调查当前建筑市场中最常用的吸声材料及吸声结构，并分析其材料、结构特点及吸声特性。

噪声控制

■**知识目标** 掌握 噪声的控制原则，考虑声环境的城市规划与建筑设计要点，吸声降噪的措施，隔声降噪、消声降噪的措施。

熟悉 噪声的评价量、评价方法，噪声的允许标准，构件的隔声特性、质量定律及吻合效应，降噪设计的原理及步骤。

了解 噪声的来源和危害、振动在建筑中的传播途径、振动的影响、消声器原理及应用。

■**技能目标** 能 进行建筑（空间）的吸声降噪设计、隔声降噪设计及隔振、消声降噪设计。

会 查找相应规范并使用。

■**单元任务** 通过各种渠道，查阅相关文献资料，进而汇总出切实可行的建筑隔声新技术。

9.1 噪声的控制原则及降噪设计

> **任务描述**
>
> **工作任务** 分析学校实训中心教师休息室的噪声来源，了解该室内环境对各频率噪声级的限值。
> **工作场景** 实地调研分析。

9.1.1 噪声的来源

1. 交通运输噪声

许多国家的调查研究表明，城市噪声的 $50\%\sim70\%$ 来自于交通噪声。城市交通运输噪声主要由机动车辆、飞机、火车和船舶造成的。

2. 建筑施工噪声

道路建设、基础设施建设、房地产开发、旧城区改造及家庭室内装修，都会形成城市建筑施工噪声，建筑施工现场噪声一般在 90dB 以上，最高时可达到 130dB。建筑施工噪声已成为仅次于交通运输噪声的第二个噪声源。

3. 工业机械噪声

工业机械噪声是固定的噪声源。各种动力机具工作时由于撞击、摩擦、喷射及振动，可产生 70dB 以上的噪声。例如，纺织车间、锻造车间、粉碎车间和钢厂、水泥厂车间内的噪声有的高达 110～120dB，按照国家标准要求，一般工厂车间内噪声应控制在 85～90dB 以下。对这类噪声，即使有降噪处理措施，也不能从根本上消除。另外，居住区内的公用设施，如锅炉房、水泵房、变电站等，以及临近住宅的公共建筑中的冷却塔、通风机、空调机等的噪声污染，也相当普遍。

4. 社会生活噪声

社会生活噪声是指城市中人们在日常生活和社会活动，如集贸市场、流动商贩、街头宣传、歌舞厅、学校操场等中产生的噪声。此外，现今一些高档社区内部的噪声源种类和噪声强度均有所增加，且有逐渐上升的趋势。另外，随着生活的现代化，家用电器的噪声越来越多，所产生的噪声干扰也越来越大。图 9-1 为一些家用电器使用时的 A 声级范围。

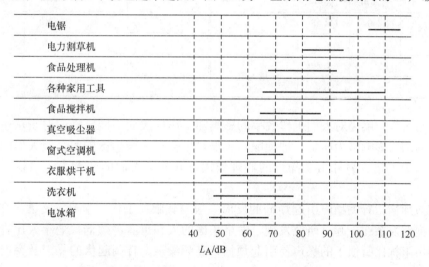

图 9-1 一些家用电器使用时的 A 声级范围

9.1.2 噪声的危害

噪声的危害是多方面的。噪声可以使人听力衰退，引起多种疾病。同时，噪声还会影响人们正常的工作与生活，降低劳动生产率。特别强烈的噪声还能损坏建筑物，影响仪器设备的正常运行。

1. 噪声对人体健康的影响

噪声对听觉器官的损害：噪声对听觉器官的损害有一个从听觉适应、暂时性耳聋到噪声性耳聋的发展过程。140～150dB（A）的极强烈噪声的作用可使人耳发生急性外伤，一次作用就可使人耳聋，即爆震性耳聋。

噪声对睡眠的影响：研究表明，噪声级超过 45dB（A）的噪声会对正常人的睡眠产生影响。强噪声会缩短人们的睡眠时间，影响入睡深度，而睡眠不足则会导致食欲不振、应急能力降低。

噪声可引起多种疾病：研究表明，高强度的噪声对人的身心健康有直接危害。噪声可能诱发某些疾病，如导致人体神经系统疾病，甚至引发心脏病。噪声对儿童身心健康的影响尤为严重。

2. 噪声对各种活动的影响

噪声与语言干扰：人们对语言听闻的好坏取决于语言的声功率和清晰度。在噪声环境中，如果噪声过高，环境噪声就掩蔽了需要的声音，使人们听到的语言很模糊。噪声干扰谈话的最大距离见表 9-1。

表 9-1　噪声干扰谈话的最大距离

噪声级 L_A/dB	直接交谈/m		电话通信	噪声级 L_A/dB	直接交谈/m		电话通信
	普通声	大声			普通声	大声	
45	7.0	14.0	满意	65	0.70	1.40	困难
50	4.0	8.0		75	0.22	0.45	
55	2.2	4.5	稍困难	85	0.07	0.14	不能
60	1.3	2.5					

噪声与效率：噪声对人们工作效率的影响随工作性质而不同。噪声对于从事精密加工或脑力劳动的人影响最为明显，即使噪声很低，也会对人产生影响，会使人们间歇地去注意噪声而出现差错。另外由于噪声的心理作用，分散了人们的注意力，还容易引起工伤事故。

噪声与烦恼：有关噪声引起烦恼的反应一般与睡眠、工作、学习、阅读、交谈、休闲等干扰的抱怨混杂在一起。研究发现，性格焦虑的人和患者易烦恼；老年人比青年人易烦恼；新噪声干扰比听惯了的噪声易引起烦恼；高频噪声、音调起伏的噪声及突发噪声引起的烦恼最大。

3. 强噪声波甚至能破坏建筑物或物质的结构

目前飞机的速度越来越快，这种超声速飞行而引起的空气冲击波，声压级可达 130～140dB（A），使人们听起来像是突如其来的爆炸声。150dB（A）以上的强噪声，会导致金属结构疲劳。当噪声超过 160dB（A）以上时，不仅建筑物受损，发声体本身也会由于连续的振动而损坏。另外，在极强的噪声作用下，灵敏的自控、遥控设备会失灵。

9.1.3　噪声的评价

噪声评价是指在不同条件下，采用适当的评价量和合适的评价方法，对噪声的干扰与危害进行评价。下面介绍几个以总声压级、A 计权声压级、响度级等量度为基础的描述噪声暴露的评价量。

1. 噪声评价曲线和噪声评价指数

国际标准化组织采用噪声评价指数来评价噪声（始于 1971 年），NR 曲线（噪声评价指数）如图 9-2 所示。在每一条曲线上，中心频率为 1000Hz 的倍频带声压级等于噪声评价指数 N。

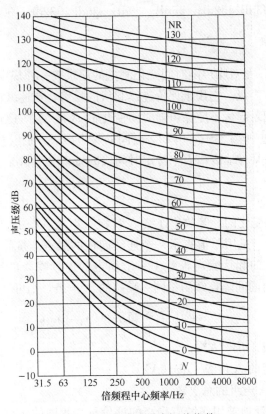

图 9-2 NR 曲线（噪声评价指数）

确定某一声环境现状噪声评价指数的方法是：先测量各个倍频带声压级，再把倍频带噪声谱叠合在 NR 曲线上，以频谱与 NR 曲线相切的最高 NR 曲线编号，代表该噪声的噪声评价指数，即某环境的噪声不超过噪声评价指数 NR-X。

部分建筑的允许噪声评价指数及对应的 A 声级见表 9-2。

表 9-2 部分建筑的允许噪声评价指数 N 及对应的 A 声级

类别	N	A 声级/dB	类别	N	A 声级/dB
播音、录音室	15	30	住宅	30	42
音乐厅	20	34	旅馆客房	30	42
电影院	25	38	办公室	35	46
教室	25	38	体育馆	35	46
医院病房	25	38	大办公室	40	50
图书馆	30	42	餐厅	40	50

针对某一给定室内环境进行降噪设计的方法：首先考虑安静标准，一般可依对 A 声级的限值减 5dB 得到相应的 NR 数，并据以确定对各频率噪声级的限值。例如，规定学校建筑中语言教室、阅览室的允许噪声级为 40dB（A）。可按 NR-35 号线进行降噪设计，结合图 9-2 可知，学校建筑中语言教室、阅览室自 31.5Hz 至 8000Hz 各倍频带中心频率的噪声级限值分别为 73dB、63dB、52dB、45dB、39dB、35dB、32dB、30dB 及 28dB。

2. 统计百分数声级

统计百分数声级 L_n 是对噪声随时间变化测量的记录按一种规定的方法作统计分析而得出的，也称为累计分布声级。它用于评价连续起伏的噪声，描述城市噪声的时间变化特性。

实际工作中通过记录起伏不定噪声随时间变化的 A 声级并进行统计分析，就得到了统计百分数声级 L_n。超过 90%、50% 和 10% 时间的噪声声级分别以符号 L_{90}、L_{50} 和 L_{10} 表示。这些量可以很好地反映某一地区一天中特定时间段的城市噪声状况。

3. 等效声级

噪声往往是有起伏变化的，等效［连续 A 计权］声级（L_{eq} 或 $L_{Aeq,T}$）是以平均能量为基础的公众反应评价量，是用单值表示一个连续起伏的噪声。按噪声的能量计算，整个观测期间在现场实际存在的起伏噪声等效于一个稳定的连续噪声，其 A 声级即为等效声级 L_{eq}。例如，按相同的时间间隔连续测量同一噪声的 A 声级，则可按下式计算等效声级：

$$L_{eq} = 10\lg\left(\sum_{i=1}^{n} 10^{0.1L_{Ai}}\right) - 10\lg n \tag{9-1}$$

式中：L_{eq}——等效声级［dB（A）］；

$\quad L_{Ai}$——每次测得的 A 声级［dB（A）］；

$\quad n$——读取噪声 A 声级的总次数。

等效声级已日益广泛地被用作城市噪声的评价量。我国的城市声环境质量标准就是以 L_{eq} 作为评价量。

4. 昼夜等效声级

昼夜等效［连续］声级（L_{dn}）是以平均声级和一天里的作用时间为基础的公众反应评价量。夜间噪声对人的影响比白天大，因此在噪声控制标准中，对夜间（22:00～07:00）出现噪声的声级均以比实际值高出 10dB 来处理，这样就可以得到一个对夜间有 10dB 补偿的昼夜等效声级。其表示式为

$$L_{dn} = 10\lg\left[\frac{1}{24}\left(t_d \times 10^{0.1L_d} + t_n \times 10^{0.1(L_n+10)}\right)\right] \tag{9-2}$$

式中：L_{dn}——昼夜等效声级［dB（A）］；

$\quad L_d$——昼间噪声级［dB（A）］；

$\quad L_n$——夜间噪声级［dB（A）］；

$\quad t_d$——昼间噪声暴露时间，15h；

$\quad t_n$——夜间噪声暴露时间，9h。

9.1.4　噪声的允许标准

1. 保护听力的噪声允许标准

为了保护工作人员的听力与健康，《工业企业设计卫生标准》（GBZ 1—2010）及《工业企业噪声控制设计规范》（GB/T 50087—2013）规定的噪声职业接触限值，见表 9-3。如果采用工程控制技术措施后工作人员位置的噪声仍超过 85dB（A），应根据实际情况合理设计工作时间，并采取适宜的个人防护措施。

表 9-3　噪声职业接触限值

日接触时间/h	噪声接触限值 dB（A）	日接触时间/h	噪声接触限值 dB（A）
8	85	1/8	103
4	88	1/16	106
2	91	1/32	109
1	94	1/64	112
1/2	97	1/128 或小于 1/128	115
1/4	100		

2. 声环境质量标准

我国 2008 年 10 月 1 日开始实施的《声环境质量标准》（GB 3096—2008）中的有关规定见表 9-4。

表 9-4　环境噪声限值

声环境功能区类别		昼间/dB（A）	夜间/dB（A）
0 类		50	40
1 类		55	45
2 类		60	50
3 类		65	55
4 类	4a	70	55
	4b	70	60

注：0 类声环境功能分区：指康复疗养区等特别需要安静的区域；

　　1 类声环境功能区：指以居民住宅、医疗卫生、文化教育、科研设计、行政办公为主要功能，需要保持安静的区域；

　　2 类声环境功能区：指以商业金融、集市贸易为主要功能，或者居住、商业、工业混杂，需要维护住宅安静的区域；

　　3 类声环境功能区：指以工业生产、仓储物流为主要功能，需要防止工业噪声对周围环境产生严重影响的区域；

　　4 类声环境功能区：指交通干线两侧一定距离之内，需要防止交通噪声对周围环境产生严重影响的区域，包括 4a 类和 4b 类两种类型。4a 类为高速公路、一级公路、二级公路、城市快速路、城市主干路、城市次干路、城市轨道交通（地面段）、内河航道两侧区域；4b 类为铁路干线两侧区域。

3. 民用建筑噪声允许标准

《民用建筑隔声设计规范》（GB 50118—2010）规定的民用建筑室内允许噪声级见表 9-5～表 9-8。在执行时还需根据昼夜噪声的不同特征进行修正。至于演出类建筑和体育馆等的噪声标准，可查阅《剧院、电影院和多用途厅堂声学设计规范》（GB/T 50356—2005）和《体育场馆声学设计及测量规程》（JGJ/T 131—2012）等。

表 9-5　住宅、医院建筑室内允许噪声级

建筑类别	房间名称	时间	允许噪声级/dB	
			高标准	一般标准
住宅	卧室	昼间	≤40	≤45
		夜间	≤30	≤37
	起居室	昼间	≤40	≤45
		夜间		
医院	病房、医护人员休息室	昼间	≤40	≤45
		夜间	≤35[1]	≤40
	各类重症监护室	昼间	≤40	≤45
		夜间	≤35	≤40
	诊室		≤40	≤45
	手术室、分娩室		≤40	≤45
	洁净手术室		—	≤50
	人工生殖中心净化区		—	≤40
	听力测听室		—	≤25[2]
	化验室、分析实验室		—	≤40
	入口大厅、急诊厅		—	≤55

1）对特殊要求的病房，室内允许噪声级应小于或等于30dB。
2）表中听力测听室允许噪声级的限值，适用于采用纯音气导和骨导阈测听法的听力测听室。采用声场测听法的听力测听室的允许噪声级另有规定。

表 9-6　学校建筑室内允许噪声级

建筑类别	房间名称	允许噪声级/dB
学校	语言教室、阅览室	≤40
	普通教室、实验室、计算机房	≤45
	音乐教室、琴房	≤45
	舞蹈教室	≤50
	教师办公室、休息室、会议室	≤45
	健身房	≤50
	教学楼中封闭的走廊、楼梯间	≤50

表 9-7　旅馆建筑室内允许噪声级

建筑类别	房间名称	时间	允许噪声级/dB		
			特级	一级	二级
旅馆	卧室	昼间	≤35	≤40	≤45
		夜间	≤30	≤35	≤40
	办公室、会议室		≤40	≤45	≤45
	多用途厅		≤40	≤45	≤50
	餐厅、宴会厅		≤45	≤50	≤55

表 9-8　办公、商业建筑室内允许噪声级

建筑类别	房间名称	允许噪声级/dB	
		高要求标准	低限标准
办公	单人办公室	≤35	≤40
	多人办公室	≤40	≤45
	电视电话会议室	≤35	≤40
	普通会议室	≤40	≤45
商业	商场、商店、购物中心、会展中心	≤50	≤55
	餐厅	≤45	≤55
	员工休息室	≤40	≤45
	走廊	≤50	≤60

9.1.5　噪声的控制原则

噪声自声源发出，经传播，最后到达人耳被接受。噪声的防治可以在以下 3 个环节上采取措施：噪声源、噪声传播的途径和噪声的接收处（接受者）。噪声控制措施应合理选择，要进行一定的技术经济分析，还要根据工程措施的成本、噪声的允许标准、劳动生产率等因素进行综合分析来确定。

1. 条件允许，应首选在声源处采取降噪措施

一般情况下，声源降噪是最有效也是最经济的噪声控制措施。声源的噪声控制有多种途径：一是改进声源自身的结构，包括优化结构设计、提高零部件的加工精度；二是通过改造加工工艺和方法；三是对声源采取吸声、隔声、减振、隔振等措施，以控制声源的噪声辐射。

2. 在噪声传播途径中控制噪声

对于噪声在传播途径中的控制只能从建筑规划、建筑设计上加以考虑。这些措施包括总平面布置，建筑吸声、隔声处理，房屋和设备的隔声和隔振，建筑物内的吸声与通风设备的消声等。这些措施各有其特点，但又互相联系，往往需要综合处理，才能达到预期的要求，具体如下：使声源远离噪声控制区；对于有指向性的噪声，可以通过控制噪声的传播方向来降低噪声辐射；利用隔声屏障来阻挡噪声的传播；采用吸声措施来吸收、消耗噪声传播能量；对固体振动产生的噪声采取隔振措施，以降低噪声的传播。

3. 在噪声的接收处控制噪声

在一些特殊情况下，噪声特别强烈，采用上述各种措施后，仍不能达到标准要求，或在工程过程中不可避免要接触强噪声时，就需要采取个人防护措施，这主要是为了防止噪声对人体造成伤害。对于接受者，可以从合理的声学分区或采取其他措施保护。常用的防护措施就各种护耳器，如耳塞、耳罩、防噪头盔等。另外，应尽量减少在噪声环境中暴露的时间。

9.1.6　降噪设计步骤

根据工程实际情况，一般应按以下步骤确定控制噪声的方案。

1）调查噪声现状，确定噪声声级。为此，需使用有关的声学测量仪器，对所设计工程中的噪声源进行噪声测定，并了解噪声产生的原因与其周围环境的情况。

2）确定噪声控制标准。参考有关噪声允许标准，根据使用要求与噪声现状确定可能达到的标准与各频带所需降低的声压级。

3）选择控制措施，制订噪声控制技术方案，进行具体的工程设计。根据噪声现状与允许标准的要求，同时考虑控制方案的合理性与经济性，通过必要的设计与计算（有时尚需进行实验）确定控制方案。根据实际情况包括城市规划、总图布置、单体建筑设计、构件隔声、吸声降噪、消声控制与减振等方面。一般各种措施的大致效果如下：①总体布局及平、剖面合理可降低10～40dB；②吸声减噪处理可降低8～10dB；③构件隔声处理可降低10～50dB；④消声控制处理可降低10～50dB。

图9-3为声环境品质与噪声控制措施的费用之间的关系。

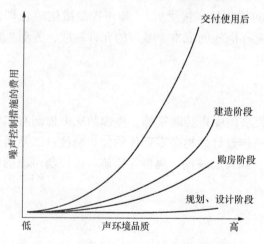

图9-3　声环境品质与噪声控制措施的费用
之间的关系

从图9-3中可以看出，建设项目如果从立项开始就考虑投资和环境效益的关系，可能无须特别的花费，就能得到良好的声环境品质。随着建设项目的进展，介入声环境品质越迟，为控制噪声干扰的花费越高，甚至比在初期所需的费用高出10～100倍。以住宅建筑的隔声为例，如果在建筑设计阶段增加总造价的0.1%～3%，可使隔声改善10dB；在建造竣工后再采取措施，则难于有同样的改善效用。需要特别指出，对于消耗大量能源和资源的防噪、降噪措施，即使很有效，也不可采用。

9.2　城市规划与建筑设计的噪声控制

任务描述

工作任务　以学校所在城市为对象，针对声环境规划设计与噪声控制展开调研分析。

工作场景　组成调研小组，查找相关资料，进行现场调研。

9.2.1　考虑声环境的城市规划

城市的声环境是城市环境质量评价的重要指标之一。在城市总体规划中，声环境规划是必需的。合理的规划布局是减轻与防止噪声污染的一项最有效、最经济的措施。

城市总体规划的编制，应预见将会增加的噪声源及其可能的影响范围。对现有城市的改建规划，也应当依据城市的基本噪声源，做出噪声级等值线分布图，并据以调整城市区域对噪声敏感的用地（如居住区），拟定解决噪声污染的综合性城市建设措施。

9.2.2　考虑城市声环境的交通规划

1. 城市干道系统

从保证城市环境质量考虑，本着既能最大限度地为城市生产、生活服务，又尽量减少对城市的干扰的原则规划城市干道。城市干道系统的规划要点如下：①要将以城市为目的地的始（终）点交通深入市区，但要求路线便捷；②要将与城市关系不大的过境交通规划为从城市边缘绕过；③要将联系城市各郊区之间的货运交通规划为环城干道，其按照城市规模和用地条件，可分为内环、外环道路。

2. 铁路系统

城市铁路布局应与城市近、远期总体规划密切配合、统一考虑，避免给城市远期的发展带来难以解决的噪声干扰。城市铁路系统规划布局要点如下：①可将直接与城市居民生活、工业生产有密切联系的铁路建筑物和设备（如客运站、工业企业的专用线等）设在市区内；②必要时也可将与城市居民生活和工业生产虽无直接联系，但属于前一类不可缺少的建筑物、设备（如进站线等）设在市区；③不应将与城市设施没有联系的建筑物与技术设备（如铁路仓库、机车车辆修理厂等）布置在市区内，有些设备（如编组站）应设在城市规划的远期市区边界外。

9.2.3　减少城市噪声干扰的主要措施

1. 与噪声源保持必要的距离

噪声的接受处与点声源的距离增加 1 倍，声压级降低 6dB。对于单一行驶的车辆或飞越上空的飞机，如果接受点所在位置与声源的距离比声源本身的尺度大得多，前述的规律也是符合的。然而，对于城市干道上成行行驶的车辆，则不能按点声源考虑，也不是真正的线声源，其噪声衰减规律与噪声接受处与干道的距离有关。当接收点与干道的距离小于 15m 时，来自交通车流的噪声衰减接近于反平方比定律，因为这时是单一车辆的噪声级起决定作用；当接受点与干道距离超过 15m 时，距离每增加 1 倍，噪声级大致降低 4dB。

2. 利用屏障降低噪声

如果在声源和接受者之间设置屏障——实体墙、路堤或类似的地面坡度变化，以及对噪声干扰不敏感的建筑物（如沿城市干道的商业建筑等），听到的声音就取决于绕过屏障顶部的总声能（假设屏障很长，对声音在屏障两端的衍射忽略不计）。屏障对声音传播的影响如图 9-4 所示。

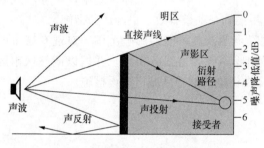

图 9-4　屏障对声音传播的影响

有效的防噪屏障应该满足以下 3 点要求：①应该具有足够的质量来衰减声音；②保养费用很少，甚至不需要保养费；③不易随温度的循环变化及烈日暴晒而损坏。

实践经验表明，为了使屏障有最佳的防噪效用，屏障应设置在靠近噪声源或者靠近需要防护的地点（或建筑物），并完全遮断在被防护地点对干道（铁路或其他噪声源）的视线。需要强调的是，屏障的长度最好不小于屏障与接受者之间距离的 4 倍。一般认为，不值得做高度低于 1m 的屏障。

3. 屏障与不同地面条件组合的降噪

研究表明，当线声源（车流噪声）经硬质地面传播时，距离增加 1 倍，噪声级降低约为 3dB，当线声源（车流噪声）经软质铺装（如草地）地面传播时，地面铺装及距离的综合效用是距离每增加 1 倍，降噪量为 4.5dB。一排一层楼高的房屋可以提供除距离以外的若干遮挡衰减，这种附加衰减量取决于对线声源在视野范围遮挡的百分数。遮挡 40%～65%，可有 3dB 的附加衰减量；遮挡 65%～90%，可以有约 5dB 的附加衰减量。如果增加房屋的排数，则每排可另外增加约 1.5dB 的衰减量，直至最大值达 10dB。在没有表面阻抗资料的情况下，这种估计虽然不够精确，但是有效。图 9-5 概括了屏障与不同地面条件组合对交通干线车流噪声的降噪效用，即交通干线车流噪声的衰减。

4. 利用绿化减弱噪声

噪声源与建筑物之间的大片草坪或是种植由高大的乔木与灌木组成的具有足够宽度且浓密的绿化带，是减弱噪声干扰的有效措施之一。

从遮隔和减弱城市噪声干扰的需要考虑，应当选用高度与宽度均不少于 1m 的常绿灌木与常绿乔木组成的林带，林带宽度不少于 10～15m，林带中心的树行高度超过 10m，株间距以不影响树木生长成熟后树冠的展开为度，以便形成整体的"绿墙"。

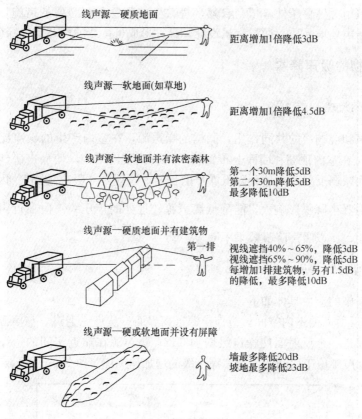

图 9-5　交通干线车流噪声的衰减

5. 采用降噪路面

研究表明，车辆高速行驶时，主要是轮胎与路面摩擦引起的噪声，有空隙的铺面材料（如空隙率达到 20%）可减弱行驶中的摩擦噪声。实践证明，与常用的混凝土路面相比，在路面平坦、车辆顺畅高速行驶时（重型车辆较少），多孔材料铺垫的路面可使此种摩擦噪声降低 3～5dB。

6. 进行合理的总图布置及单体建筑设计

从声环境考虑，应将要求安静条件的房间远离吵闹房间和有噪声源的房间，或在噪声传来的方向不设窗户；尽可能利用建筑内对降噪要求不高的空间将要求安静条件的房间与内、外噪声源隔开；吵闹房间应集中布置，以减少它们的影响范围；吵闹房间与静室间的建筑围护结构应断开，以消除固体声。

7. 创造愉悦的声景

随着社会对绿色建筑、健康社区的要求，出现了"可持续的声环境"、"绿色声环境"和"声景"等概念。调查统计表明，多数人认为在控制噪声干扰时，希望有自己喜欢的自然声音。为了引来喜爱听闻的自然声，居住区的规划设计就得为鸟类等小动物提供栖息、迁徙、觅食、繁衍等生存条件，依与自然环境共生的理念采取必要的措施，创造宁静、私密、愉悦的宜居声环境品质。通过声景设计，最终形成可持续的声环境（绿色声环境）。

9.2.4 建筑物的吸声降噪

1. 吸声降噪原理

由于直达声和混响声的共同作用，同样的噪声源，在室内产生的噪声比在室外要高出10～15dB。通过在室内顶棚和墙面上布置吸声材料或吸声结构，使噪声碰到这些材料后吸收一部分，从而减弱反射声，达到降低噪声的目的，这就是"吸声降噪"。因此，房间常数 $R\left(R=\dfrac{s\bar{\alpha}}{1-\bar{\alpha}}\right)$ 对吸声降噪影响大，能降低离声源较远处的声压级。但在近声源处，由于直达声起主要作用，所以吸声降噪效果不明显。

2. 吸声降噪措施的应用

吸声降噪措施的应用具体如下。

1）在有强反射面的室内空间，应使声源远离界面。从理论上讲，与声源在房间中部相比，如果声源靠近一个反射面使噪声级增加 3dB；噪声源在靠近房间的边缘，将使噪声级增加 6dB；当噪声源位于房间的一角，噪声级的增加达 9dB，如图 9-6 所示。

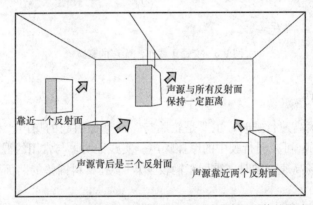

图 9-6 声源在室内空间不同位置时，对噪声级增值的影响

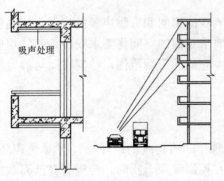

图 9-7 在阳台底面做吸声处理，以减弱噪声影响

2）沿城市交通干道建造的房屋，如果在临近干道面有外挑的阳台，在阳台底面做吸声处理，可使噪声在到达建筑物外立面之前被适当吸收，如图 9-7 所示。

3）声屏障可以与吸声顶棚同时使用。利用声屏障减弱高频噪声，屏障越高，越靠近噪声源，其降噪效果愈好。如果顶棚不做吸声处理，屏障的效用将明显减弱。

在有产生刺耳高频噪声生产线的车间里，可采用的降噪措施是在产生刺耳高频噪声生产线两侧设置声屏障，以及在该生产线上部悬挂吸声板，如图9-8所示。

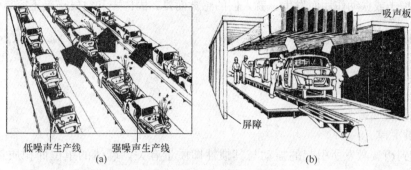

低噪声生产线　　　强噪声生产线
(a)　　　　　　　　　　　　(b)

图9-8　在生产刺耳高频噪声的抛光生产线两侧设声屏障，上部挂吸声板

在大型制造车间中，最有效的抑制噪声的措施是将约为车间高度1/2的声屏障与空间吸声体同时使用，并尽量靠近噪声源，如图9-9所示。

在噪声级很高的大尺度车间内，尤其是低频噪声，需要在整个频率范围里降低噪声级。车间里的一部分空间可以悬挂吸声板，这种吸声板的两面都能有效地吸收噪声。在有桥式吊车的空间改用水平的吸声板装置在顶棚下与顶棚的间距为20cm，以得到对低频噪声的有效吸收。经过这样的吸声降噪处理，除了很靠近噪声源的地方，噪声级可降低3～10dB，如图9-10所示。

图9-9　在大型制造车间里同时用半高的
声屏障与空间吸声体

悬挂的吸声体　　桥式吊车
平铺在顶棚下的吸声体

图9-10　大尺度生产车间里的吸声降噪措施举例

9.3　建筑物的隔声减噪

声波在房屋建筑中的传播方式可分为空气传声和固体传声。空气传声的途径可以归纳为两种，一种是经由空气传播，另一种是经由围护结构的振动传播（声波并不穿过围护结构，

声波引起围护结构的整体振动，围护结构成为第二个声源）。固体传声（撞击声）是围护结构受到直接的撞击或振动作用而发生。就人们的感觉而言，固体声和空气声是不容易分辨的。

9.3.1 构件的隔声特性

1. 墙体隔声

（1）单层匀质密实墙隔声

1）质量定律。

墙体受到声波激发所引起的振动与其惯性即质量有关，墙体的单位面积质量越大，透射的声能越少，这就是通常所说的质量定律。

如果不考虑墙的边界条件，同时还假设墙体各个部分的作用是相互独立的，墙体的隔声量取决于其单位面积的质量和入射声波的频率，简化的算式为

$$R = 20\lg(fm) + K \tag{9-3}$$

式中：R——墙体的隔声量（dB）；

　　　f——入射声波的频率（Hz）；

　　　m——墙体的面密度（kg/m²）；

　　　K——常数，当声波为无规则入射时，$K = -48$。

该式表明：当墙的单位面积质量增加 1 倍（或者说对于已知材料的墙体，其厚度加倍），隔声质量提高 6dB；同时频率加倍（即对于每一倍频带），增加 6dB。常用构件的平均隔声量，如图 9-11 所示（图中构件相关数据单位为 mm）。

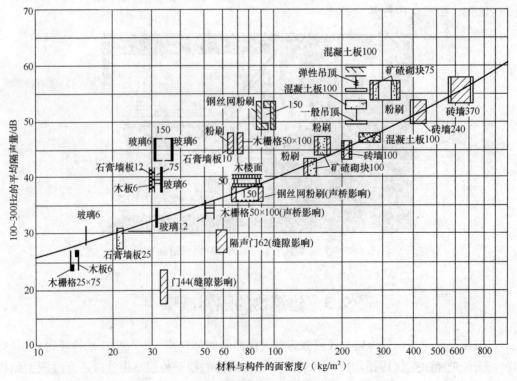

图 9-11　各种构件的平均隔声量

2）吻合效应。

当声波斜向入射时，在一定的频率范围内使墙体发生弯曲共振，使隔声量明显下降，低于按质量定律计算的结果，这就是所谓的"吻合效应"。图 9-12 中曲线下降部分就是吻合效应造成的。

出现吻合效应（使墙体发生弯曲共振）的最低频率称为吻合临界频率。吻合临界频率处的隔声量低谷称为"吻合谷"。

如果吻合临界频率处于音频范围会影响墙体的隔声效果。通常采用硬而厚的墙板来降低临界频率或用软而薄的墙板提高临界频率，使之不出现在有重要影响的频率范围。

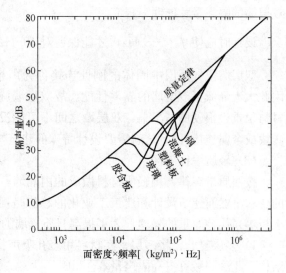

图 9-12　几种材料的隔声量及其吻合效应

几种常用建筑材料的密度和吻合临界频率见表 9-9。

表 9-9　几种常用建筑材料的密度和吻合临界频率

材料种类	厚度/cm	密度/（kg/m³）	临界频率/Hz
砖砌体	25.0	2000	70～120
混凝土	10.0	2300	190
木板	1.0	750	1300
铝板	0.5	2700	2600
钢板	0.3	8300	4000
玻璃	0.5	2500	3000
有机玻璃	1.0	1150	3100

（2）双层匀质密实墙隔声

对于隔声要求较高的建筑，为了使单层墙的隔声量有明显改善，墙体的质量或厚度就要增加很多，显然，这在功能空间结构和经济方面都不理想。这时可采用带空气间层的双层墙或多层墙。其隔声机制是：空气间层相当于在两层墙板之间加了弹簧，对声波有减振作用，从而提高了墙体的隔声量。与面积密度相同的单层墙相比，双层墙的隔声量提高 4～5dB。双层墙中的空气层不可太薄，通常采用的空气层厚度至少 5cm，当然也不能太厚，对中频而言，最佳厚度可以选为 8～12cm。

双层墙与空气间层共同组成一个振动系统，其固有频率 f_0 由式（9-4）得出

$$f_0 = \frac{600}{\sqrt{l}} \sqrt{\frac{1}{m_1} + \frac{1}{m_2}} \tag{9-4}$$

式中：m_1、m_2——每层墙的单位面积质量（kg/m²）；

　　　　l——空气间层厚度（cm）。

当入射波频率与 f_0 相同时，将发生共振，声能透射量显著加大。只有当 $f > \sqrt{2} f_0$ 时，

双层墙的隔声量才能明显提高。

设计时应使 $f_0 < \dfrac{100}{\sqrt{2}}$ Hz，才能保证对 100Hz 以上的声音有足够的隔声量。

双层墙空气间层中固体的刚性连接称为声桥。声音通过它可以很容易地传到另一侧，因此大大降低了双层墙的隔声性能。故双层墙施工中应尽量避免出现声桥。当然，在墙体材料很重、很硬的情况下，双层墙之间不可能没有任何刚性连接件（如在一定间隔设置的砖块或金属连接件），这就需要设计特殊的建筑构造以减小刚性连接的影响。

（3）轻质墙体隔声

按照质量定律，用轻质材料做成的内隔墙，其隔声性能必然较低，难以满足隔声标准的要求。然而建筑设计和建筑工业化的趋势是提倡使用轻质隔墙（纸面石膏板、加气混凝土板等）代替厚重的隔墙，为了提高轻质隔墙的隔声效果，一般采用以下措施：

1）多层复合：将多层密实材料用多孔吸声材料（玻璃棉、岩棉等）填充分隔形成夹层结构。此法一般可提高隔声量 3～8dB。

2）薄板叠合：多层薄板叠合在一起，可避免因板缝处理不好而降低隔声效果。各层板的材质不同或厚度不同，可使多层的吻合谷错开，以减轻吻合效应对隔声的不利影响。

3）双墙分立，弹性连接，避免声桥传声。当空气层的厚度达到 75cm 以上时，对于大多数倍频带隔声量可以增加 8～10dB。

不同构造的 12mm 厚纸面石膏板轻墙隔声量见表 9-10。

表 9-10　不同构造的 12mm 厚纸面石膏板轻墙隔声量

板间的介质	石膏板层数	钢龙骨/dB	木龙骨/dB
空气层	1—1	36	37
	1—2	42	40
	2—2	48	43
玻璃棉	1—1	44	39
	1—2	50	43
	2—2	53	46
矿棉板	1—1	44	42
	1—2	48	45
	2—2	52	47

注：1—1 表示龙骨两边各有一层石膏板；1—2 为一边一层，另一边二层；其余类推。

2. 门窗隔声

（1）门隔声

门的隔声量决定于门扇本身的隔声性能及门缝的密闭程度。不做隔声处理的门，隔声量大致为 20dB，如果因材料的收缩与变形而出现较大的缝隙，隔声量有可能低于 15dB。提高门的隔声性能的关键在于门扇及其周围缝隙的处理，重要措施有：多层复合做成夹层门，内填多孔吸声材料，如果可能，选用密实、厚重的材料做门。门边缘、门槛或门框上可加橡胶条或密封条以密封门缝。在隔声要求非常高的场合，可用双层门或"声闸"来提高门的隔声量。声闸示意图如图 9-13 所示。

（2）窗隔声

窗是建筑围护结构隔声最薄弱的部件，可开启的窗很难有较高的隔声量。隔声窗通常是指不开启的观察窗，多用于工厂隔绝车间高噪声的控制室，以及录音室、听力测听室等。玻璃窗的隔声性能不仅与玻璃窗的厚度、层数、玻璃的间距有关，还与玻璃窗的构造、窗扇的密封程度有关。

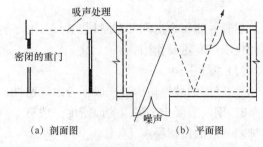

图 9-13　声闸示意图

单层和双层玻璃窗的隔声量范围如图 9-14 所示。各种隔声窗的隔声量曲线如图 9-15 所示。隔声窗的构造实例如图 9-16 所示。

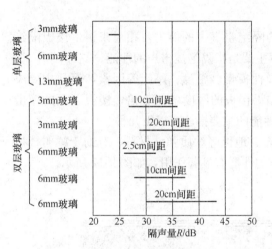

图 9-14　玻璃窗的隔声量范围

图中横线左部对应于横坐标的数值是可以开启的窗；右部是固定的窗

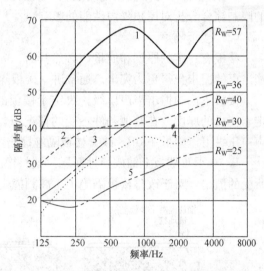

图 9-15　各种隔声窗的隔声量曲线

1—8mm 玻璃、533mm 空气间层、10mm 玻璃、边框加衬垫；

2—19mm 玻璃、70mm 空气间层、60mm 玻璃、边框加衬垫；

3—3mm 玻璃、32mm 空气间层、3mm 玻璃、用黏结剂密封；

4—同 3，但未密封；5—2mm 单层玻璃

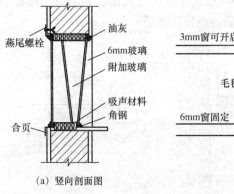

（a）竖向剖面图

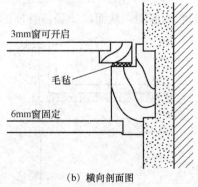

（b）横向剖面图

图 9-16　隔声窗的构造实例

3.屋顶及楼板的隔声

尽管并非每个房间都有屋顶,但屋顶是每幢建筑外围护结构的组成部分。屋顶对于抑制侵扰噪声有重要作用。

(1)屋顶隔声

1)轻质的坡屋顶构造一般不考虑气密性,隔声量很少超过 15~20dB。

2)钢筋混凝土平屋顶的面密度一般有 200kg/m² 甚至更大,隔声量可达 45~50dB,足够抑制一般的侵扰噪声。

3)带有吊顶棚的轻质屋顶的隔声量可达 30~35dB;带有吊顶棚的铺瓦(或石板)斜屋顶的隔声量可达 35~40dB。

4)屋顶如果考虑阁楼空间通风,或设置采光天窗,甚至是穹顶采光,则需依每种条件的限制综合分析对屋顶隔声性能的影响。

(2)楼板隔声

楼板有一定的厚度和质量,必然具有一定的隔绝空气声的能力,相对来讲,楼板隔绝撞击声的需求显得更为突出。通常讲,楼板隔声主要是指隔绝撞击声的性能。

楼板下面的撞击声声压级,决定于楼板的弹性模量、密度、厚度等因素,但又主要决定于楼板的厚度。在其他条件不变的情况下,如果楼板的厚度增加 1 倍,楼板下面的撞击声声压级可以降低 10dB。改善楼板隔绝撞击声性能的主要措施有以下几种。

1)在承重楼板上铺放弹性面层。塑料橡胶布、地毯等软质弹性材料,有助于减弱楼板所受的撞击,对于改善楼板隔绝中、高频撞击声的性能有显著作用,如图 9-17 所示。

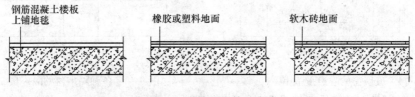

图 9-17　弹性面层构造方案

2)浮筑构造。

在楼板承重层与面层之间设置弹性垫层,以减弱结构层的振动。弹性垫层可以是片状、条状或块状的,如图 9-18 所示。另外,还应注意在楼板面层和墙体交接处需有相应的隔离构造,以免引起墙体振动,从而确保隔声性能的改善。

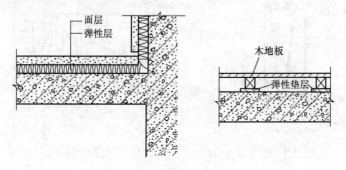

图 9-18　浮筑式楼板构造方案

3）在承重楼板下加设吊顶。

在承重楼板下加设吊顶对于改善楼板隔绝空气噪声的性能都有明显效用。需要注意的是，吊顶层不可以用带有穿透的孔或缝的材料，以免噪声通过吊顶直接透射；吊顶与周围墙壁之间不可留有缝隙，以免漏声；在满足建筑结构要求的前提下，承重楼板与吊顶的连接点应尽量减少，悬吊点宜用弹性连接而不是刚性连接，如图 9-19 所示。

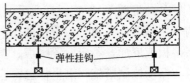

图 9-19　隔声吊顶构造方案

9.3.2　建筑物的隔声减噪设计

1. 住宅建筑

与住宅建筑配套而建的停车场、儿童游戏场或健身活动场地的位置选择，应避免对住宅产生噪声干扰。当住宅建筑位于交通干线两侧或其他高噪声环境区域时，应根据室外环境噪声状况及相关规定的室内允许噪声级，确定住宅防噪措施和设计具有相应隔声性能的建筑围护结构（包括墙体、窗、门等构件）。

在选择住宅建筑的体型、朝向和平面布置时，应充分考虑噪声控制的要求，在住宅平面设计时，应使分户墙两侧的房间和分户楼板上下的房间属于同一类型。宜使卧室、起居室（厅）布置在背噪声源的一侧。对进深有较大变化的平面布置形式，应避免相邻户的窗口之间产生噪声干扰。电梯不得紧邻卧室布置，也不宜紧邻起居室（厅）布置。受条件限制需要紧邻起居室（厅）布置时，应采取有效的隔声和减振措施。现浇、大板或大模等整体性较强的住宅建筑，在附着于墙体和楼板上可能引起传声的设备处和经常产生撞击、振动的部位，应采取防止结构声传播的措施。

商住楼内不得设置高噪声级的文化娱乐场所，也不应设置其他高噪声级的商业用房。对商业用房内可能会扰民的噪声源和振动源，应采取有效的防治措施。

2. 学校建筑

位于交通干线旁的学校建筑，宜将运动场沿干道布置作为噪声隔离带。产生噪声的固定设施与教学楼之间，应设足够距离的噪声隔离带。当教室有门窗面对运动场时，教室外墙至运动场的距离不应小于 25m。

教学楼内不应设置发出强烈噪声或振动的机械设备，其他可能产生噪声和振动的设备应尽量远离教学用房，并采取有效的隔声、隔振措施。教学楼内的封闭走廊、门厅及楼梯间的顶棚，在条件允许时宜设置降噪系数（noise reduction coefficient，NRC）不低于 0.40 的吸声材料。各类教室内宜控制混响时间，避免不利反射声，提高语言清晰度。产生噪声的房间（音乐教室、舞蹈教室、琴房、健身房）与其他教学用房设于同一教学楼内时，应分区布置，并应采取有效的隔声和隔振措施。

3. 医院建筑

综合医院的总平面布置，应利用建筑物的隔声作用。门诊楼可沿交通干线布置，但与干线的距离应考虑防噪要求。病房楼应设在内院。若病房楼接近交通干线，室内噪声级不符合标准规定时，病房不应设于临街一侧，否则应采取相应的隔声降噪处理措施（如临街布置公共走廊等）。临近交通干线的病房楼，应按规定设计具有相应隔声性能的建筑围护结构（包括墙体、窗、门等构件）。病房、医护人员休息室等要求安静房间的邻室及其上、下层楼板或屋面，不应设置噪声、振动较大的设备。当设计上难于避免时，应采取有效的噪声与振动控制措施。医生休息室应布置于医生专用区或设置门斗，避免护士站、公共走廊等公共空间人员活动噪声对医生休息室的干扰。手术室应选用低噪声空调设备，必要时应采取降噪措施。手术室的上层，不宜设置有振动源的机电设备；当设计上难于避免时，应采取有效的隔振、隔声措施。听力测听室不应与设置有振动或强噪声设备的房间相邻。听力测听室应做全浮筑房中房设计，且房间入口设置声闸；听力测听室的空调系统应设置消声器。

入口大厅、挂号大厅、候药厅及分科候诊厅（室）内，应采取吸声处理措施；其室内 500~1000Hz 混响时间不宜大于 2s。病房楼、门诊楼内走廊的顶棚，应采取吸声处理措施；吊顶所用吸声材料的降噪系数不应小于 0.40。

4. 旅馆建筑

旅馆建筑的总平面布置，应根据噪声状况进行分区。产生噪声或振动的设施应远离客房及其他要求安静的房间，并应采取隔声、隔振措施。餐厅不应与客房等对噪声敏感的房间在同一区域内。可能产生强噪声和振动的附属娱乐设施不应与客房和其他有安静要求的房间设置在同一主体结构内，并应远离客房等需要安静的房间。可能产生较大噪声并可能在夜间营业的附属娱乐设施应远离客房和其他有安静要求的房间，并应进行有效的隔声、隔振处理。可能在夜间产生干扰噪声的附属娱乐房间，不应与客房和其他有安静要求的房间设置在同一走廊内。客房沿交通干道或停车场布置时，应采取防噪措施，如采用密闭窗或双层窗；也可利用阳台或外廊进行隔声减噪处理。电梯井道不应毗邻客房和其他有安静要求的房间。走廊两侧配置客房时，相对房间的门宜错开布置。走廊内宜采用铺设地毯、安装吸声吊顶等吸声处理措施，吊顶所用吸声材料的降噪系数不应小于 0.40。相邻客房卫生间的隔墙，应与上层楼板紧密接触，不留缝隙。相邻客房隔墙上的所有电气插座、配电箱或其他嵌入墙里对墙体构造造成损伤的配套构件，不宜背对背布置，宜相互错开，并应对损伤墙体所开的洞（槽）有相应的封堵措施。客房隔墙或楼板与玻璃幕墙之间的缝隙应使用有相应隔声性能的材料封堵，以保证整个隔墙或楼板的隔声性能满足标准要求。在设计玻璃幕墙时应为此预留条件。当相邻客房橱柜采用"背靠背"布置，两个橱柜应使用满足隔声标准要求的墙体隔开。

5. 办公建筑

办公建筑的总体布局，应利用对噪声不敏感的建筑物或办公建筑中的辅助用房遮挡噪声源，减少噪声对办公用房的影响。应避免将办公室、会议室与有明显噪声源的房间相邻布置；办公室及会议室上部（楼层）不得布置产生高噪声（含设备、活动）的房间。在走道两侧布置办公室时，相对房间的门宜错开设置。面临城市干道及户外其他高噪声环境的办公室及会议室，应依据室外环境噪声状况及所确定的允许噪声级，设计具有相应隔声性能的建筑围护结构（包括墙体、窗、门等各种部件）。相邻办公室之间的隔墙应延伸到吊顶棚高度以上，并与承重楼板连接，不留缝隙。对语言交谈有较高私密要求的开放式、分格式办公室宜做专门的设计。较大办公室顶棚、会议室的墙面和顶棚及走廊顶棚宜结合装修使用降噪系数不小于 0.40 的吸声材料。

9.4　建筑隔振与消声

任务描述

工作任务　分析中央空调系统的噪声源，并从消声和隔振两个方面分析总结中央空调噪声控制的方法及措施。

工作场景　调研某设有中央空调系统的高层办公楼，分析噪声源，现场体验噪声带来的干扰，并通过各种渠道查阅收集中央空调噪声控制方法及措施的相关资料。

9.4.1　建筑隔振

1. 振动在建筑中的传播

建筑物会因受外力（如交通运输，尤其是地下铁路引起的振动，爆炸及风的作用）的激发而产生振动。最关键的建筑部件通常是受到水平振动力作用的墙体，整幢建筑的共振频率基本上取决于房屋建筑总高度。振动频率的范围一般从 10Hz（多层建筑）到 0.1Hz（60 层楼甚至更高层建筑）。建筑物的主要部件，如梁、楼板、墙等都有自身的共振频率，承受荷载的钢梁共振频率为 5~50Hz，楼板共振频率为 10~30Hz，住宅吊顶共振频率大致为 13Hz。如果这些建筑部件分别在上述频率范围受到振动力的激发，将产生相当大的振幅。

2. 振动的影响

根据振动性质的不同，振动对人体的影响可以分为全身振动和局部振动两种。人直接位于振动的物体上所受的振动即全身振动；局部振动则是指手持机械化工具时所受的振动。对人影响最大的是全身振动，而且接受振动的时间越长，人体的生理变化就越大。

人们能够感觉到的振动，其频率可以由几分之一赫兹到 5000~8000Hz。按照频率，振动可分为 3 个范围：低频振动（30Hz 以下）、中频振动（30~100Hz）、高频振动（100Hz以上）。对人体最有害的是振动频率与人体某些部分的固有频率（共振频率）相吻合的那些振动。与人体、内脏、头部和中枢神经系统发生共振的频率分别为 6Hz、8Hz、25Hz 和250Hz。振动允许标准必须根据人们的生理反应、客观测定振动的物理参数和人们对于某种振动的主观感觉来制定。

车间机械振动可通过基础或其他结构向外传播产生固体噪声。火车通过时引起的振动会导致附近建筑物辐射出空气声，也可以使墙壁开裂、发生不均匀沉降甚至倒塌。地下管线也会因振动遭到破坏。可见，振动对建筑物和一些设施也有很大影响。

3. 建筑隔振分析

对隔振的一般要求是振动设备的能量不传至建筑物，以及保证建筑物的振动不传到对振动敏感的设备。由于振动在建筑结构中传播得很快，并且因反射、内部阻尼引起的衰减都很少，必须装置特殊的隔振器抑制设备的振动能量向建筑围护结构传播。传过的能量主要取决于激发振动的频率（即设备的扰动频率）与隔振系统固有频率之比。显然，最重要的是选择的隔振系统有合适的固有频率。

4. 隔振设计

机械设备安装在隔振基座上组成一个隔振系统，有时先把机器设备安装在较重的基座上，然后做弹性隔振处理，以便增加机器设备的总质量，使静态压缩量增加而降低其共振频率。

隔振垫（或称减振器）的材料，可为橡胶、软木、毛毡或钢丝弹簧。钢丝弹簧的使用范围较广，特性可以控制，使用方便，但其上下最好各垫一层毛毡类的材料，以免高频振动沿着钢丝弹簧传递。近年来，应用橡胶作为隔振材料有所发展，如用于小型精密仪器的隔振、临近地下铁道的房屋建筑隔振。

5. 隔振措施的应用

振动和冲击都可以在冲击点处有效地抑制。例如，铁路附近的建筑物可采用双基础，使建筑结构和地基隔开，并在两个基础之间铺垫阻尼材料，以防止振动传播。在车间，用隔振基座减缓电机传到地基的振动，以降低低频噪声，这种做法可使固体噪声的声压级降低5～10dB。图9-20（a）为主动式隔振措施，可防止机械的振动传到地面；图9-20（b）为被动式隔振措施，可防止地面的振动传到对振动敏感的仪器。总之，在工业与民用建筑中，需要抗振和减振的部位，都可设置减振装置。

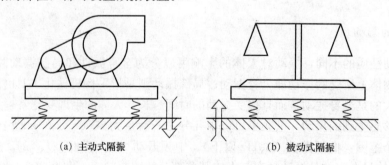

(a) 主动式隔振   (b) 被动式隔振

图9-20　隔振措施示例

1）南京地下铁路经过鼓楼地段的深度为地下18m。隔振设计是在120m长的铁路路基上装置弹簧垫层，以消除车辆运行振动对地上鼓楼医院使用精密仪器可能的影响。

2）纽约花旗公司的278m高层建筑在20m的高度上装有减振器。当建筑物的振动加速

度达到 $0.003g/s^2$ 时将自动发挥作用。

3）大型建筑结构（如飞机、船舶或大型生产部件）在铆接加工时，振动的能量会产生很强的噪声。如果在待加工结构的内表面暂时增加一层阻尼材料，就可以减弱铆接的共振强度，从而使振动向板结构其余部分的传播有明显减弱。

4）在钢筋混凝土建筑中，楼板内阻尼很小。现今，即使装置选择正确，产生低频振动的设备的隔振系统也会引起楼板自身的共振，这类问题较为普遍。

图 9-21 是对与生产车间相邻的要求安静的房间综合应用隔振、隔声措施改善声环境的举例。绝大部分的固体声都可以抑制或者是明显减弱，可以采取的措施是把干扰源装在弹性支撑上；在某些情况下还有必要把相邻的房间也建造在弹性支座（如隔振弹簧）上，以保证达到隔振、隔声的要求和效果。

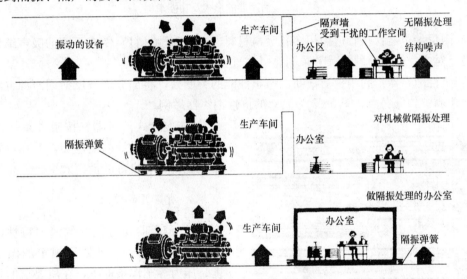

图 9-21　对与生产车间相邻的要求安静的房间综合运用隔振、隔声措施的举例

9.4.2　消声降噪

1. 空调系统的噪声

空调系统噪声是现代建筑中一种常见的噪声，要求在设计阶段做出预计，并依不同房间的安静要求，采取相应的消声降噪措施。

2. 消声降噪措施

空调系统噪声在横断面尺寸保持不变的管道中传播时，除在低频范围外（如 250Hz 以下），所提供的噪声衰减可忽略不计。因此需要在管道系统中有一种既可使气流顺利通过，又能有效地降低噪声的装置，这种装置称为消声器。图 9-22 为消声器的形式及功能举例。

随着消声器的研究与应用技术的发展，按消声原理和结构构造的不同，民用建筑通风系统中应用的消声器大致分为 3 类。

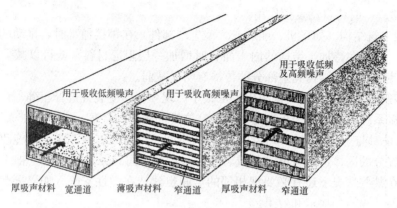

图 9-22　消声器的形式及功能举例

1）阻尼消声器：在管道内用多孔吸声材料（或称阻性材料）做成不同的吸声结构以减弱噪声，对中、高频声的降噪效果明显。

2）抗性消声器：利用管道横断面声学性能的突变处，将部分声波反射回声源方向，主要用于减弱中、低噪声。图 9-23 为简单的抗性消声器举例。

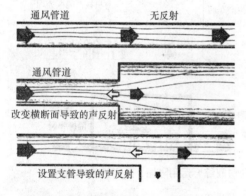

图 9-23　简单的抗性消声器举例

3）复合式消声器：按阻性及抗性不同消声原理组合设计的消声器，其在较宽的频率范围都具有良好的消声效果。

3. 消声器的要求

1）消声器要有较好的消声特性，当气流按一定的流速，且处于规定的温度、湿度、压力等工作条件下，在所要求的频率范围内，消声器有预期的消声量。

2）消声器对气流的阻力要小，气流通过消声器时产生的气流再生噪声低。

3）消声器的体积要小，结构简单，质量较小，便于加工、安装及维护，使用寿命长。上述逐项要求是相互联系和制约的，此外还需分析性价比。

4. 消声降噪举例

在建筑设计（包括对原有建筑物的改造）中，有时某些小空间可做成与建筑物在一起的消声器。图 9-24 为用吸声小室作为消声器。图 9-24 表示的吸声小室剖面各界面都铺贴有吸声材料，伴随气流进入小室的声能将被不同程度地吸收。为了阻止高频噪声通过，将吸声小室界面上的气流入口、出口错开布置。此外，如果小室的空间

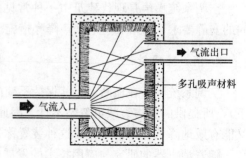

图 9-24　用吸声小室作为消声器

容积较大，界面覆盖的吸声材料较厚，可拓宽对低频噪声的消声降噪效用。

单元小结

噪声的来源有交通运输噪声、建筑施工噪声、工业机械噪声、社会生活噪声。

噪声的控制原则：从声源控制噪声、从传播途径上控制噪声、接受者采取防护措施。

城市噪声控制方法：制定和完善噪声控制法规、城市规划和建筑布局中的降噪措施、控制道路交通噪声。

居住区规划中噪声控制：与噪声源保持必要的距离、利用屏障降低噪声、屏障与不同地面条件组合的降噪、利用绿化减弱噪声、采用降噪路面、合理的总图布置及单体建筑设计、创造愉悦的声景。

降噪屏障的长度最好不小于屏障与接受者之间距离的 4 倍。一般认为，不值得做高度低于 1m 的屏障。

由于直达声和混响声的共同作用，同样的噪声源，在室内产生的噪声比在室外要高出 10～15dB。

如果把房间原先的硬质界面改换为有效的吸声顶棚、地毯等，可以使混响声压级降低接近 10dB。

声波在围护结构中的传递有空气声（包括经由空气直接传播和透过围护结构传播两种途径）和固体声两种方式。

隔绝撞击声的方法有在承重楼板上铺放弹性面层、浮筑构造和在承重楼板下加设吊顶。

当声波斜向入射时，在一定的频率范围内使墙发生弯曲共振，导致隔声量明显低于按质量定律计算出的结果，这就是吻合效应。可采取硬而厚的墙体来降低临界频率，或用软而薄的墙体来提高临界频率。

与面积密度相同的单层墙相比，双层墙的隔声量可提高 4～5dB。双层墙中的空气层不可太薄，通常采用的空气层厚度至少 5cm；当然也不能太厚，对中频而言，最佳厚度可以选为 8～12cm。

双层墙空气间层中固体的刚性连接称为声桥。

提高轻质墙隔声量的主要措施有多层叠合、薄板叠合、双墙分立、弹性连接及避免声桥传声。

在其他条件不变的情况下，如果楼板的厚度增加 1 倍，楼板下面的撞击声级可以降低 10dB。

提高门隔声量的主要措施包括：①多层复合，做成夹层门，内填多孔吸声材料；②选用密实厚重的材料做门；③密封门缝；④采用双层窗或多层窗。

为提高窗的隔声量，通常采用双层窗或多层窗。

振动和冲击都可以在冲击点处有效地抑制。隔振措施可分为主动式和被动式两种。

能 力 训 练

基本能力

一、名词解释

1. 质量定律　2. 吻合效应　3. 声桥　4. 声闸

二、填空题

1. 噪声的控制原则有_____、_____、_____。

2. 居住区规划中噪声控制的措施有_____、_____、_____、_____及_____。

3. 空间吸声体对_____频率声音吸收较强。

4. 隔绝撞击声的方法有_____、_____和_____。

5. 双层墙空气间层中固体的刚性连接称为_____。

6. 提高轻质墙隔声量的主要措施有_____、_____、_____、_____以及_____。

7. 为提高窗的隔声量，通常采用_____或_____窗。

8. 通常房间对声音的共振频率有很多个，房间的_____、_____、_____基本上决定了房间的共振频率。

9. 按照频率，振动可分为_____振动、_____振动和_____振动。

三、选择题

1. 对人体最有害的振动频率是（　　）。

　A. 高　　　　　　B. 中　　　　　　C. 低　　　　　　D. 共振

2. 采用吸声材料降低室内噪声可以降低（　　）。

　A. 10～15dB　　B. 20～25dB　　C. 40～55dB　　D. 无限

3. 降噪屏障的高度一般不低于（　　）。

　A. 4m　　　　　B. 1m　　　　　C. 3m　　　　　D. 5m

4. 对中频声而言，双层中空墙体空气层的最佳厚度为（　　）。

　A. 3～5cm　　　B. 6～8cm　　　C. 8～12cm　　　D. 13～15cm

四、简答题

1. 在噪声评价曲线的代号"NR-X"中，"X"等于倍频带哪个中心频率的声压级？"NR-X"与A声级有怎样的近似关系？

2. 简述所知道的几个噪声评价量的特点及主要使用场合。

3. 简述城市声环境规划的重要性及减少城市噪声干扰的主要措施。

4. 简述对于城市声环境降噪的声屏障的要求。

5. 简述住宅建筑声环境的设计要点。讨论在居住区规划设计中，如何结合用地条件创造宜人的声景观。

6. 利用吸声降噪措施，最大可能使噪声级降低多少？在什么条件下吸声降噪才可能有明显的效用？

7. 实贴在顶棚表面的纤维板和悬吊在顶棚下的纤维板，吸声特性会有何不同？分析其原因。

8. 简述吸声与隔声的区别和联系。

9. 空气声与固体声有何区别？根据自己所处的声环境，举例说明声音在建筑中的传播途径，以及有效减弱空气声和固体声干扰的措施。

10. 如何避免吻合效应对建筑部件隔声性能的影响？

11. 如何提高门的隔声性能？

12. 简述提高楼板隔绝撞击噪声的措施。

拓展能力

1. 以学校所在城市为对象，针对现有城市的总体规划，分析噪声源及其影响范围，并据以调整城市区域对噪声敏感的区域，具体应用减少城市噪声干扰的措施，拟定解决噪声污染的综合性城市规划及建设措施。

2. 针对学校某一电子阅览室内主要噪声源（空调），完成吸声处理设计（要求进行吸声处理后在离开噪声源 3m 处室内噪声不会超过 NR-60 曲线）。

3. 选择一幢已建成的房屋（如住宅、学校、办公楼、厂房或实验楼），通过访问、观察和分析其所存在的噪声控制问题，写一份包括以下内容的报告：

1）以总平面及平、剖面简图和构造大样（如隔声设计的不完整、刚性连接）说明建筑物所处的外部声环境及内部空间组合情况。

2）介绍所存在的噪声问题，并且对该建筑物已采取的或尚在考虑中的降噪措施做简要评述。

3）你自己对于如何处理、有效地解决噪声问题的建议。

单元 10

室内音质设计

知识目标 掌握 室内音质的评价标准、确定厅堂容积的基本要求、厅堂体型设计的基本原则与方法（几何声学作图）。

熟悉 室内混响设计的基本过程、评价室内音质的声学指标。

了解 室内音响设备的基本知识、各类厅堂音质设计的要点。

技能目标 能 在设计过程中满足功能的前提下，充分考虑室内音质设计的要素，运用单元知识对室内音质进行合理设计，从而优化空间的声学使用功能。

会 查找相应规范并使用。

单元任务 对所感受的声学场所进行音质的评价。

10.1 室内音质的评价标准

任务描述

工作任务 对教室的音质进行简单的评价。

工作场景 学生根据所学知识点分析问题。

10.1.1 描述室内音质的声学指标

对音质有要求的厅堂可分为 3 类：供语音通信用的厅堂、供音乐演奏用的厅堂和多功能厅堂。这些房间的音质状况，可通过下述客观声学指标来描述。

1. 声压级

房间中某处的声压级反映了该处的响度。在声源功率一定的情况下，增大声压级需要获得更多的反射声。

2. 混响时间

混响时间与室内的混响感、丰满度、清晰度有很大关系。混响时间越长，感觉越"丰满"，但清晰度越差；混响时间越短，感觉越"干涩"，但清晰度越高。混响时间的频率特性与音色有一定关系。低频适当增长，声音有温暖感、震撼感；高频适当增长，声音有明亮感、清脆感。室内音质设计最主要的是混响设计。

3. 反射声时间序列分布

人们最先听到的是直达声，之后才是来自各个界面的反射声。一般而言，近次反射声对加强直达声响度、提高清晰度、维护声源方向起到很大作用。而混响声对丰满度、环绕度、清晰度、方向感有一定影响。混响声多、强，则丰满度、环绕度高，但清晰度变差；强的 50ms 以外的反射声会产生回声，并影响方向判断。近次反射声和混响声中间不能脱节，否则，虽然混响时间较长，但丰满度不够。

4. 空间分布

来自前方的近次反射声能够增加亲切感，来自侧向的反射声能够增加环绕感。一般来说，听者左右两耳接收的侧向反射声有较大差别，形成了人们对声源的空间印象。室内音质设计时，应使观众感到声音方位与视觉方位是一致的。

10.1.2　对室内音质的要求

上述若干方面的声学指标，最终都要反映到是否满足人们的听闻要求上，从人的主观听闻上来说，评价室内音质应考虑以下指标。

1. 合适的响度

合适的响度是音质设计中最基本的要求，语言和音乐的响度必须大大高于环境噪声，否则听闻就会发生困难。语言的响度可以比音乐的响度低一些。

2. 令人满意的清晰度

语言和音乐均要求声音清晰，而语言对这方面的要求更高，语言的清晰程度常用"音节清晰度"来表示，它是通过人发出若干单音节（汉字一字一音节），各单音节间毫无意义上的联系，由室内听音者收听并记录，然后统计听者正确听到的音节占音节数的百分比，该百分比即为音节清晰度，音节清晰度可用下式表示：

音节清晰度 ＝（听众正确听到的音节数 / 所发出的全部音节数）× 100%

由于语言的连贯性，一般情况下，当汉语清晰度达到 90% 时，语言可懂度即可达 100%。音乐可以清楚区别出各种声源的音色和听清每个音符，旋律分明，则认为清晰度高。不同音节清晰度与听者感觉的关系见表 10-1。

表 10-1　不同音节清晰度与听者感觉的关系

音节清晰度/%	听者感受
65 以下	不满意
65~75	勉强可以
75~85	良好
85 以上	优良

清晰度除了与混响时间有直接关系，还与声音空间的反射情况及衰减的频率特性等综合因素有关。

3. 足够的丰满度

混响时间是衡量音质状况的重要参数，它关系到语言的清晰程度、音乐的丰满程度和活跃程度，与丰满度相对应的物理指标是混响时间。

4. 良好的空间感

空间感是指室内环境给人的空间感觉，包括方向感、距离感（亲切感）、围绕感等。空间感与反射声的强度、时间分布、空间分布有密切关系。

5. 没有声学缺陷和噪声干扰

良好的室内音质要求室内各处声音强度基本一致，因此必须消除各种声学缺陷，如回声、颤动回声、声聚焦、长延迟反射声、声影、声失真和室内共振等。消除室内声学缺陷主要靠合理的厅堂平、剖面设计及吸声材料和吸声结构的正确布置。较高的噪声将干扰听闻，影响室内音质；连贯的噪声，特别是低频噪声会掩蔽语言和音乐；不连续的噪声会破坏室内宁静的气氛。因此，应尽量消除噪声干扰，将噪声控制在允许背景噪声级以下。

6. 色度感

色度感主要是指对声源音色的保持和美化。良好的室内声学设计要保持音色不产生失真。另外，还应对声源加以一定美化作用，如"温暖"、"华丽"及"明亮"。色度感相对应的物理指标主要是混响时间的频率特性及早期衰减的频率特性。

10.2　音质设计的步骤与方法

> **任务描述**
>
> **工作任务**　调查学校某一声学用房的容积、体型及每座容积。
> **工作场景**　学生分组查找资料，并完成调查报告。

10.2.1　声学建筑的设计步骤

1. 厅堂用地的选择

调查比较各种可供选择场地的环境噪声和振动状况，尽可能选择安静的场所。

2. 平面布置

考虑相应的防噪减振总体平面布置方案，如观众厅和设备房的关系。

3. 观众厅容积和体型设计

选择适当的观众厅平面与剖面形式；选择使厅堂容易达到最佳混响时间、响度和有利于充分利用有效声能，避免音质缺陷的方案。

4. 音质指标的选择与计算

确定各项音质指标，选定其优选值，并进行包括混响时间在内的各项指标的计算。必要时可进行计算机仿真或声学缩尺模型试验。

5. 噪声振动控制

确定围护结构的隔声方案，并进行包括空调与制冷设备等噪声源在内的消声与减振设计。

6. 观众厅内部的声学设计

修正观众厅体型，从声学角度参与考虑舞台、乐池、包厢、楼座及座椅布置等细节，布置声反射面，选择与布置吸声材料和结构，并进行厅堂内部的声学装修设计。

7. 施工过程的音质测试与调整

必要时，在施工过程中还应进行音质测试工作，检验各项音质指标计算的精度，根据测量结果，进行必要的修正设计。

8. 音质评价与验收

竣工后进行音质评价，音质评价包括主观评价、听众调查和客观音质测量。

10.2.2 厅堂空间里的声学现象

进行建筑空间的音质设计，首先要清楚地掌握在一个围蔽的空间里声波通过与墙体、顶棚、地面及座位、观众之间的作用而产生的一系列现象，如图 10-1 所示，音质设计就是要通过合理的空间设计，利用空间里的各种声学现象，使不同使用功能的厅堂达到理想的声环境。

10.2.3 厅堂容积的确定

确定厅堂容积应综合考虑经济上和技术上的可行性及通风、卫生等方面的要求，但从声学角度考虑房间的容积，一般有两个方面的基本要求：保证有足够的响度与合适的混响时间。

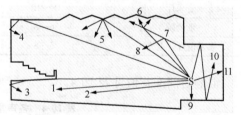

图 10-1 厅堂内声学现象

1—由于传播距离的增加而导致的声能衰减；

2—听众对直达声能的反射和吸收；

3—房间界面对直达声的反射和吸收；

4—来自界面相交凹角的反射声；

5—室内装修材料表面的散射；

6—界面边缘的声衍射；7—障板背后的声影区；

8—界面的前次反射声；9—铺地薄板的共振；

10—平行界面间对声波的反射、驻波和混响；

11—声波的透射

1. 保证足够的响度

为保证有合适的响度，对于不用扩声设备的讲演厅一类建筑，一般要求容积不大于 2000～3000m³（约容纳 700 人）。供音乐演出的厅堂，由于唱歌及乐器演奏的声功率较大，可允许较大的容积。对于一些音质设计良好，不用扩声设备能保证使用要求的房间，最大允许容积见表 10-2。当采用电声设备时，房间容积不受限制，但容积越大，控制混响时间越困难。

表 10-2　采用自然声大厅的最大允许容积

用途	最大允许容积 / m³	用途	最大允许容积 / m³
讲演	2000～3000	独唱、独奏	10000
话剧	6000	大型交响乐	2000

2. 保证合适的混响时间

由混响时间的赛宾公式可知，影响混响时间的主要因素是房间的容积 V 和总吸声量 A。在总吸声量中，观众吸声量所占比例很大，如在一般剧场中，观众吸声量可占总吸声量的 $1/2\sim2/3$。因此，控制好房间容积和观众人数之间的比例，也就在一定程度上控制了混响时间。在实际工程中，常用"每座容积"这一指标衡量房间的混响特性。在尽可能少用吸声处理的情况下，恰当地选择每座容积，仍然可以得到合适的混响时间，这对降低建筑造价非常有利。如果每座容积选择过大，必须增加大量的额外吸声处理，才能保证最佳混响时间。反之，如选择过小，则混响时间偏短，一旦竣工将无法更改，从而造成室内音质的先天性缺陷。根据经验，为达到适当的混响时间，每座容积见表 10-3。

表 10-3　各声学用房的每座容积

用途	推荐每座容积/m³	用途	推荐每座容积/m³
音乐厅	8～10	演讲厅、教室	3～5
歌剧院	6～8	电影院	4
多功能厅、礼堂	5～6		

混响时间推荐值见表 10-4。

表 10-4　各声学用房的混响时间推荐值

厅堂类型	T_{60}/s	厅堂类型	T_{60}/s
音乐厅	1.5～2.2	强吸声录音室	0.4～0.6
歌剧院	1.2～1.6	电视演播室（语言）	0.5～0.7
多功能厅	1.2～1.5	音乐	0.6～1.0
话剧院、会堂	0.9～1.3	电影同期录音棚	0.4～0.8
普通电影院	1.0～1.2	语言录音室、电话会议室	0.3～0.4
立体声电影院	0.65～0.9	教室、讲演室	0.8～1.0
体育馆（多功能）	<2.0	视听教室（语言）	0.4～0.8
音乐录音室（自然混响）	1.2～1.6		

10.2.4 厅堂体型设计

1. 体型设计的基本原则

（1）缩短房间的前后距离并考虑声源的方向性

为使观众尽可能靠近声源，应尽量缩短厅堂后部与声源的距离。在平面设计中，当平面面积一定时，选取宽短的平面形式比窄长的好。由于声源通常具有方向性，观众席应尽量不超过声源正前方 140°的夹角范围。这和视觉的要求是一致的。

（2）避免直达声被遮挡和被观众掠射吸声

在剖面设计中，若厅堂容积较大，可采用挑台楼座的处理办法。为获得较强的直达声，座位沿纵向地面升起的坡度非常重要。若无坡度或坡度过小，则声音到达厅堂后部时，将被前面的观众遮挡；当声音掠过观众头部时，声能被大量吸收，这个吸声量远大于按距离平方规律的衰减量。

（3）争取和控制近次反射声

近次反射声主要是由靠近声源的界面形成的，并且被反射的次数较少。利用近次反射声的关键在于一次反射面及声源附近表面的设计，使之具有合理的形状、倾斜度和足够的尺寸，这对控制室内声学效果非常重要。

（4）避免各种室内声学缺陷

室内音质设计中，必须消除各种声学缺陷，如回声、颤动回声、声聚焦和声影等。

2. 厅堂体型的设计方法

厅堂的体型设计在满足功能、美观等要求的同时，要注重各界面形式对室内声学效果产生的影响。从建筑声学角度，体型设计可利用模型试验法、几何声学法或根据几何声学原理利用计算机的三维成像技术进行模拟。现在，计算机三维成像技术在室内音质设计中应用普遍，这种技术称为"计算机声场模拟技术"。这里简单介绍一下如何利用几何声学原理进行大厅的体型设计。

声波的反射遵循一定的规律，通过对声波反射的模拟与计算，可得出大厅的声波分布情况，之后通过调整大厅的体形来改变声波的分布，以达到最优的声学环境，这种方法就是"几何声学法"，如图 10-2 所示。

声源 S 的位置一般定在舞台大幕线后 2～3m，高 1.5m 处。我们要求从台口外的 A' 点开始的第一段天花板向 A～B 点的一段观众席提供第一次反射声（A、B 等接收点的高度取地面上 1.1m）。

具体做法为：首先连接 SA'（直接声声线）与 AA'（反射声声线），作角 $SA'A$ 的角平分线 $A'Q_1$，之后过 A' 作 $A'Q_1$ 垂线 $A'M$（反射面）。以 $A'M$ 为轴，求出声源 S 的对称点 S_1（虚声源）。连 S_1B（虚声线），它与 $A'M$ 相交于 A''。那么 $A'A''$ 就是第一段天花板的断面。第二段天花板的第一次反射声要求提供给从 B 到 C 点的一段观众席，则在 SA'' 的延长线上的适当位置取 B'，以后用与第一段同样的方法求出第二段天花板的断面 $B'B''$。

通过同样的方法，也可以对房间的其他反射面进行设计处理。

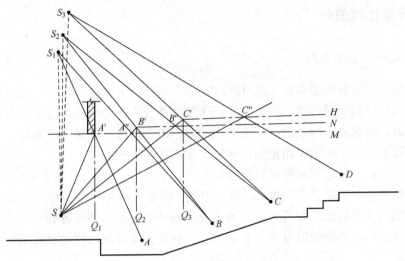

图 10-2 利用几何声学法求理想反射顶棚的相关数据

10.3 室内音响设备基本知识

任务描述

工作任务 观察阶梯教室扩声设备的组成及布置方式。

工作场景 学生结合所学知识，完成调查报告。

10.3.1 扩声系统的组成

扩声系统包括传声器（话筒）、功率放大器（功放）及扬声器（音箱）3种基本设备，其中传声器用于传声，功率放大器用于扩声，扬声器用以发声，如图 10-3 所示。大型的专业扩声系统一般以调音台为中心。信号源除传声器外，还包括收录机、激光唱机、VCD 和 DVD 等。从调音台输出的信号在到达功率放大器前，由频率均衡器、延时器、混响器、分频器等设备做进一步加工处理再送到扬声器。

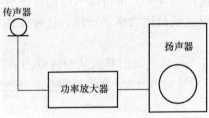

图 10-3 扩声系统基本设备

传声器的作用是把声信号转换成电信号。功率放大器的主要作用是把电信号放大。扬声器的作用是把放大的电信号再转化为声信号。

10.3.2 扬声器系统的布置要求

在室内如何布置扬声器，是电声系统设计的重要问题，它与建筑处理的关系也最密切。室内扬声器布置的要求如下。

1）使全部观众席上的声压分布均匀。

2）多数观众席上的声源方向感良好，即观众听到的扬声器的声音与看到的讲演者、演员在方向上是一致的。

3）控制声反馈和避免产生回声干扰。

10.3.3　扬声器系统的布置方式

扬声器系统的布置应根据厅堂的使用性质及容积的大小来确定，通常可以分为集中式布置、分散式布置和集中分散相结合式布置 3 种。

1.集中式布置

在观众席的前方或前上方（一般是在台口上部或两侧）设置有适当指向性的扬声器或扬声器组合（一般是声柱或扬声器组合，在音质要求不高的厅中也可以是喇叭式扬声器），扬声器与墙面成一定角度，使它的主轴指向观众席的中、后部（图 10-4）。这是剧场、礼堂及体育馆等常采用的布置方式。其优点是方向感好，观众的听觉与视觉一致，射向天花板、墙面的声能较少，直达声强，清晰度高。

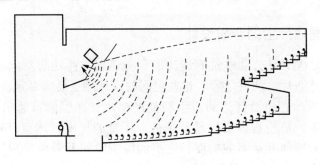

图 10-4　扬声器的集中式布置

2.分散式布置

当在面积较大、天花板很低的厅堂，用集中式布置无法使声压分布均匀时，将许多个单个扬声器分散布置在天花板上（图 10-5）。这种方式可以使声压在室内均匀分布，但听众首先听到的是距自己最近的扬声器发出的声音，所以方向感不佳。如果设置延时器，将附近扬声器的发声推迟到一次声源的直达声到达之后，方向感可以明显改善，但在这之后还会有远处扬声器的声音陆续到达，使清晰度降低，因此必须严格控制各个扬声器的音量与指向性。

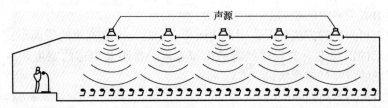

图 10-5　扬声器的分散式布置

3. 集中分散相结合式布置

集中式布置时，扬声器在台口上部，由于台口较高，靠近舞台的观众会感到声音是来自头顶，方向感不佳。遇到这种情况时，常在舞台两侧低处或舞台的前缘布置扬声器，称为拉声像扬声器。另外，在集中式布置之外，在观众厅天花板、侧墙，甚至地面上分散布置扬声器。这些扬声器用于提供电影、戏剧演出时的效果声，属重放系统。或接混响器，增加厅内的混响感。

10.4　各类厅堂音质设计要点

┌─ **任务描述** ────────────────────────────────────┐

　　工作任务　参观学院报告厅，并总结报告厅中有关音质设计的元素。

　　工作场景　实地参观，并进行实地测绘。

└──┘

10.4.1　语言与通信厅堂的音质设计

在设计工作中，尤其是公共建筑的设计，常会遇到一些功能空间是专门为语言与通信服务的。例如，报告厅、演讲厅等，这些空间的设计除了要满足尺度、疏散等要求外，更重要的是通过合理的音质设计达到声学功能的要求。在供语言通信用的厅堂设计中，关键是为声音的响度与清晰程度提供最佳条件。厅堂的尺度、体型、界面方向、材料选择等建筑设计元素对听闻有足够的响度、适当的混响时间及避免出现声学缺陷都有重要的作用。

1. 影响因素

影响语言声功率的因素包括听众与讲演者的距离、听众与讲演者（声源）方向性的关系、听众对直达声的吸收、反射面对声音的加强、扩声系统对声音的加强及声影的影响。

对听闻清晰程度起作用的主要因素包括延时的反射声（回声、近似回声和混响声）、由于扬声器的位置使声源"移位"、环境噪声及侵扰噪声等。

2. 设计中的具体措施

（1）缩短听者与声源的距离

在设计中，可采用的方法如下：当平面面积一定时，选取宽短的平面形式比窄长的好；在满足相关要求的前提下，选取较经济的席位宽度、排距及走道的宽度，减少占地面积；选取听众席区域的最佳分布形状。

（2）考虑声源的方向性

研究表明，语言可懂度随听者与演讲者的方向性关系而有所不同。图 10-6 为口语的可懂度等值曲线，在等值线上任一位置的语言可懂度是相同的。可以利用可懂度等值线，来设计听众席位合理布置方案。如果 SA 表示演讲者正前方面对的听众距离，听闻效果与 SA 的关系见表 10-5。一般情况下，为了听众的视线要求，前排最外侧席位之间的夹角不超过 $140°$。如果在前部设有投影屏幕，则该角度应限制在 $125°$。

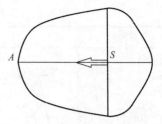

图 10-6　口语的可懂度等值曲线

表 10-5　SA 与听闻效果

距离	效果	距离	效果
$SA=15m$	听闻满意	$SA=20\sim25m$	听闻不费力
$SA=15\sim20m$	良好的可懂度	$SA=30m$	不用扩声系统听闻距离的极限

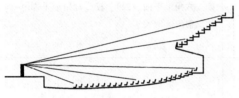

图 10-7　直达声的传播与地面起坡
及挑台的关系

（3）考虑观众对直达声的吸收

在设计中，对能遮挡直达声的座位，应尽量使后排座位比前排座位高出 8cm 以上，且前后排座错开，同时满足视线的要求。也可采用挑台楼座的处理办法，这样既可拉近听者与声源的距离，又可获得较强的直达声（图 10-7）。

（4）设置有效的反射面

正确设置反射面，可以对直达声的加强起重要作用。建筑设计中，平面与剖面设计应充分注意对室内音质的影响，平面形式及其侧墙的一次反射声分布与相应的音质特点见表 10-6。

表 10-6　反射面的形式与一次反射声的分布及相应的音质特点

图名	平面图	特点
矩形（钟形）平面	矩形平面　　钟形平面	1. 声能分布均匀 2. 座区前部反射声空白区域小 3. 观众厅宽度超过 30m 时，可能产生回声 4. 钟形平面对减小反射距离很有效
圆形平面	圆形平面（一）　　圆形平面（二）	1. 声能分布均匀 2. 有沿边反射、声聚焦等缺陷 3. 沿墙增设扩散面后［圆形平面（二）］能纠正缺点

图名	平面图	特点
扇形平面	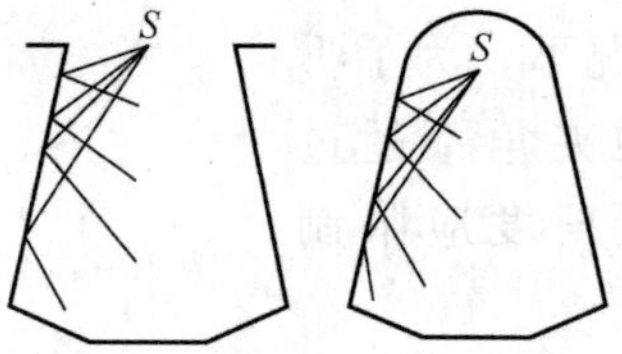 扇形平面(一)　　　扇形平面(二)	1. 声学效果取决于侧墙和轴线的关系，夹角越大，反射区域越小，通常夹角不大于 22.5° 2. 后墙曲率半径要大，以避免声聚焦和回声
六角形平面	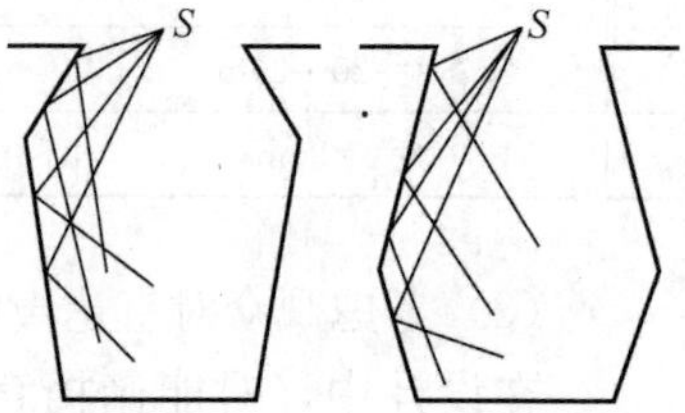 六角形平面(一)　　　六角形平面(二)	1. 声能分布均匀 2. 座区中部能接受较多的反射声能 3. 平面比例改变时，反射声区域也因之改变，如〔六角形平面（二）〕较〔六角形平面（一）〕的反射声区域大
卵形（椭圆形）平面	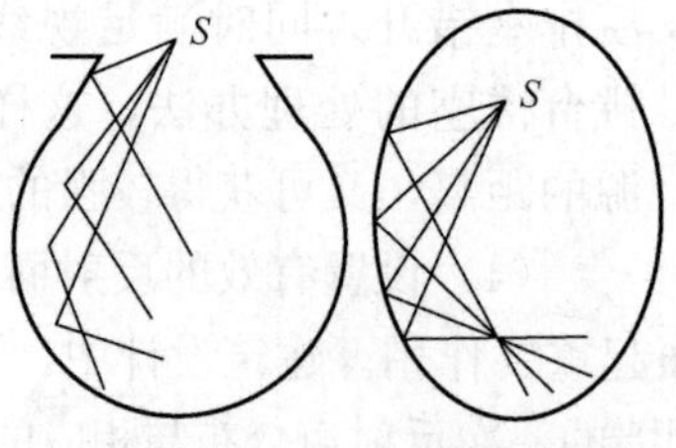 卵形平面　　　椭圆形平面	1. 易产生声能分布不均匀及声聚焦等缺点 2. 采用时应沿墙增设扩散面

侧墙设计时应注意以下几个方面的问题。

1）应充分发挥侧墙下部的反射作用，侧墙上部宜做吸声或扩散处理。

2）注意侧墙的布置，避免声音沿边反射而达不到座位区。

3）侧墙和中轴线的水平夹角 $\varphi \leqslant 10°$ 较好，矩形平面的宽度在 20m 以内时较好。

由于来自天花板的反射声不像侧墙反射那样易被观众席的掠射吸收所减弱，因此对厅内音质的影响最为有效，必须充分加以利用。天花板设计时可使厅的前部（靠近舞台部分）天花板产生的第一次反射声均匀分布于观众席。为此可将天花板设计成从台口上缘逐渐升高的折面或曲面。中部以后的天花板，可设计成向整个观众席及侧墙反射的扩散面。合理的顶棚剖面形式及其一次反射声的声线分布图如图 10-8 所示。

剖面和顶棚的处理应注意以下几个方面的问题。

1）在一般情况下，应充分利用顶棚做反射面。

2）顶棚高度不宜过大，否则将增加反射距离，以致产生回声。因此，平吊顶只适用于较小的厅堂。

3）折线形或波浪形顶棚，声线可按照设计要求反射到需要的区域，声音的扩散性好，声能分布均匀。

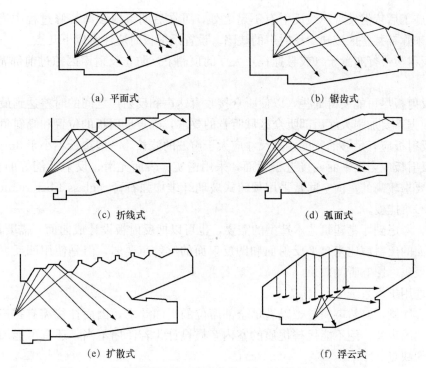

图 10-8　合理的顶棚剖面形式及其一次反射声的声线分布图

4) 圆拱形或球面顶棚,易产生声聚集,声能分布不均匀,宜慎重采用。

对于台口附近的侧墙和顶棚的处理,应尽可能缩小面光口和耳光口的宽度,以减少声能的消耗。同时台口附近的侧墙和顶棚做成高效的反射面,其反射声应尽可能投射到座区的前部。台口附近侧墙和顶棚的扩散处理见表 10-7。

表 10-7　台口附近侧墙和顶棚的扩散处理

项目	有缺点的布置方式	改进后的布置方式
平面图	声能消失在耳光口里	耳光口下增设了反射面
剖面图	声能消失在面光口里 改善了面光口前面的反射面	改善了面光口前面的反射面 改善了面光口前面的反射面

如在施工后依然发现声线反射有不足之处，可在后期室内装饰装修过程中通过反射板的设置，来弥补某些区域缺少反射声的缺陷。设置反射板时应注意以下几点。

1）反射板最好布置于（或悬挂在）大厅的顶棚下，防止反射声因掠过前部席位听众而被吸收。

2）反射板尽可能装得低些，以使听众接收直达声和反射声之间的时差达到最小。

3）根据需要加强大厅后部听众区域听音的要求，确定反射板的位置和倾斜角度。

4）反射板应有足够的宽度，其尺寸应大于声波的波长，一般边长不小于 3m。

5）反射板应当是平面或接近于平面，采用密实、表面光滑、反射性能好的材料制作。目前声学要求较高的室内空间常采用预铸式玻璃纤维加强石膏（glass fiber reinforced gypsum，GRG）挂板。

另外，考虑到厅堂建筑艺术造型的需要，也可以把反射板设计成曲面。需要注意的是，来自凸曲面的反射声比来自平反射面和凹反射面的反射声要弱，但是使用凹反射面时要避免产生声聚焦，影响听闻效果。

（5）选用扩声系统

在大型厅堂，自然声一般难以满足全部席位的听闻要求，因而往往需有扩声系统。扩声系统放大的声音，绝不能代替优质的室内音质设计，若使用不当，还有可能加重原先音质设计中的缺点。

扩声系统主要用于以下场合。

1）厅堂很大，听众太多，需要提高口语声声压级和减弱室内、外背景噪声的干扰。

2）电影院的放声系统。

3）用人工混响补充大厅混响时间的不足，以满足听觉要求和得到若干其他的声音效果。

4）在厅堂供安装助听器和某些会议的同声传译之用。

（6）避免声缺陷

在大型语言性厅堂的音质设计中，最容易产生的声缺陷是回声和声影区，如何有效地防止声缺陷的出现，是形成室内良好音质环境的重要条件。

1）防止产生回声。回声是由于反射声与直达声时差过大，并且有一定的强度。在实际的设计工作中，检查的方法是利用声线法检查反射声与直达声的声程差是否超过 23m（即延迟是否超过1/15s）。

观众厅最易产生回声的部位是后墙（包括挑台上部后墙）、与后墙相接的天花板及挑台的前沿等。若后墙是曲面，更会由于反射声的聚集加强回声的强度。对易于产生回声的部位，经常采取的措施如下：首先根据厅堂对混响时间的要求确定做吸声处理还是扩散处理；其次可改变其倾斜角度，使反射声落入近处的观众席。不同后墙处理的声学效果如图 10-9 所示，不同挑台前沿的处理如图 10-10 所示。

2）避免出现声影区。声影区是遮挡使近次反射声不能到达的区域，如观众厅内的挑台下部的声影区（图 10-11）。声影的产生使大厅声场分布不均匀，影响挑台下、后部座席区听众的听闻效果。常用的解决方法如下。

① 慎重确定挑台下部间进深度 a 与挑台开口高度 h 的比例，如图 10-12 所示。一般剧

院观众厅中 $a \leqslant 2h$；在舞台口上方设置较低的、呈一定角度的反射板，将有助于改善声影区席位的听闻条件。

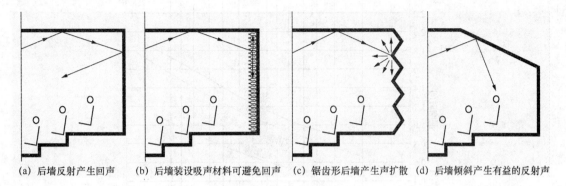

(a) 后墙反射产生回声　(b) 后墙装设吸声材料可避免回声　(c) 锯齿形后墙产生声扩散　(d) 后墙倾斜产生有益的反射声

图 10-9　不同后墙处理的声学效果

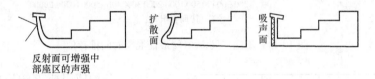

图 10-10　不同挑台前沿的处理

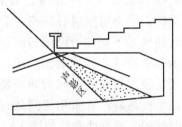

图 10-11　挑台下部的声影区

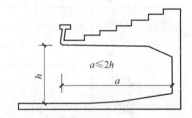

图 10-12　挑台下部间进深度与挑台开口高度的比例

② 将挑台下部的顶棚设计成有利于增加挑台下部座席早期反射声的形式。可将挑台下部顶棚做成向后倾斜的形式，或将后墙局部倾斜，如图 10-13 所示。

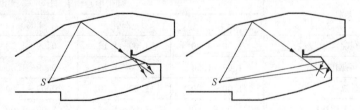

图 10-13　挑台下部顶棚的形式

（7）选择适当的混响时间

混响时间是室内音质设计的关键环节，需针对具体房间的主要用途选择最佳混响时间。一般来讲，语言类用房的混响时间，一般以 1s 左右为宜，而以音乐为主的房间则较长。不同房间 500Hz 最佳混响时间推荐值如图 10-14 所示。

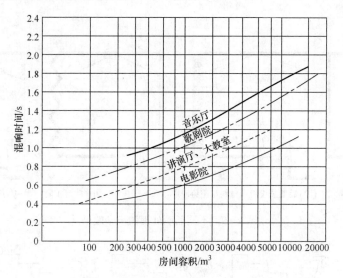

图 10-14　不同房间 500Hz 最佳混响时间推荐值

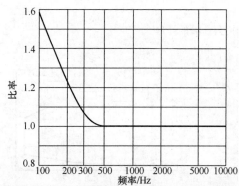

图 10-15　音乐用房间较理想混响时间的
频率特性曲线

各种使用要求的房间，其合适的混响时间并非只限于某一个数值，偏离推荐数值 5%～10% 都是常见的。同时，同一房间对各频率声音的混响时间也是不同的，可用房间混响时间的频率特性曲线来表示。语言与通信用房较理想混响时间的频率特性曲线以平直为好，音乐用房间较理想混响时间的频率特性曲线如图 10-15 所示，其数值见表 10-8。

表 10-8　混响时间的频率特性（相对于 500～1000Hz 的比值）

厅堂类别	频带中心频率/Hz			
	125	250	2000	4000
歌剧院	1.00～1.30	1.00～1.15	0.09～1.00	0.80～1.00
戏曲、话剧院	1.00～1.20	1.00～1.10	0.09～1.00	0.80～1.00
电影院	1.00～1.20	1.00～1.10	0.09～1.00	0.80～1.00
会场、礼堂、多用途厅堂	1.00～1.30	1.00～1.15	0.09～1.00	0.80～1.00

（8）排除噪声干扰

背景噪声和侵扰噪声都可能干扰听闻。背景噪声是指伴随围蔽空间使用所发出的噪声，如听众脚步声、翻动座椅声、门的撞击声等。使用者发出的噪声，主要由使用者自己控制。也可以设法降低这种噪声，如在可翻动的席位、小的写字板上安装橡皮止动器。如果每个听众都有环境意识，注意保持安静，背景噪声会很低。

侵扰噪声是由外界透过建筑围护结构传入室内的噪声，不仅会掩蔽语言声，甚至会使语言的清晰度大幅降低。这一类噪声除了交通道路噪声外，还包括来自门厅、走廊、过道、楼梯间、设备间等的噪声，以及来自轻型屋盖上的落雨声。因此在这一类辅助用房中要进行严格的噪声控制设计。

《剧院、电影院和多用途厅堂建筑声学设计规范》（GB/T 50356—2005）中，对于观众厅和舞台内无人占用时，在通风、空调设备和放映设备等正常运转条件下，规定的噪声限值见表 10-9。

表 10-9 观众厅内的噪声限值（NR）

NR	适用场所及条件
25	多用途厅堂（歌剧、话剧、舞剧、戏曲）采用自然声的标准
30	多用途厅堂（歌剧、话剧、舞剧、戏曲）、立体电影院采用扩声系统的标准，会堂、报告厅和多用途礼堂采用自然声的标准
35	单声道普通电影院、会堂、报告厅和多用途礼堂采用扩声系统的标准

10.4.2 音乐欣赏用厅堂的音质设计

音乐厅是音质要求较高的厅堂类型之一，其特点有演奏席与观众厅位于同一空间，声能得到充分利用，声源音量的起伏大，音乐频率的范围比语言宽得多，声源展开的面积大。这类厅堂要求有较长的混响时间和丰富的侧向反射声。在音质设计中，设计人员应在保证没有回声、声聚集等音质缺陷的同时尽量减少采用吸声材料。

1. 主观评价要求

对于欣赏音乐，人们很难给出客观的评价标准，但其主观感受的要求如下。

（1）明晰度

明晰度是指听闻乐器奏出的各个声音彼此分开的程度。其取决于音乐自身的因素、演奏技巧和意图，也与大厅的混响时间及早期声能与混响声能的比率有关。

（2）空间感

空间感是指人耳对声源所处立体空间的感觉。声源的发声在不同的空间会有不同的空间感，如大厅侧墙投向观众席的反射声扩展了声源宽度，使音乐有整体感；来自大厅多个界面、所有方向的 80ms 以后到达的混响声，使听者有被声音环绕的感觉。

此外，适当的响度、听闻的亲切感（主要取决于直达声与第一次反射声到达的时间差）及温暖感（取决于满场条件下低频混响时间和中频混响时间的比率）也是人们欣赏音乐主观感受的要求。

2. 设计时考虑的基本问题

音乐厅的设计是一个非常复杂的过程，大厅的每个部分都会对最终的声学效果产生一定的影响，本节将在语言类用房声学设计的基础上，介绍一些音乐厅设计中的相关问题。

（1）厅堂的容积和体型

在大厅的音质设计中，首先要根据厅堂的用途和规模确定其容积，厅堂容积对音质的影响很大，厅堂容积正比于混响时间，且容积越大，混响时间越不容易控制；其次厅堂容积会影响厅堂的响度。容积较小时，观众厅的形状没有明显影响，但当容纳观众数超过2000 人时，空间尺度将对直达声的传播及反射声的数量、方向、到达的时间和空间的分布产生重要的影响。

（2）挑台设计

为了不影响挑台下部听众对音乐的感受，挑台下部间进深度一般不超过其开口高度（$a \leqslant h$）。

（3）演奏台（舞台）设计

演奏人员在演奏时主要关心相互听闻的舒适性，以及感受到对自己演奏乐器声音的帮助。因此要做好舞台及附近界面的设计，使音乐家在舞台上能够较好发挥。设计时，首先需考虑演奏台的面积（适宜的台宽及台深），面积过大将减少音乐家相互之间的联系，影响演奏的整体性。新近研究表明，不同乐器组的每一个演奏者所需的净面积见表 10-10。一般认为演奏台面积宜控制在 $200m^2$。

表 10-10 不同乐器组的每一个演奏者所需的净面积

乐器	面积/m²	乐器	面积/m²
小提琴、管乐器	1.25	定音鼓	10.0
大提琴、大的管乐器	5.0	其他打击乐器	20.0
低音提琴	1.8		

演奏台的台面宜采用架空木地板，一般情况下其厚度为 22mm，格栅间距为 600mm，如需承受较大的荷载，则另作考虑；演奏台附近的墙面通常向下倾斜，以便将反射声有效地投向演奏者；演奏台上部 6～8m 处悬挂反射板，根据需要设置倾斜角度。

表 10-11 归纳了在音乐厅设计中，为取得良好的音质效果可采用的不同要求对应的不同建筑设计措施。

表 10-11 不同要求对应的不同建议设计措施

有关听音要求	建议设计措施
明晰度	强而均匀的直达声＋界面提供的短延时反射声
平衡的投射	由舞台至听众席反射的选择控制
演奏的内聚性	舞台上反射的控制
无回声干扰	后墙反射的控制
强的空间感	侧墙反射的控制
混响声级和延时率	大厅内吸声材料的分布

10.4.3 多用途厅堂的音质设计

多用途厅堂常用于音乐、歌舞和戏剧演出及做报告、放映电影等多种用途。多用途厅堂一般都有较大的舞台，有的还配有乐池。在多用途厅堂混响时间的选择上，通常采用 3 种方法：可以以一种功能为主，使这种功能在使用时达到良好的效果，而其他功能处于从属地位；也可以取一个折中值，兼顾各种功能的使用要求，但一般达不到理想的效果；或者采用可变混响措施（建筑措施或电声措施），通过改变混响时间的长短来保证各种功能达到使用要求。

在设计中常采用的建筑声学设计措施如下。

1. 可变的大厅容积

可调大厅容积的方法就是通过调节观众厅的容积来提升或降低混响时间。原理上它比通过改变吸声量来调节混响时间更为恰当，因为容积改变后，不仅混响时间有变化，而且混响过程的细节，如后期反射声的密度、连续混响响度等都有明显的改变。

（1）活动隔断方式

通过活动隔断将大厅分隔成几个可以单独使用的小厅，从而达到改变容积的目的。隔断必须有良好的隔声性能，如香港文化中心歌剧院（顶部设升降隔断），其内景如图 10-16 所示。

（2）升降吊顶方式

利用升降吊顶来调节容积，以适应多功能的使用。其结构复杂，造价高，而且会带来工程上的问题，如灯光马道及机械通风要适应不同顶棚高度时的运作。

2. 可调的声吸收

可调吸声就是利用附加吸声来降低混响时间，来增加音乐的透明度或语言的清晰度，以适应多

图 10-16　香港文化中心歌剧院内景

种功能的使用。此方法具有设计及施工方便、工程造价低等特点。当前，我国的多功能剧院在可变声学条件设计时大多采用这种方法。常用的可调吸声的形式如图 10-17 所示，应根据投资、功能组合、厅内界面状况及结合装修要求进行选择。

（1）帘幕式

帘幕式是通过帘幕的展开和闭合，改变界面的声吸收，达到调节厅内混响的目的。它具有结构简单、装饰性好、投资较少、实用性强等特点 [图 10-17 （a）]。帘幕的吸声效果与帘幕本身的材料性质、褶皱率及帘幕后的空腔厚度有关。

在工程中常用的做法是将可调节的帘幕隐藏在透声的饰面结构后（如木格栅），这样既不影响装修效果，又可以满足混响调节的要求。饰面结构的透空率应大于 50%，另外为保证其可调幅度，需设置一个储帘盒，使得帘幕收起后能储藏在一个封闭的空间内，不暴露在大厅中。

（2）旋转式

旋转式是通过旋转圆柱体（半圆吸声，另半圆反射）、三角体（三个面具有不同的吸声性能）、平板体（一面吸声，另一面反射）改变吸声状况，从而达到调节混响时间的目的

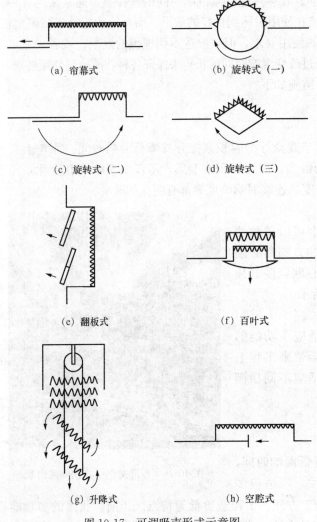

(a) 帘幕式

(b) 旋转式 (一)

(c) 旋转式 (二)

(d) 旋转式 (三)

(e) 翻板式

(f) 百叶式

(g) 升降式

(h) 空腔式

图 10-17　可调吸声形式示意图

［图 10-17（b）～（d）］。这种方式不仅调幅大，而且可使各频段有相近的调幅（特别是圆柱体、三角体）。另外，旋转式还便于控制，不足之处在于其占空间较大。

（3）翻板式

翻板式即板的一侧为反射面，另一侧为吸声面，且翻开的固定部分可制作成控制低频的吸声结构，通过开关"门"的方式调节厅内的混响时间［图 10-17（e）］。这种方式简单有效，但是占厅内空间较大。

（4）百叶式

百叶式是在界面的吸声构造部位用活动的百叶饰面，通过开关百叶，达到调节混响时间的目的［图 10-17（f）］。构造设计合理时可获得较大的调幅，但百叶要有一定的面密度，以减少低频的吸收，保证低频的调幅。

（5）升降式

升降式是在观众厅的顶板上设置可升降的吸声体或帘幕调节厅内的声吸收，从而达到控制混响的目的［图 10-17（g）］。这种方式可占最少的处理面积，获得相当大的吸声量，但是低频调节能力较差。

（6）空腔式

空腔式是在强吸声的盒体外，设置能开启、关闭的盖，起到改变界面吸声的作用［图 10-17（h）］。这种形式可使低频有较大的调幅，便于智能化控制，但精密度要求高。

3. 可改变的反射和扩散

在厅堂的顶棚和墙面设置一些可以转动的声学装置，如某些面可做成反射面、扩散面、吸声面，其原理和可调的声吸收装置一样。

4. 设置与大厅在声学上耦合的混响室

声耦合是指两室声学上相通，可以交换声能的情况。这种方法是利用与大厅相连的耦合混响空间来改变大厅的混响过程。大厅与与之相连空间的耦合可以通过闸门来调节。闸门完全关上时，只有大厅本身的混响；打开闸门则可以使两个空间有不同程度的耦合，让附属耦合空间的较长混响时间反馈进大厅。

除上述建筑声学设计措施外，还可以利用电声设备的各种音质控制系统进行调节。

知识拓展

实例1——上海东方艺术中心音乐厅

上海东方艺术中心于2005年初建成，其中的东方音乐厅是目前国内最大的交响乐音乐厅（图10-18）。东方音乐厅采用包围式梯田形的观众厅布置形式使观众更亲近演奏台，升起的观众席弧形板提供了更多的声反射与声扩散。在音乐厅天花板上设置升降式可变吸声装置，通过升降吸声体改变厅内混响时间。在演奏台上空悬挂5块大型椭圆透明反射板，并在椭圆形平面的侧墙上设计安装了34块小椭圆形侧向定向声反射板，以增加观众席的反射声作用。音乐厅墙面及天花板装修面均采用微扩散形式。东方音乐厅通过多方面的设计达到了非常好的声学效果

实例2——山西大剧院

山西大剧院（图10-19）于2008年8月奠基开始建设，2012年1月完工，其主体主要包括1628座主剧场、1170座音乐厅和458座小剧场。其中主剧场分为后台、舞台、观众席三个主要功能空间，观众席平面呈梯形，保证了舞台直达声音的传播与扩散，并能保证声波扩散的均匀，剖面设计通过顶部反射板与二层看台的侧板对声波二次反射，其可调式反射板保证了对于不同混响时间的要求。侧墙装修材料与座椅的材料都考虑到对声音环境的影响，因此剧场能满足多种演出的需求。

图 10-18　上海东方艺术中心音乐厅

图 10-19　山西大剧院

单元小结

描述室内音质的声学指标：①声压级；②混响时间；③反射声时间序列分布；④空间分布。

评价室内音质的指标：①合适的响度；②令人满意的清晰度；③足够的丰满度；④良好的空间感；⑤没有声学缺陷和噪声干扰；⑥色度感。

确定厅堂容积：从声学角度考虑房间的容积，一般有两个方面的基本要求：保证足够的响度和保证合适的混响时间。

厅堂体型设计的基本原则：①缩短房间的前后距离并考虑声源的方向性；②避免直达声被遮挡和被观众掠射吸声；③争取和控制近次反射声；④避免各种室内声学缺陷。

利用几何声学法求理想反射顶棚侧墙的形式。

扩声系统包括3种基本设备：传声器（话筒）、功率放大器（功效）、扬声器（音箱）。

语言与通信厅堂音质设计的具体措施：①缩短听者与声源的距离；②考虑声源的方向性；③考虑观众对直达声的吸收；④设置有效的反射面；⑤选用扩声系统；⑥避免声缺陷；⑦选择适当的混响时间；⑧排除噪声干扰。

几种常见平面形状（矩形、圆形、钟形等）对声线的反射与声场分布情况。在设计中充分考虑功能的前提下尽量采用矩形、钟形等反射声场分布均匀的平面形状。

不同剖面形式的顶棚对声线反射的效果有优劣，在实际设计中要尽量避免采用圆拱形和球面顶棚。

观众厅最易产生回声的部位是后墙（包括挑台上部后墙）、与后墙相接的天花板及挑台的前沿等。对易于产生回声的部位，经常采取的措施是：首先根据厅堂对混响时间的要求确定作吸声处理还是扩散处理；其次可改变其倾斜角度，使反射声落入近处的观众席。

慎重确定挑台下部间进深度与挑台开口高度的比例；或将挑台下部的顶棚设计成有利于增加挑台下部座席的早期反射声的形式，可有效消除声影区。

能 力 训 练

基本能力

一、名词解释
1. 声影区　2. 音节清晰度
二、填空题
1. 对音质有要求的厅堂可分为3类：_____、_____和_____。这些房间的音质状况，可通过下述客观声学指标来描述：_____、_____、_____和_____。
2. 扩声系统包括3种基本设备：_____、_____和_____。
3. 在供语言与通信用的厅堂设计中，关键是为声音的_____和_____提供最佳的条件。
4. 在设计中，对能遮挡直达声的座位，应尽量使后排座位比前排座位高出_____以上，且前后排座错开，同时满足视线的要求。
5. 确定厅堂容积从声学角度考虑房间的容积，一般有两个方面的基本要求：_____和_____。
6. 厅堂体型设计的基本原则为_____、_____、_____和_____。
7. 扬声器系统的布置方式有3种，分别为_____、_____和_____。
8. 对听闻清晰度起作用的主要因素有_____、_____、_____和_____。
9. 将挑台下的顶棚设计成有利于增加挑台下座席的早期反射声的形式。可将挑台下面顶棚做成_____的形式，或将_____。

10. 语言类用房的混响时间，一般以_____左右为宜，而以音乐为主的房间则较长。

11. 对于欣赏音乐，人们很难给出客观的评价标准，但其主观感受的要求包括_____和_____。

三、选择题

1. 音节清晰度在（　　）时，听者感觉是"优良"。

A. <65%　　　　　B. 65%~77%　　　　　C. 75%~85%　　　　　D. >85%

2. 独唱、独奏的厅堂，在不使用电声设备时，最大允许容积为（　　）m³。

A. 2000~3000　　B. 6000　　　　　C. 10000　　　　　D. 20000

3. 对于音乐厅来讲，比较合适的每座容积为（　　）m³。

A. 8~10　　　　　B. 6~8　　　　　C. 3~5　　　　　D. 5~6

4. 对于多功能厅，比较合适的混响时间是（　　）s。

A. 1.5~2.2　　　B. 1.2~1.5　　　　C. 0.5~0.7　　　　D. 0.4~0.8

5. 如果想缩短听者与声源的距离，采取的方法中不合适的是（　　）。

A. 选取宽短的平面形式

B. 选取窄长的平面形式

C. 在满足要求的情况下，选取经济的席位宽度

D. 选取听众席区域的最佳分布形状

6. 利用顶棚作为反射面时，下列几种形式的顶棚中最容易产生声聚焦等不利情况的是（　　）。

A. 折线形顶棚　　　　　　　　　B. 波浪形顶棚

C. 圆拱形顶棚　　　　　　　　　D. 直线型平吊顶

7. 在设置反射板时，下列几种方法中不可取的是（　　）。

A. 反射板装于大厅顶棚下　　　　B. 反射板尽量装的低一些

C. 反射板需调整位置和倾斜角度　　D. 反射板宽度不做要求

8. 下列关于混响时间的描述中错误的是（　　）。

A. 混响时间是室内设计的关键环节

B. 音乐类房间混响时间比语言类混响时间长

C. 混响时间并非只限于一个数值

D. 不同使用房间的混响时间不一样

四、简答题

1. 简述声学建筑设计的一般步骤。

2. 如何确定厅堂的容积？

3. 简述厅堂体型设计的基本原则。

4. 简述语言与通信厅堂音质设计的具体措施。

5. 简述音乐欣赏用厅堂音质设计需考虑的关键问题。

拓展能力

选择某一声学场所（如音乐厅、剧院、播音室、KTV 等），观察其装饰材料及构造形式，实地体会其音质效果，并写出分析报告。

任务解析——【典型工作任务2】

知识目标 掌握 声学空间的设计步骤、方法，声学材料的选用。

熟悉 设计标准中的术语、计算参数。

技能目标 能 对中小型声学空间，按照声学场所的设计步骤，进行简单的声学设计；或对其声学设计进行施工图深化设计。

会 查找相应规范并使用。

单元任务 任何一个声学建筑都包括建筑声学设计，其设计要参与建筑、装饰设计全过程。根据建筑声学所学的知识，结合日后岗位对这一方面的要求，对第2模块的模块任务进行分析、解决。

解析步骤

11.1 任务分析

为了满足任务的要求，达到声学设计的要求，从以下几个方面进行分析。

1）确定混响时间。

2）体型设计。

3）室内装饰设计。

4）噪声控制。

11.2 任务解析

11.2.1 混响时间的确定

根据本单元知识及目前国内外同一大厅适应不同混响时间要求的工程案例，可知通常采用以下3种方法确定混响时间。

1）以一种功能为主，使这种功能在使用时达到良好的效果，而其他功能处于从属地位。

2）取一个折中值，兼顾各种功能的使用要求，但一般达不到理想的效果。

3）采用可变混响措施（建筑措施或电声措施），通过改变混响时间的长短来保证各种功能达到使用要求。

单从声学角度分析，第三种方法是较为理想的，但设置可变吸声结构会增加工程的造价，施工管理及操作也比较复杂，而且许多实例表明，混响可调范围有限，混响时间的频率特性很难达到理想效果，电声措施目前造价相对较高，其音质效果也有待进一步认证。经与业主商讨，采用第一种方法确定混响时间设计指标，着重保证在交响乐演出时具有良好的使用效果。综合各种要素，考虑到某音乐学院附中音乐厅属中小型音乐厅，容积不大，选择混响时间不宜过长，将设计最佳混响时间定为 1.8s（满场中频 500Hz）。频率特性曲线低频可有 20% 的提升，高频曲线部分希望比较平直，也可下降 10%～15%。

11.2.2 体型设计

1. 平面设计

某音乐学院附中音乐厅容量较小，属中小型音乐厅，采用矩形比较合适，一是侧墙不是很宽，大厅宽为 20m；二是矩形平面结构简单，各工种配合容易，经济效果好；三是内装修限制少，便于将声学和美学很好结合。某音乐学院附中音乐厅平面图如图 11-1 所示。

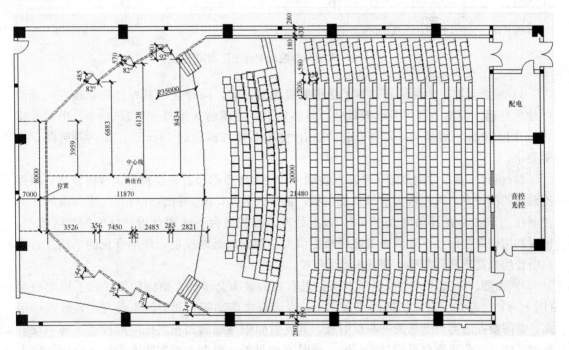

图 11-1 某音乐学院附中音乐厅平面图

2. 剖面设计

音乐厅建筑的横、纵剖面设计，首先要考虑声学因素，让声音得到充分扩散，使观众厅声场均匀，提高音乐的音质效果。其次，在设计中重点照顾楼下前中部缺少前次反射声或接受长时差反射声的区域，避免产生盲点、回声、聚焦、颤动回声等声学缺陷，以提高该区域音质。某音乐学院附中音乐厅剖面图如图 11-2 所示。

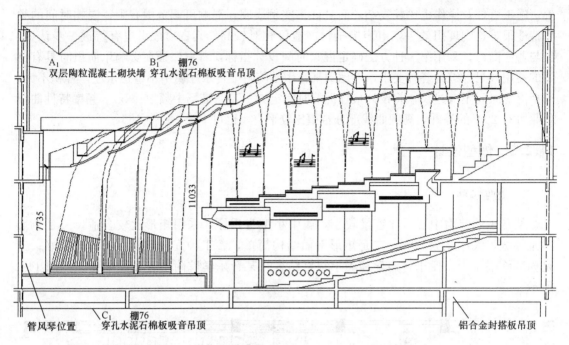

双层陶粒混凝土砌块墙　穿孔水泥石棉板吸音吊顶

A_1　　B_1　棚76

11033

7735

C_1　棚76
管风琴位置　　穿孔水泥石棉板吸音吊顶　　　　　　　　铝合金封搭板吊顶

图 11-2　某音乐学院附中音乐厅剖面图

1）地面起坡。为保证直达声不受掠射吸收的影响，同时获得良好的视觉条件，观众厅地面升起。但池座前区升起较低些，具体如下：池座前 3 排每排升起 10cm，中间 8 排每排升起 20cm，后部 6 排每排升起 30cm，楼座 6 排每排升起 45cm，以便达到听闻、视觉要求。

2）挑台。音乐厅内设置了楼座及包厢，环绕大厅后部布置一层挑台，两侧设置一层逐次跌落的浅挑台，其栏板为前倾式反射板，最窄处为 15.4m，挑台开口与楼座深度的比例控制在 $a/h=1$，张开角度大于 45°。以上处理，可使挑台下面观众得到良好的视听感受，同时利用楼座侧面和下表面向池座观众提供大量侧向短延时反射，增加音色的丰满度，提高听音的亲切感和环绕感，使音乐音质优美。

3）顶棚。一般认为，提供早期反射最有效的表面是顶棚。顶棚的形状和不规则面层（图 11-3）可起到反射与扩散的双重作用，令声音柔美动听。如果演奏台突出，且顶棚很高，常需要在演奏台上悬吊一些反射板，其反射面积与地面面积之比一般较小，如果反射板的平均高度距演奏台不超过 6～8m，将是有效果的。根据工程实践，小尺寸的构件比大尺寸的构件更可取，它可以扩散更大频率范围的声波（图 11-4）。

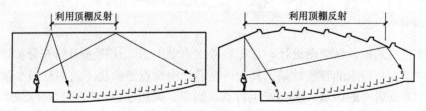

利用顶棚反射　　　　　　　利用顶棚反射

图 11-3　顶棚形成的声反射

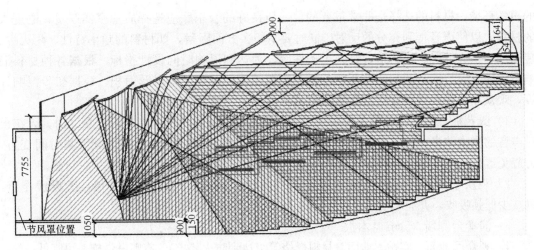

图 11-4　某音乐学院附中音乐厅顶棚设计形成的声反射

在建筑设计上还采用窄的侧墙及舞台反射板提供早期侧向反射声，保证声能较均匀地进行反射，充分利用这些短时差的近次反射声对保证观众厅声场的均匀和提高前中部观众席的音质有重要作用（图 11-5）。

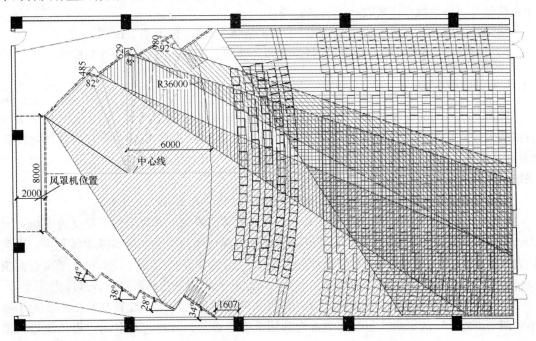

图 11-5　某音乐学院附中音乐厅侧墙设计形成的声反射

11.2.3　室内装饰设计

该音乐厅以自然声为主，需要混响声弥补直达声能的不足，并提高声音的丰满度。为了满足混响时间的要求（满场 1.8s），还需对内部空间进行精心的设计和施工。为创造良好的声学环境，材料的选择是非常重要的，音质良好的音乐厅应选择质地密实厚重、刚度大的材料，以使声音得到充分的反射。同时要平衡多方面因素，如材料的频率特性、耐火性、装饰性、供应情况、建筑造价及施工条件等。为达到混响时间设计指标，根据各种材料混响时间的频率特性，调配所需要的反射及扩散结构的种类、材料及面积。根据初步混响计算，观众厅的装修材料及构造做法分别如下。

1）天花板。用铝合金板条板吊顶，然后粘贴20mm厚木板。在一般观众厅内，天花板对声音的吸收较多，尤其对低频的共振吸收更为强烈，致使观众厅的低频混响时间变短。为避免这种情况，选择该种天花板，其吸声系数低，反射性好，且装饰效果也较好。

2）观众厅侧墙。15mm厚石膏板外贴榉木板，2m以下为花岗岩护墙，上设浅浮雕，以减少低频吸收，并有利于声扩散。

3）演奏台侧墙。5cm厚木板。

4）观众厅地面。实贴木地面（材料燃烧等级达到防火要求），有喷淋设施，可降低一级。

5）演奏台地面。双层木地面下设空腔（演奏台地面常常使用厚木板下设空腔），这样可以扩大固定于地板上的低音提琴和大提琴的声音辐射，并可适当减弱打击乐过响的声音。

6）座椅。座椅的吸声量对室内声场的混响时间有很大影响，因此为了保证达到声学要求，所选座椅必须经过严格检测。本工程选择半硬质木边椅，椅背为成型木板，实木扶手，半硬椅垫及靠背，减少声吸收，尤其是低频音。

7）演奏台后墙。3.5m以下是QRD木制扩散体，3.5m以上是5cm厚木板。

8）观众厅后墙。池座为QRD木制扩散体，楼座为1.5cm厚石膏板外贴榉木。

11.2.4　噪声控制

噪声对语言与通信和音乐的听闻有很大的掩蔽作用，特别是低频噪声。对于听音要求较高的大厅，必须做好噪声控制。一般对音乐厅形成干扰的噪声源主要有内部环境噪声（观众及空调机械噪声）和外部环境噪声（交通噪声、社会噪声及雨噪声），因此设计中需采取有效的降噪措施。

本设计噪声指标为在开空调时大厅的背景噪声小于NC-25或35dB（A）。

在建筑设计中，设置了围廊，使观众厅无直接暴露的外墙，同时采用了厚度为190mm＋90mm的空心混凝土砌块墙，减弱了城市环境噪声对观众厅的影响。为加强屋面隔声，适当加大屋面板厚度，结合屋面隔热层设计，附加一层石膏板吸声吊顶［12mm厚纸面石膏板（轻钢龙骨），上铺50mm离心玻璃棉（容重24kg/m³）］，以防止雨淋噪声传入厅内。

在总体布局中，冷冻机房、水泵房、空调机房等设备机房大多设置在地下层。为了减小空调噪声对大厅的影响，在设计中首先选用低噪声设备。另外，对空调管道系统进行消声处理，如空调风管系统设置足够长度的消声器。同时应特别注意控制固体声的传递，对空调冷冻、给排水机组应采取隔振设计，设置减振器、减振垫；进出风管、水管配接帆布及橡胶软接管。此外机房内平顶、墙面均做吸声降噪处理。

观众厅正下方是车库和形体训练房，为了避免噪声对观众厅的影响，增加楼板厚度，同时在下部采用轻质复合隔声吸声吊顶［12mm厚纸面石膏板（轻钢龙骨），上铺50mm离心玻璃棉（容重24kg/m³）］的方法。

第3模块 建筑光学

模块任务

太原某大学图书馆阅览室的光环境设计

太原某大学图书馆共6层，层高均为4.5m，结构梁高0.8m，柱子平面尺寸为0.8m×0.8m。阅览室位于建筑的第2层，其平面示意图如图3-0所示。请根据任务要求，完成该阅览室的光环境设计。

任务要求 ☞

根据《建筑采光设计标准》（GB 50033—2013）及《图书馆建筑设计规范》（JBJ 38—2015），确定阅览室窗的位置。

根据《建筑照明设计标准》（GB 50034—2013）及《照明设计手册》，结合房间的使用功能，完成空间的灯具布置。

任务目的 ☞

通过第3模块建筑光学的学习，掌握建筑光学的基本理论知识，能根据天然采光及人工照明的基本理论，结合国家的相关标准，进行室内光环境的设计。

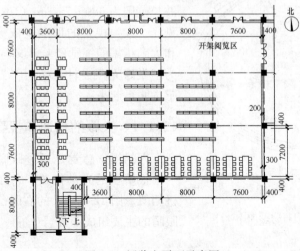

图 3-0　阅览室平面示意图

单元

建筑光学的基本知识

▌知识目标 掌握 材料按光学性质分类的方法、眩光现象的产生及防控措施、光的色温与显色性。

熟悉 基本光度单位的概念及其相互关系、人眼的视觉特性。

了解 光与色的基本知识。

▌技能目标 能 在设计过程中考虑建筑光环境与人的视觉特点。

会 查找相应规范并使用。

▌单元任务 运用基本光度单位和饰面材料的光特性分析教室的光环境。

12.1 眼睛与视觉

┌任务描述┐

工作任务 通过对照相机的手动调焦过程，了解人眼的构造及其特点。

工作场景 教师在课堂演示，学生在课下体验。

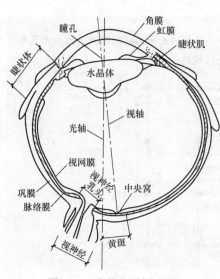

图 12-1 人的右眼剖面图

自然光是客观存在的一种电磁辐射能。人们感受到的自然光与人的主观感觉有着密切的关系。眼睛看到的是能够引起视觉的电磁辐射部分，其波长范围为 $380\sim780nm$（$1nm=10^{-9}\,m$），称为可见光。人类视觉的形成既依赖于眼睛的生理机能和大脑积累的视觉经验，又与照明状况密切相关。为了做好光照设计，必须将光的度量与人的主观感觉联系起来。

12.1.1 人眼的构造和视看过程

人的视觉感觉是通过眼睛来完成的。眼睛似一个很精密的光学仪器，它在很多方面都与照相机相似。图 12-1 是人的右眼剖面图，从图中可知眼睛的主要组成部分。

1. 瞳孔

瞳孔是虹膜中央的圆形孔，它可根据环境的明暗程度，自动调节其孔径，以控制进入眼球的光能数量，起照相机中光圈的作用。

2. 水晶体

水晶体是一个扁球形的弹性透明体，当睫状肌收缩或放松时，其会改变形状和屈光度，使远近不同的外界景物都能在视网膜上形成清晰的影像。水晶体类似于照相机的透镜，但其有自动聚焦的作用。

3. 视网膜

视网膜是眼睛的视觉感受部分，相当于照相机中的胶卷。光线经过瞳孔、水晶体在视网膜上聚焦成清晰的影像。视网膜上布满了感光细胞，接受光的刺激，并把光信息传输至视神经，再传到大脑，产生视觉感觉。

4. 感光细胞

感光细胞处于视网膜最外层上，接受光刺激并将其转换为神经冲动，它们在视网膜上的分布是不均匀的，其中锥状细胞主要集中在视网膜的中央部位，即称为黄斑的黄色区域。黄斑区的中心有一小凹处，称为中央窝。在这里，锥状细胞密度达到最大，黄斑区以外，锥状细胞的密度急剧下降。与此相反，在中央窝处几乎没有杆状细胞，自中央窝向外，其密度迅速增加，在离中央窝 20°附近密度达到最大，然后又逐渐减少。两种感光细胞在视网膜上的分布情况如图 12-2 所示。

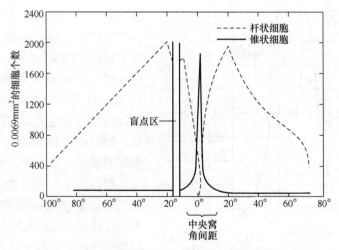

图 12-2　两种感光细胞在视网膜上的分布情况

两种感光细胞有各自的功能特征：①锥状细胞在明亮环境下，对色觉和视觉敏锐度起决定作用。它能分辨出物体的细部和颜色，并对环境的明暗变化做出迅速的反应，以适应新的环境。②杆状细胞在黑暗环境中对明暗感觉起决定作用，它虽能看到物体，但不能分辨其细部和颜色，对明暗变化的反应缓慢。

12.1.2　人眼的视觉特点

由于感光细胞的上述特性，人们的视觉活动具有以下特点。

1. 颜色感觉

在明视觉时，人眼对波长为 380～780nm 的电磁波会产生不同的颜色感觉。不同颜色感觉的波长范围和中心波长见表 12-1。

表 12-1　不同颜色感觉的波长范围和中心波长

颜色感觉	中心波长/nm	波长范围/nm	颜色感觉	中心波长/nm	波长范围/nm
红	700	640～750	绿	510	480～550
橙	620	600～640	蓝	470	450～480
黄	580	550～600	紫	420	400～450

2. 光谱光视效率

人眼在观看同样功率的可见光辐射时，对不同波长感觉到的明亮程度是不一样的。人眼的这种特性常用国际照明委员会（Commission Internationale de L'Eclairage，CIE）的光谱光视效率 $V(\lambda)$ 曲线来表示（图 12-3）。光谱光视效率表示波长 λ_m 和波长 λ 的单色辐射，在特定光度的条件下，获得相同视觉感觉时，该两个单色辐射通量（辐射体以电磁波的形式向四面八方辐射能量，在单位时间内辐射的所有能量称为辐射通量）之比。λ_m 选在视感觉最大值处（明视觉时为 555nm 的黄绿色光，暗视觉为 507nm 的蓝绿色光），其最大比值为 1。因此，辐射通量相同的光，在日光条件下，黄绿光最亮；黄昏时，蓝绿光最亮。

根据人眼在明暗视觉条件下感受性的差别，如果在光谱特性保持不变的情况下，各波长的光按相同的比例减少，当由明视觉向暗视觉转变时，人眼的敏感波长也会向短波方向移动，于是蓝色逐渐鲜明，红光逐渐暗淡。这就是普尔钦效应，

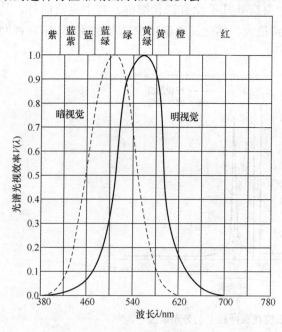

图 12-3　CIE 的光谱光视效率 $V(\lambda)$ 曲线

人们在黄昏时常会看到这种现象。在设计装饰色彩时，应根据装饰物色彩所处环境的明暗变化程度，充分考虑到上述效应。

3. 视野范围（视场）

根据感光细胞在视网膜上的分布，以及眼眉、脸颊的影响，人眼的视觉范围（图 12-4）有一定的局限。双眼不动的视野范围如下：水平面为 180°，垂直面为 130°，上方为 60°，下方为 70°。图 12-4 中白色区域为双眼共同视看范围，斜线区域为单眼视看最大范围，黑色为被遮挡区域。黄斑区所对应的角度约为 2°，它具有最高的视觉敏锐度，能分辨最微小的细部，称为中心视场。该区域几乎没有杆状细胞，故在黑暗环境中，几乎不产生视觉。从中心视场往外 30°内是视觉清楚区域，这是观看物体总体的有利位置。通常站在离展品高度 1.5～2 倍的距离观赏展品，就是使展品处于上述视觉清楚区域内。

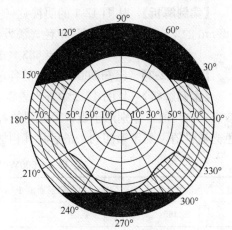

图 12-4　人眼的视觉范围

4. 明、暗视觉

锥状细胞、杆状细胞分别在明、暗环境中起主要作用，因此形成明、暗视觉。明视觉是指在明亮环境中（环境亮度大于 $3cd/m^2$ 以上的亮度水平），主要由视网膜的锥状细胞起作用的视觉。此时人眼能够辨认物体的细节，具有颜色感觉，而且对外界亮度变化的适应能力强。暗视觉是指在黑暗环境中（环境亮度低于 $10^{-3}cd/m^2$ 以下的亮度水平），主要由视网膜上的杆状细胞起作用的视觉。暗视觉只有明暗感觉而无颜色感觉，也无法分辨物体的细节。

12.2　基本光度单位及其关系

任务描述

工作任务　设计一次实验，并感受光通量、发光强度、照度、亮度之间的关系。
工作场景　由学生分组进行课堂演示。

12.2.1　基本光度单位

1. 光通量

光通量是指光源在单位时间内向周围射出的使眼睛引起光感的能量，用符号 Φ 表示。光通量的单位为流明（lumen，符号为 lm）。计算公式如下：

$$\Phi_\lambda = K_m V(\lambda) \Phi_{e(\lambda)} \qquad (12-1)$$

式中：Φ_λ——波长为 λ 的光的光通量（lm）；

$\Phi_{e(\lambda)}$——波长为 λ 光的单色辐射通量（W）；

$V(\lambda)$——CIE 光谱光视效率，可由图 12-3 查出；

K_m——最大光谱光视效能，明视觉时，在 $\lambda=555\text{nm}$ 处，$K_m=683\text{lm/W}$。

建筑光学中，常用光通量表示光源发出光能的多少，它是光源的一个基本参数。例如，100W 普通白炽灯发出 1250lm 的光通量，40W 日光色荧光灯约发出 2200lm 的光通量。

【案例 12-1】 已知低压钠灯发出波长为 589nm 的单色光，设其辐射通量为 10.3W，试计算它发出的光通量。

【案例解析】 从图 12-4 的明视觉（实线）光谱光视效率曲线中可查出，对应于波长为 589nm 的 $V(\lambda)=0.78$，则该单色光源发出的光通量为

$$\Phi_{589} = 683 \times 10.3 \times 0.78 = 5487(\text{lm})$$

【案例 12-2】 已知 500W 汞灯的各单色辐射通量值，试计算其光通量。

【案例解析】 从图 12-3 中查出表 12-2 中 500W 汞灯发出的各波的波长相应的光谱光视效率 $V(\lambda)$ 值，分别列于表中第三列的各行；将第二、三列数值代入式（12-1），即得各单色光通量值，列于第四列。最后将其相加，得光通量为 15610.7lm。

表 12-2　500W 汞灯各波长的单色辐射通量值

波长 λ/nm	单色辐射通量 $\Phi_{e(\lambda)}/\text{W}$	波长 λ/nm	单色辐射通量 $\Phi_{e(\lambda)}/\text{W}$
365	2.2	578	12.8
406	4.0	691	0.9
436	8.4	总计	39.8
546	11.5		

表 12-3　500W 汞灯各波长的相关数据

波长 λ/nm	单色辐射通量 $\Phi_{e(\lambda)}/\text{W}$	相对光谱光视效率 $V(\lambda)$	光通量 Φ_λ/lm
365	2.2	—	—
406	4.0	0.0007	1.9
436	8.4	0.018	103.3
546	11.5	0.984	7728.8
578	12.8	0.889	7772.0
691	0.9	0.0076	4.7
总计	39.8		15610.7

2. 发光强度

光通量表述的是某一光源向四周空间发射出的光能总量。不同光源发出的光通量在空间的分布是不同的。例如，悬吊在桌面上空的一盏 100W 白炽灯，它发出 1250lm 的光通量。但是用不用灯罩，投射到桌面的光通量就不一样。加了灯罩后，灯罩将往上的光向下反射，使向下的光通量增加，因此就会感到桌面上亮一些。这个例子说明只知道光源发出

的光通量总量还不够，还需要了解表征它在空间的光通量分布状况。

发光强度是指光通量的空间分布密度，用符号 I 表示。

图 12-5 所示为一个空心球体，球心 O 处放一光源，它向球表面 $abcd$ 所包的面积 A 上发出 Φ 的光通量。而面积 A 对球心形成的角称为立体角 Ω，它用面积 A 和球的半径 r 平方之比来度量，即

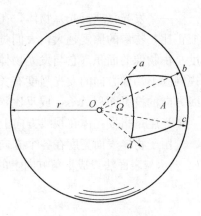

$$\Omega = \frac{A}{r^2} \qquad (12\text{-}2)$$

立体角 Ω 的单位为球面度（sr），当 $A = r^2$ 时，它在球心处形成的立体角 $\Omega = 1\mathrm{sr}$。

在方向 a 上发光强度的平均值为

$$I_a = \frac{\Phi}{\Omega} \qquad (12\text{-}3)$$

图 12-5　立体角的概念

发光强度的单位为坎德拉（简称坎；Candela，符号为 cd），它表示光源在 1sr 立体角内均匀发出 1lm 的光通量。

40W 白炽灯泡正下方具有约 30cd 的发光强度。而在它的正上方，则有灯头和灯座的遮挡，故此方向的发光强度为零。如果加上一个不透明的搪瓷伞形罩，向上的光通量除少量被吸收外，都被灯罩朝下方反射，因此向下的光通量增加，而这时灯罩下方的立体角未变，故光通量的空间密度加大，发光强度由 30cd 增加到 73cd。

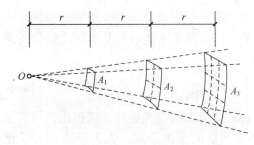

图 12-6　点光源产生照度的概念

3. 照度

照度是指物体表面单位面积上接收到的光通量，用符号 E 表示。图 12-6 表示表面 A_1、A_2、A_3 距点光源 O 的距离分别为 r_1、r_2、r_3，它们在光源处形成的立体角相同，则表面 A_1、A_2、A_3 的面积比为它们距光源的距离平方比，即 $1 : 4 : 9$。设光源 O 在这 3 个表面方向的发光强度不变，即单位立体角的光通量不变，则落在这 3 个表面的光通量相同，由于它们的面积不同，因此落在其上的光通量密度不同，即照度随它们的面积而变。

当光通量均匀分布在被照表面 A 上时，则此被照面的照度为

$$E = \frac{\Phi}{A} \qquad (12\text{-}4)$$

照度的常用单位为勒克斯（lux，符号为 lx），它等于 1lm 的光通量均匀分布在 $1\mathrm{m}^2$ 的被照面上。在 40W 白炽灯下 1m 处的照度约为 30lx；加搪瓷伞形罩后照度就增加到 73lx；阴天中午室外照度为 8000～20000lx；晴天中午在阳光下的室外照度可高达 80000～120000lx。

在房间内同一位置放置黑色和白色两个物体，虽然它们的照度相同，但在人眼中却会引起不同的视觉感觉，看起来白色物体亮得多。这说明物体表面的照度并不能直接表明人眼对它的视觉感觉。

4. 亮度

一个发光（或反光）物体，在眼睛的视网膜上成像，视觉感觉和视网膜上物像的照度成正比，物像的照度越大，人们觉得被看的发光（或反光）物体越亮。视网膜上物像的照度是由物像的面积（它与发光物体的面积有关）和落在这面积上的光通量（它与发光体朝视网膜上物像方向的发光强度有关）所决定。这表明：视网膜上物像的照度和发光体在视线方向的投影面积 $A\cos\alpha$ 成反比，与发光体朝视线方向的发光强度 I 成正比。

亮度是指发光体在视线方向上单位投影面积发出的发光强度，用符号 L 表示。

由于物体表面亮度在各个方向不一定相同，因此常在亮度符号的右下角注明角度，如 L_α 表示与表面法线成 α 角方向上的亮度。

$$L_\alpha = \frac{I_\alpha}{A\cos\alpha} \tag{12-5}$$

亮度的常用单位为坎德拉每平方米（符号为 cd/m²），它等于 1m² 表面上，沿法线方向（$\alpha = 0°$）发出 1cd 的发光强度。有时用另一较大单位——熙提（符号为 sb），它表示 1cm² 上发出 1cd 时的亮度单位，1sb = 10000cd/m²。常见的一些物体亮度值如下：白炽灯灯丝为 300～500sb、荧光灯管表面为 0.8～0.9sb、太阳为 20 万 sb、无云蓝天为 0.2～2.0sb。

12.2.2　基本光度单位之间的关系

1. 发光强度和照度的关系

一个点光源在被照面上形成的照度，可以从发光强度和照度这两个基本量之间的关系求出。根据 $E = \Phi/A$，$I = \Phi/\Omega$，$\Omega = A/r^2$，可推出

$$E = \frac{I}{r^2} \tag{12-6}$$

式（12-6）表明，某表面的照度值与点光源在这个方向的发光强度 I 成正比，与它至光源距离 r 的平方成反比。这就是计算点光源产生照度的基本公式，称为距离平方反比定律。

以上所讨论的是指光线垂直入射到被照表面，即入射角 α 为零的情况。当入射角不等于零时，不同平面上形成的照度如图 12-7 所示的情况。这时，表面 A_1 的法线与入射光线成 α 角，而表面 A_2 的法线与光线重合，这样表面 A_1 和表面 A_2 间的夹角为 α，则有

$$A_1 = \frac{A_2}{\cos\alpha} \tag{12-7}$$

而 A_1 和 A_2 所接受的光通量相同，它们在点光源处形成的立体角相同，由此可推出

$$E_1 = \frac{I\cos\alpha}{r^2} \tag{12-8}$$

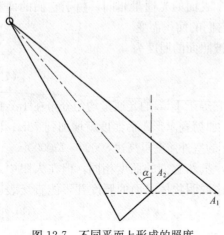

图 12-7　不同平面上形成的照度

式（12-8）是表述点光源在任何表面上形成照度的普遍公式。它说明：点光源在表面上形成的照度与它在这个方向上的发光强度成正比，和入射光线与被照面法线形成的夹角余弦成正比，和它到被照面的距离平方成反比。当圆形光源的直径小于它到被照面距离的 1/5，线光源的长度小于到被照面距离的 1/4 时，就将它视为点光源。

【案例 12-3】　如图 12-8 所示，在某一绘图桌上方悬挂一个 40W 的白炽灯，求灯下桌面点 1 和点 2 处的照度。

【案例解析】　设该白炽灯下方的发光强度均为 30cd，按式（12-8）可得出

$$E_1 = \frac{I\cos\alpha}{r_1^2} = \frac{30 \times \cos30°}{2^2} \approx 6.5(\text{lx})$$

$$E_2 = \frac{I\cos0°}{r_2^2} = \frac{30 \times 1}{(r_1\cos30°)^2} \approx 10(\text{lx})$$

2. 照度和亮度的关系

照度和亮度的关系是指光源亮度和它所形成的照度间的关系。一个在各个方向亮度相同的发光面 A_1 对另一个表面 A_2 形成的照度 E，其关系如图 12-9 所示，可用式（12-9）表示。

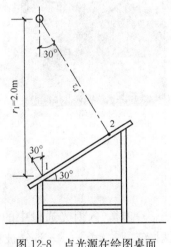

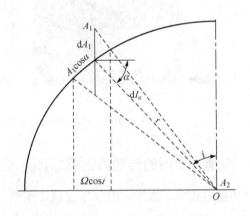

图 12-8　点光源在绘图桌面
上产生的照度

图 12-9　照度和亮度的关系

$$E = L_a\Omega\cos\theta \tag{12-9}$$

式（12-9）就是常用的立体角投影定律。它表示某一亮度为 L_a 的发光表面在被照面上形成的照度，是这一发光表面的亮度与该发光表面在被照点上形成的立体角 Ω 在被照面的投影（$\Omega\cos\theta$）的乘积。这一定律表明：某一发光表面在被照面上形成的照度，仅和发光表面的亮度及其在被照面上形成的立体角投影有关，而和该发光表面面积的绝对值无关。图 12-9 中 A 和 $A\cos\alpha$ 的面积不同，但由于它们在被照面上形成立体角的投影相同，因此只要它们在被照面方向的亮度相同，那么，它们在被照面上形成的照度就是一样的。立体角投影定律适用于光源尺寸相对于其与被照点距离较大的情况。

12.3　材料的光学性质

在日常生活中，人们所看到的光，大部分是经过物体反射或透射的光。窗扇装上不同的玻璃，就会产生不同的光效果。图 12-10（a）中窗口装的是普通透明玻璃，阳光可直接射入室内，在阳光照射处照度很高，地面显得很亮；而其余地方只有反射光，所以就显得暗得多。而图 12-10（b）中窗口装的是磨砂玻璃，它使射入的光线分散射向四方，所以整个房间都比较明亮。由此可见，我们应对材料的光学性质有所了解，根据它们的不同特点，合理地将其应用于不同的场合，才能达到预期的目的。

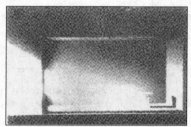

（a）普通透明玻璃　　　　　　　　　　　（b）磨砂玻璃

图 12-10　安装不同窗口的玻璃时室内的采光效果

12.3.1　光遇介质时的传播特性

光在传播过程中，遇到介质（如玻璃、空气、墙……）时，入射光通量中的一部分被反射，记作反射光通量（Φ_ρ）；一部分被吸收，记作吸收光通量（Φ_a）；一部分透过介质进入另一侧的空间，记作透射光通量（Φ_τ），如图 12-11 所示。

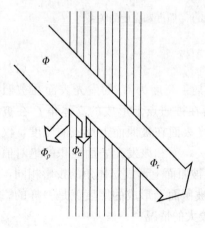

图 12-11　光的反射、吸收和透射

根据能量守恒定律，这三部分之和应等于入射光通量，即

$$\Phi = \Phi_\rho + \Phi_a + \Phi_\tau \qquad (12\text{-}10)$$

反射光通量、吸收光通量和透射光通量与入射光通量之比，分别称为光反射比 ρ、光吸收比 α 和光透射比 τ，即

$$\rho = \frac{\Phi_\rho}{\Phi} \qquad (12\text{-}11\text{a})$$

$$\alpha = \frac{\Phi_\alpha}{\Phi} \tag{12-11b}$$

$$\tau = \frac{\Phi_\tau}{\Phi} \tag{12-11c}$$

结合式（12-10）可得

$$\frac{\Phi_\rho}{\Phi} + \frac{\Phi_\alpha}{\Phi} + \frac{\Phi_\tau}{\Phi} = \rho + \alpha + \tau = 1 \tag{12-12}$$

表 12-4 为室内饰面材料的光反射比，表 12-5 为采光材料的光透射比，均可供采光设计时参考使用，其他材料可查阅有关手册和资料。

表 12-4   室内饰面材料的光反射比

材料		ρ	材料		ρ	材料		ρ
石膏		0.91	菱苦土地面		0.15	马赛克地砖	绿色	0.25
大白粉刷		0.75	混凝土地面		0.20		深咖啡色	0.20
水泥砂浆抹面		0.32	沥青地面		0.10	普通玻璃		0.08
白水泥		0.75	铸铁，钢板地面		0.15	大理石	白色	0.60
白色乳胶漆		0.84	瓷釉面砖	白色	0.80		乳色间绿色	0.39
调和漆	白色和米黄色	0.70		黄绿色	0.62		红色	0.32
	中黄色	0.57		粉色	0.65		黑色	0.08
红砖		0.33		天蓝色	0.55	水磨石	白色	0.70
灰砖		0.23		黑色	0.08		白色间灰黑色	0.52
塑料墙纸	黄白色	0.72	天釉陶土地砖	土黄色	0.53		白色间绿色	0.66
	蓝白色	0.61		朱砂	0.19		黑灰色	0.10
	浅粉白色	0.65	马赛克地砖	白色	0.59	塑料贴面板	浅黄色木纹	0.36
胶合板		0.58		浅蓝色	0.42		中黄色木纹	0.30
广漆地板		0.10		浅咖啡色	0.31		深棕色木纹	0.12

表 12-5   采光材料的光透射比

材料名称	颜色	厚度/mm	τ
普通玻璃	无	3～6	0.78～0.82
钢化玻璃	无	5～6	0.78
磨砂玻璃（花纹深密）	无	3～6	0.55～0.60
压花玻璃（花纹深密）	无	3	0.57
（花纹稀浅）	无	3	0.71
夹丝玻璃	无	6	0.76
压花夹丝玻璃（花纹稀浅）	无	6	0.66
夹层安全玻璃	无	3+3	0.78
双层隔热玻璃（空气层 5mm）	无	3+5+3	0.64

材料名称	颜色	厚度/mm	τ
吸热玻璃	蓝	3～5	0.52～0.64
乳白玻璃	乳白	3	0.60
有机玻璃	无	2～6	0.85
乳白有机玻璃	乳白	3	0.20
聚苯乙烯板	无	3	0.78
聚氯乙烯板	本色	2	0.60
聚碳酸酯板	无	3	0.74
聚酯玻璃钢板	本色	3～4 层布	0.73～0.77
	绿	3～4 层布	0.62～0.67
小波玻璃钢瓦	绿	—	0.38
大波玻璃钢瓦	绿	—	0.48
玻璃钢罩	本色	3～4 层布	0.72～0.74
钢窗纱	绿	—	0.70
镀锌铁丝网（孔 20mm×20mm）	—		0.89
茶色玻璃	茶色	3～6	0.08～0.50
中空玻璃	无	3+3	0.81
安全玻璃	无	3+3	0.84
镀膜玻璃	金色	5	0.10
	银色	5	0.14
	宝石蓝	5	0.20
	宝石绿	5	0.08
	茶色	5	0.14

在工程实践中，为了做好采光和照明设计，仅了解反射和透射的光通量数值还不够，还需要了解光通量经过介质反射和透射后，光通量的分布发生了什么变化。

12.3.2　材料按光学性质分类

光经过材料的反射和透射后，反射光通量和透射光通量的分布变化取决于材料表面的光滑程度和材料内部的分子结构。反光材料和透光材料均可分为两类：一类是定向的，即光线经过反射和透射后，光分布的立体角没有改变，如镜面和透明玻璃；另一类是扩散的，这类材料使入射光不同程度地分散在更大的立体角范围内，如粉刷墙面就属于这一类。

1. 定向反射和透射

光线入射到表面很光滑的不透明材料上，就会出现定向反射现象。它具有下列特点：

1）光线入射角等于反射角。

2）入射光线、反射光线及反射表面的法线处于同一平面。

玻璃镜、磨得很光滑的金属表面都具有这种反射特性（图 12-12），这时在反射光方向可以很清楚地在反射面上看到光源的形象，但眼睛（或光滑表面）只要稍微改变位置，就会看不到光源形象。例如，人们照镜子时，只有当入射光（本人形象的亮度）、镜面的法线和反射光在同一平面上，而反射光又刚好射入人眼时，人们才能看到自己的形象。利用这一特性，将这种表面放在合适位置，就可以将光线反射到需要的地方，或避免光源在视线中出现。例如，布置镜子和灯具时，必须使人所在垂直面获得最大的照度，同时又不能让刺眼的灯具反射形象进入人眼，这时就可利用这种反射法则来考虑灯的位置。避免受定向反射影响的办法如图 12-13 所示，人在 A 的位置时，就能清晰地看到自己的形象，看不到灯的反射形象。而人在 B 处时，就会在镜中看到灯的明亮反射形象，影响照镜子的效果。

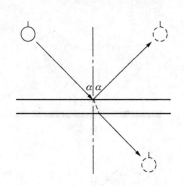  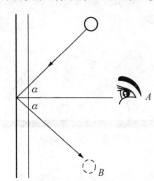

图 12-12　定向反射和透射　　　　　图 12-13　避免受定向反射影响的办法

光线入射到透明材料上时产生定向透射，如材料的两个表面彼此平行，则透过材料的光线方向和入射方向保持一致。例如，隔着质量好的窗玻璃，就能很清楚地、毫无变形地看到另一侧的景物。材料反射（或透射）后的光源亮度和发光强度，因材料的吸收和反射，比光源原有亮度和发光强度有所降低。

若玻璃质量不好，如两个表面不平、各处厚薄不匀时，各处的折射角不同，透过材料的光线互不平行，隔着它所见到的物体形象就会发生变形。人们利用这种效果，将玻璃的一面制作出各种花纹，使玻璃两侧表面互不平行，则光线折射不一，使外界形象严重歪曲，达到模糊不清的程度。这样既看不清另一侧的景物，不致分散人们的注意力，又不会过分地影响光线的透过，保持室内采光效果，同时也避免室内的活动可从室外一览无余。

2. 扩散反射和透射

半透明材料使入射光线发生扩散透射，而表面粗糙的不透明材料则使入射光线发生扩散反射，光线分散在更大的立体角范围内。这类材料又可按其扩散特性分为两种。

（1）均匀扩散材料

均匀扩散材料将入射光线均匀地向四面八方反射或透射，从各个角度看，其亮度完全相同，看不见光源形象。均匀扩散反射（漫反射）材料有氧化镁、石膏等。大部分无光泽、粗糙的建筑材料，如粉刷、砖墙等都可以近似地看成这一类材料。均匀扩散透射（漫透射）材料有乳白玻璃和半透明塑料等，透过它看不见光源形象或外界景物，只能看见材料的本色和亮度上的变化，人们常将它用作灯罩、发光顶棚，以降低光源的亮度，减少刺眼程度。

图12-14所示为均匀扩散的反射和透射，图中实线为亮度分布，虚线为发光强度分布，均匀扩散材料的最大发光强度在表面的法线方向。

（2）定向扩散材料

定向扩散材料同时具有定向和扩散两种性质。它在定向反射（透射）方向，具有最大的亮度，而在其他方向也有一定亮度。图12-15所示为定向扩散的反射和透射，图中实线表示亮度分布，虚线表示发光强度分布。

具有这种性质的反光材料包括光滑的纸、较粗糙的金属表面、油漆表面等。这时在反射方向可以看到光源的大致形象，但轮廓不似定向反射那样清晰，而在其他方向又类似扩散材料，具有一定亮度。这种性质的透光材料，如磨砂玻璃，透过它可看到光源的大致形象，但并不清晰。

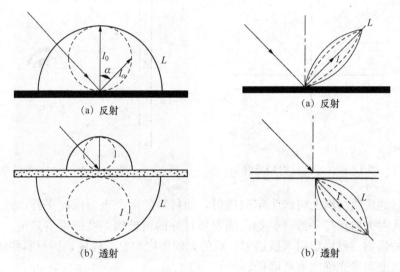

图12-14　均匀扩散的反射和透射　　图12-15　定向扩散的反射和透射

不同桌面材料的光效果如图12-16所示。其中，常见的办公桌表面处理方法——深色的油漆表面［图12-16（a）］，由于它具有定向扩散反射特性，在桌面上可以看到有两条明显的荧光灯反射形象，但边沿不太清晰。这两条明显的荧光灯反射形象，会让人在深色桌面衬托下感到特别刺眼，对工作有较大影响。而将办公桌的左半侧用一浅色均匀扩散材料代替原有的深色油漆表面时［图12-16（b）］，由于它的均匀扩散性能，反射光通量均匀分布，故其表面亮度均匀，看不到荧光灯管形象，为工作创造了良好的视觉条件。

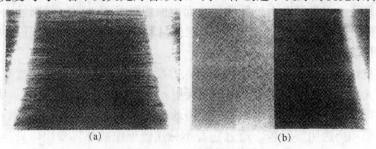

图12-16　不同桌面材料的光效果

12.4　光　与　视　觉

任务描述

工作任务　设计一次实验，感受不同光源色带给环境的变化。
工作场景　学生在某一空间，利用色纸变化光源色。

12.4.1　光与色

色就是光作用于人眼引起的形象以外的视觉特性。色是影响光环境质量的要素，同时对人的生理和心理活动产生作用。从色的显现方式上分为光源色和物体色两种。

1）光源色。光源是能发光的物理辐射体，如灯、太阳等。光源辐射多个单色光对应的辐射能量不同，引起的颜色视觉就会不同。辐射能量集中于光短波部分的色光会引起蓝色的视觉；辐射能量集中于光长波部分的色光会引起红色的视觉。光的物理性质由光波的振幅和波长两个因素决定。波长的长度差别决定色相的差别。波长相同而振幅不同，则决定色相明暗的差别，即明度差别。

2）物体色。光被物体反射或透射后的颜色是物体色。物体色不仅与光源的光谱能量分布有关，而且与物体表面的光谱反射比或透射比分布也有关。例如，一张红纸，用白光照射时反射红色光（其他色被吸收），用绿光照射时呈现黑色（入射光中没有红色光供反射）。再如，白炽灯下的物体发黄，荧光灯下的物体偏青，电焊光下的物体偏浅青紫，晨曦与夕阳下的景物呈橘红、橘黄色，白昼阳光下的景物带浅黄色，月光下的景物偏青绿色等。光源色的光亮强度也会对照射物体产生影响，强光下的物体色会变淡，弱光下的物体色会变得模糊晦暗，只有在中等光线强度下的物体色最清晰可见。

12.4.2　视度

视度是指看物体的清晰程度，它不仅受人眼本身视觉特性的制约，还受到亮度、物件尺寸、亮度对比、识别时间与面积、眩光等因素的影响。

1. 亮度

人眼能察觉的最低亮度约为 $3.14 \times 10^{-5}\,\mathrm{cd/m^2}$；当物体表面的亮度超过 $1.6 \times 10^5\,\mathrm{cd/m^2}$ 时，通常人会感到刺眼。对于人眼而言，存在着最佳亮度。西欧一些研究人员的实验表明，当工作面上的照度为 1500～3000lx 时，对照明感到满意的人数比例最大。

2. 物件尺寸

物件尺寸是指物件对人眼所成的视角。一般而言，物件尺寸越大，人们越易看清。

3. 亮度对比

亮度对比是指视野内视觉对象和背景之间的亮度差异，对比度越大，视度越好。

4. 识别时间与面积

识别时间与亮度遵循邦森·罗斯科定律：亮度×识别时间＝常数，对象的识别面积与亮度遵循里科定律：亮度×面积＝常数。由此可知，亮度与识别时间及面积都成反比关系。利用此关系，在工作和活动中，需按照识别物体的时间及物体的尺寸对视觉作业环境进行分类，并选择合适的采光系数及照明标准。

5. 眩光

眩光是由于视野中的亮度分布或亮度范围的不适宜，或存在极端的亮度对比，以至于引起不舒适感觉或降低物体观察细部或目标的能力的视觉现象。其可根据眩光对视觉的影响程度分为失能眩光（降低视功效和可见度，甚至丧失视力）和不舒服眩光（引起不舒服的感觉）。对于室内光环境来说，只要将不舒适眩光限制在允许的限度内，失能眩光也就消失了。眩光按形成的机理分为直接眩光、反射眩光和对比眩光三类。

（1）直接眩光

直接眩光是由视野中，特别是在接近视线方向内存在的发光体所产生的眩光。在建筑环境中，透过玻璃窗的太阳光、发光顶棚及灯具内的光源等过亮时，就会产生直接眩光。

（2）反射眩光

反射眩光是指由视野中反射所引起的眩光，特别是在靠近视线方向看见反射光产生的眩光。按反射次数和形成眩光的机理，反射眩光可分为一次反射眩光、二次反射眩光和光幕反射。

1）一次反射眩光是指较强的光线投射到被观看的物体上，由目标物体的表面光泽产生反射而形成的镜面反射现象或漫射镜面反射现象。例如，将一个镜子挂在窗户对面的墙上，当阳光从窗户射入时，可以观察到镜框内的东西会产生光斑，这种光斑实际上就是侧窗的像。

2）二次反射眩光是当人体本身或其他物体的亮度高于被观看物体的表面亮度，而它们的反射图像又刚好进入人的视线时，人眼会在物体的表面上看到本人或物体的反射图象，从而无法看清目标本体。例如，当站在一个玻璃陈列柜前看不清陈列品反而看见的是自己时，这种现象就是二次反射眩光。

3）光幕反射是由于视觉对象的镜面反射，视觉对象的对比下降，以致部分或全部难以看清物体细部。例如，当光照照射在用光滑的纸打印的文件表面，且大部分的光反射到观看者的眼睛内时，如果文章的字是黑亮的，而且也反射到观看者的眼睛内，就会出现光幕反射，使观看者看不清文字。

（3）对比眩光

让人感到不舒适的原因不仅是光刺激方面，环境亮度也起很大的作用。环境亮度与光源亮度之差越大，亮度对比就越大，就越容易形成对比眩光。例如，一个亮着的街灯，白天行人不会注意到它的存在；而在晚上，行人就感觉街灯很刺眼。因为夜色的背景亮度很低，而街灯就显得很亮，形成了强烈的对比眩光。

建筑使用功能不同，对光环境质量的要求也不尽相同。对眩光控制要求较高的场所，如阅览室、办公室、绘图室、计算机房、重点陈列区、售票室、调度室等，要求保证基本无眩光；对于会议室、接待厅、目录厅、餐厅、候车室、游艺厅、营业厅、训练馆等空间，室内可有轻微的眩光；而一些不重要的辅助空间，有眩光感觉也可忽略，如储藏室、洗手间等。

知识拓展

实例 1——光之教堂

1989 年竣工的大阪茨木的光之教堂（图 12-17）为安藤忠雄教堂设计中的经典之作。光之教堂的落成令世人倾倒、顶礼膜拜。这一建筑虽然形体简单，但蕴含了一种复杂而极其优秀的建筑处理，这片成角度插入的素混凝土壁体，以最简单的方式解决了基地和工程所有难题。这片斜墙不仅分割了空间，而且把柔和阳光反射渗透进教堂室内，掩蔽了现存内院中的牧师住宅，并隔离了外部世界的喧嚣。

图 12-17　光之教堂

光之教堂的区位受到场地和周边建筑风格的影响，为缩减尺度，以 15°将墙体切入教堂的矩形体块，将入口与主体分离。光之教堂是现有一个木结构教堂和牧师住宅的独立式扩建。设计者在墙体上留出的垂直和水平方向的开口，使阳光从此渗透进来。空间以坚实的混凝土墙所围合，创造出绝对黑暗的内部空间，阳光从墙体上留出的垂直和水平方向的开口渗透进来，从而形成著名的"光的十字架"——抽象、洗练和诚实的空间纯粹性，达成对神性的完全臣服。

安藤忠雄在湖南大学的讲座中提到："我很在意人人平等，在梵蒂冈，教堂是高高在上的，牧师站的比观众高，而我希望光之教堂中牧师与观众人人平等，在光之教堂中，台阶是往下走的，这样站着的牧师与坐着的观众一样高，从而消除了不平等的心理。这才是光之教堂的精华。"

春日教堂的神父与素昧平生的安藤忠雄见面，他提出教堂的要求只是"简朴"，安藤忠雄的清水混凝土完美地实现了这个诉求。混凝土、自然植物、玻璃与光，正是安藤忠雄带给现代自然建筑的灵魂。

实例2——朗香教堂

朗香教堂（图12-18）是勒·柯布西耶在第二次世界大战后的重要作品，代表了勒·柯布西耶创作风格的转变，在朗香教堂的设计中，勒·柯布西耶脱离了理性主义，转到了浪漫主义和神秘主义。

图12-18 朗香教堂

在朗香教堂的设计中，勒·柯布西耶把重点放在建筑造型上和建筑形体给人的感受上。他摒弃了传统教堂的模式和现代建筑的一般手法，把它当作一件混凝土雕塑作品加以塑造。

朗香教堂造型奇异，平面不规则。墙体几乎全是弯曲的，有的还倾斜，塔楼式的祈祷室的外形像座粮仓，沉重的屋顶向上翻卷着，它与墙体之间留有一条40cm高的带形空隙。粗糙的白色墙面上开着大大小小的方形或矩形的窗洞，上面嵌着彩色玻璃，光线透过屋顶与墙面之间的缝隙和镶着彩色玻璃的大大小小的窗洞投射下来，使室内产生了一种特殊的气氛。勒·柯布西耶把朗香教堂做成一个"视觉领域的听觉器件"，它像人的听觉器官一样柔软、微妙、精确和不容改变；用建筑激发音响效果——形式领域的声学；把教堂建筑视作声学器件，使之与所在场所沟通。进一步说，信徒来教堂是为了与上帝沟通，声学器件也象征人与上帝声息相通的渠道。这可以说是勒·柯布西耶设计朗香教堂的建筑立意，一个别开生面的巧妙立意。

单元小结

能够引起视觉的电磁波波长范围为 380～780nm。

感光细胞包括锥状细胞和杆状细胞。锥状细胞在明亮环境下，对色觉和视觉敏锐度起决定作用；杆状细胞在黑暗环境中对明暗感觉起决定作用。

人眼在观看同样功率的可见光辐射时，对不同波长感觉到的明亮程度是不一样的。人眼的这种特性常用光谱光视效率 $V(\lambda)$ 曲线来表示。它表示波长 λ_m 和波长 λ 的单色辐射，在特定光度的条件下，获得相同视觉感觉时，该两个单色辐射通量（辐射体以电磁波的形式向四面八方辐射能量，在单位时间内辐射的所有能量称为辐射通量）之比。λ_m 选在视感觉最大值处（明视觉时为 555nm，暗视觉为 507nm），其比值的最大值为 1。

双眼不动的视野范围如下：水平面为 180°，垂直面为 130°。从中心视场往外 30° 内是视觉清楚区域，这是观看物体总体的有利位置。通常站在离展品高度 1.5～2 倍的距离观赏展品。

光通量是指光源在单位时间内向周围射出的使眼睛引起光感的能量，用符号 Φ 表示，其单位为流明（lm）。

发光强度是指光通量的空间分布密度，用符号 I 表示，其单位为坎德拉（cd）。

照度是指物体表面单位面积上接收到的光通量，用 E 表示，单位为勒克斯（lx）。

亮度是指发光体在视线方向上单位投影面积发出的发光强度，用符号 L 表示，单位为坎德拉每平方米（cd/m²）。

发光强度和照度的关系为 $E=\dfrac{I}{r^2}\cos\alpha$，该式表明，某表面的照度值与点光源在这个方向的发光强度 I 成正比，与它至光源距离 r 的平方成反比，称为距离平方反比定律。

照度和亮度的关系为 $E=L_a\Omega\cos\theta$，这就是常用的立体角投影定律。

反光和透光材料均可分为两类：一类是定向的，即光线经过反射和透射后，光分布的立体角没有改变，如镜面和透明玻璃；另一类是扩散的，这类材料使入射光不同程度地分散在更大的立体角范围内，如粉刷墙面就属于这一类。同时，扩散材料又可按其扩散特性分为均匀扩散材料和定向扩散材料。

色就是光作用于人眼引起的形象以外的视觉特性。从色的显现方式上分为光源色和物体色两种。波长的长度差别决定光源色色相的差别，波长相同而振幅不同，则决定色相明暗的差别，即明度差别。光被物体反射或透射后的颜色是物体色，物体色不仅与光源的光谱能量分布有关，而且与物体表面的光谱反射比或透射比分布有关。

视度是指看物体的清晰程度，它不仅受人眼本身视觉特性的制约，还受到亮度、物件尺寸、亮度对比、识别时间与面积、眩光等因素的影响。

眩光是指在视野中或是在空间、时间上存在极端的亮度对比，以至于引起不舒服和降低物体可见度的视觉现象。其根据眩光对视觉的影响程度可分为失能眩光和不舒服眩光；按形成的机理分为直接眩光、反射眩光和对比眩光三类。

能 力 训 练

基本能力

一、名词解释

1. 辐射通量 2. 明视觉 3. 光通量 4. 照度 5. 眩光 6. 发光强度

二、填空题

1. 能够引起视觉的电磁波的波长范围为_____。

2. 人眼的感光细胞有_____和_____。

3. 双眼不动的视野范围为：水平面_____，垂直面_____。

4. 光通量用符号_____表示，其单位为_____。

5. 波长的长度差别决定光源色_____的差别，波长相同而振幅不同，则决定_____差别。

6. 照度用符号_____表示，单位为_____。

7. 亮度指_____，用符号_____表示，单位为_____。

三、选择题

1. （   ）能够通过自动调节孔径，控制进入眼球的光能数量。

   A. 瞳孔   B. 水晶体   C. 视网膜   D. 感光细胞

2. 在明亮环境下，对色觉和视觉敏锐度起决定作用的是（   ）。

   A. 杆状细胞   B. 锥状细胞   C. 黄斑区

3. 通常站在离展品高度（   ）的距离观赏展品，使其处于视觉中心区。

   A. 1～1.5倍   B. 1～2倍   C. 1.5～2倍   D. 3～4倍

4. 辐射功率相同、波长不同的单色光感觉明亮程度不同，在明视觉环境中，下列光中最明亮的是（   ）。

   A. 红色   B. 黄色   C. 蓝色   D. 紫色

5. 发光强度的符号为（   ），单位为（   ）。

   A. P、lm   B. I、cd   C. W、cd/m^2 D. E、lx

6. 离P点2m处有一个点光源，测出光强为100cd，当将光源顺原方位移动到4m远时光强为（   ）cd。

   A. 25   B. 50   C. 100   D. 200

7. 将一个灯由桌面竖直向上移动，在移动过程中，不发生变化的量是（   ）。

   A. 灯的光通量   B. 灯落在桌面上的光通量

   C. 桌面的水平面照度   D. 桌子的表面亮度

8. 立体角投影定律表明：某一发光表面在被照面上形成的照度，仅和（   ）及其在被照面上形成的（   ）投影有关，而和该发光（   ）的绝对值无关。

   A. 发光表面的亮度 B. 发光强度   C. 立体角   D. 表面面积

9. 采用玻璃做隔断时，应避免使用（   ）。

A. 毛玻璃　　　　　B. 普通玻璃　　　　C. 夹丝玻璃　　　　D. 冰花玻璃

10. 下列材料中为漫反射材料的是（　　）。

A. 镜片　　　　　　B. 搪瓷　　　　　　C. 石膏　　　　　　D. 乳白玻璃

11. 关于漫反射材料特性叙述中，不正确的是（　　）。

A. 受光照射时，它的发光强度最大值在表面的法线方向

B. 受光照射时，从各个角度看，其亮度完全相同

C. 受光照射时，看不见光源形象

D. 受光照射时，它的发光强度在各方向上相同

12. 下列材料中，（　　）是漫透射材料。

A. 透明平板玻璃　　　　　　　　B. 茶色平板玻璃

C. 乳白玻璃　　　　　　　　　　D. 中空透明玻璃

四、简答题

1. 选择 4 种常用的建筑材料，对其光学特性进行分析，并简述其适用环境。

2. 阐述光源色和物体色的关系，试分析在设计中如何有效地利用二者之间的关系。

3. 为什么有的商店大玻璃橱窗能够像镜子似的照出人像，却看不清内部陈列的展品？

4. 分析日常生活中的眩光现象，并提出解决措施。

拓展能力

1. 波长为 580nm 的单色光源，其辐射功率为 10W，试求：①该单色光源发出的光通量；②若它向四周均匀发射光通量，求其发光强度；③离它 2.5m 处的照度。

2. 在一绘图桌上方悬挂一个 9W 的紧凑型荧光灯（图 12-8），假设其在 30°内的发光强度皆为 50lx，求灯下桌面点 1 和点 2 处的照度。

天然采光

■ **知识目标** 掌握　采光口的基本形式和特点、采光设计的内容及方法。
　　　　　　　熟悉　光气候的基本知识、侧窗采光计算的基本方法。
　　　　　　　了解　各类建筑的采光标准、天窗采光计算的基本方法。
■ **技能目标** 能　在设计过程中注重并考虑建筑的天然采光问题。
　　　　　　　会　查找相应规范并使用。
■ **单元任务** 分析本班教室天然采光的光环境是否满足要求。

13.1　光气候和采光标准

┌─ **任务描述** ───────────────────────────────────┐

　工作任务　了解校园各类建筑（如教室、图书馆、体育馆等）的采光系数标准。
　工作场景　学生进行课堂学习、分组讨论，在图书馆、计算机实训室查找资料；并在教室进行资料
　　　　　　　汇总，完成任务。

└──┘

13.1.1　光气候

在天然采光的房间里，室内的光线随着室外天气的变化而改变。要做好对室内采光的设计，就必须了解当地的室外照度状况及影响照度变化的气象因素。其最主要的因素是光气候，光气候是指由太阳直射光、天空漫射光和地面反射光形成的天然光状况。

　1. 天然光的组成

天然光的组成具体如下。

1）太阳直射光是太阳光穿过大气层时，直接透射到地面的光。太阳直射光照度大、方向性强，能在物体背后形成阴影。

2）天空漫射光是太阳光穿过大气层时，碰到大气层中的空气分子、灰尘、水蒸气等微粒，产生多次反射，形成的天空扩散光。天空扩散光使天空具有一定的亮度，在地面上形成的照度较小，方向性差，不会形成阴影。

3）地面反射光是太阳直射光和天空漫射光射到地球表面后产生的反射光。在进行采光计算时，除地表面被白雪或白沙覆盖的情况外，可不考虑这部分光的影响。

2. 晴天和全阴天

太阳直射光和天空漫射光的比例随天空中云量的变化而变化，根据云量的多少，将其划分为 0～10 级，太阳直射光在总照度中的比例由无云天的 90％到全云天的零。由于多云天时，光气候错综复杂，故一般情况下考虑光气候的两种极限情况——晴天和全阴天。

（1）晴天

云覆盖天空的面积占 0～30％时为晴天。晴天时地面照度由太阳直射光和天空漫射光两部分组成。其照度值随太阳的升高而增大（图 13-1），天空漫射光照度在太阳高度角较大时增长速度逐渐减慢，因此直射光照度在总照度中所占比例随太阳高度角的增加而增加，阴影也随之更明显地增加。

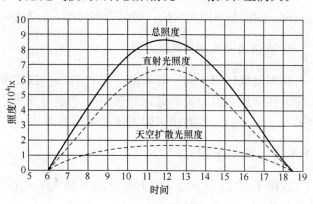

图 13-1　晴天室外照度变化情况

　　室内的照度取决于该点通过窗口所看到的天空的亮度。晴天天空亮度分布是随大气透明度、太阳和计算点在天空中的相对位置而变化的。晴天时，最亮处在太阳附近，离太阳越远，亮度越低，在太阳子午圈上与太阳成 90°处达到最低。太阳高度角为 40°时的无云天的天空亮度分布如图 13-2（a）所示，图中所列值是以天顶亮度为 1 的相对值，天空最亮处与最暗处相差近 16 倍。这时，建筑物的朝向对采光影响较大。

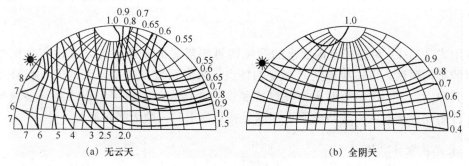

（a）无云天　　　　　　　　（b）全阴天

图 13-2　天空亮度分布

（2）全阴天

全阴天是指云覆盖面积为 80％～100％，看不见太阳，室外天然光全部为天空扩散光，这时地面照度取决于以下因素：

1）太阳高度角。高度角越大，照度越高，故全阴天中午照度仍然比早晚的高。

2）云状。不同的云其组成成分不同，对光线的影响也不同。低云云层厚，主要由水蒸气组成，位置靠近地面，遮挡和吸收大量的光线，天空亮度降低，地面照度小；高云由冰晶组成，反光能力强，天空亮度达到最大，地面照度大。

3）地面反射能力。由于光在云层和地面间多次反射，天空亮度增加，地面上的漫射光照度也显著提高。当地面积雪时，漫射光照度比无雪时提高可达 1 倍以上。

4）大气透明度。大气透明度低，室外照度也大大降低。

以上 4 个因素都影响室外照度，在一天中它们也是变化的，必然也使室外照度随之变化，但幅度没有晴天那样剧烈。全阴天的天空亮度是相对稳定的，如图 13-2（b）所示，全阴天时，天顶最亮，是地平线附近天空亮度的 3 倍。由于全阴天天空亮度低，亮度分布相对稳定，因而室内照度较低，朝向影响较小，分布稳定。

3. 我国的光气候概况及分区

我国地域辽阔，同一时刻南、北方的太阳高度相差很大。中国气象科学研究院和中国建筑科学研究院对室外地面照度进行了连续观测，搜集了各种气象因素，对获得的资料进行回归分析，换算出不同地区的照度分布。

13.1.2　采光标准

我国于 2013 年 5 月 1 日起施行的《建筑采光设计标准》（GB 50033—2013）是采光设计的依据，主要内容如下。

1. 采光系数

室内照度随室外照度的变化而变化，对采光数量的要求，我国和其他许多国家都是采用相对值，称为采光系数，用符号 C 表示。它是在室内参考平面上的一点，由直接或间接地接收来自假定和已知天空亮度分布的天空漫射光而产生的照度（E_n）与同一时刻该天空半球在室外无遮挡水平面上产生的天空漫射光照度（E_w）之比，即

$$C = \frac{E}{E_w} \times 100\% \tag{13-1}$$

利用式（13-1）可根据室内要求的照度换算出需要的室外照度，或由室外照度值求出当时的室内照度，以适应天然光多变的特点。采光系数是在全阴天的光气候环境下确定的，其原因如下：①晴天时天空亮度或照度的变化大，不易定量；②在很多情况下建筑不允许阳光直接射入；③当全阴天能满足视觉要求时，晴天必定满足。

2. 采光系数标准值

采光系数标准值是指在规定的室外天然光设计照度下，满足视觉功能要求时的采光系数值。场所使用功能要求越高，说明视觉作业需要识别对象的尺寸就越小。由天然光视觉试验得出，随着识别对象尺寸的减小，能看清识别对象所需的照度增大，即工作越精细，需要的照度越高，以此将采光等级分为 I～V 级。

把室内全部利用天然光时的室外天然光最低照度称为"室外天然光设计照度"，用 E_s 表示。我国各类光气候区的光气候系数 K 值和室外天然光设计照度 E_s 值见表 13-1。把对应于规定的室外天然光设计照度值和相应的采光系数标准值的参考平面上的照度值称为"室内天然光照度标准值"。侧窗采光和天窗采光时，I～V 级采光等级参考平面上的室内天然光照度标准值见表 13-2，其中工业建筑参考平面取距地面 1m，民用建筑取距地面 0.75m，公用场所取地

面。这样，由式（13-1），可计算出表 13-2 中各采光系数标准值，即要求室内各点采光系数不得低于表 13-2 中所列标准值，以保证室内各点亮度均匀，有利于视觉作业。

表 13-1　我国各类光气候区的光气候系数 K 值和室外天然光设计照度 E_s 值

光气候区	I	II	III	IV	V
光气候系数 K 值	0.85	0.90	1.00	1.10	1.20
室外天然光设计照度 E_s 值/lx	18000	16500	15000	13500	12000

表 13-2　各采光系数标准值

采光等级	侧面采光		顶部采光	
	采光系数标准值/%	室内天然光照度标准值/lx	采光系数标准值/%	室内天然光照度标准值/lx
I	5	750	5	750
II	4	600	3	450
III	3	450	2	300
IV	2	300	1	150
V	1	150	0.5	75

不论哪种采光口，采光系数标准值统一采用采光系数平均值作为标准值，这不仅能反映出工作场所采光状况的平均水平，也更方便理解和使用。考虑到夏天太阳辐射对室内产生的过热影响以及由此引起的不舒适眩光，规定了采光标准的上限值，即采光系数不宜高于 7%。表 13-2 中所列采光系数标准值适用于 III 类光气候区，其他地区的采光系数标准值，应等于采光标准各表所列采光系数标准值乘以各区光气候系数 K 值和室外天然光设计照度 E_s 值（表 13-1）。

3. 不同类型建筑的采光系数标准值

不同类型建筑的采光系数标准值见表 13-3。

表 13-3　不同类型建筑的采光系数标准值

建筑类型	房间名称	采光等级	采光形式			
			侧面采光		顶部采光	
			采光系数标准值 C_{min}/%	室内天然光照度标准值/lx	采光系数标准值 C_{min}/%	室内天然光照度标准值/lx
住宅建筑	起居室、卧室、厨房	IV	2	300	—	—
	卫生间、过厅、楼梯间、餐厅	V	1	150	—	—
办公建筑	设计室、绘图室	II	4	600	—	—
	办公室、视频工作室、会议室	III	3	450	—	—
	复印室、档案室	IV	2	300	—	—
	走廊、楼梯间、卫生间	V	1	150	—	—
教育建筑	专用教室、阶梯教室、实验室、教师办公室	III	3	450	—	—
	走廊、楼梯间、卫生间	V	1	150	—	—

建筑类型	房间名称	采光等级	采光形式			
			侧面采光		顶部采光	
			采光系数标准值 C_{min}/%	室内天然光照度标准值/lx	采光系数标准值 C_{min}/%	室内天然光照度标准值/lx
图书馆建筑	阅览室、开架书库	Ⅲ	3	450	2	300
	目录室	Ⅳ	2	300	1	150
	书库、走廊、楼梯间、卫生间	Ⅴ	1	150	0.5	75
旅馆建筑	会议室	Ⅲ	3	450	2	300
	大堂、客房、餐厅、多功能厅	Ⅳ	2	300	1	150
	走廊、楼梯间、卫生间	Ⅴ	1	150	0.5	75
医院建筑	诊室、药房、治疗室、化验室	Ⅱ	3	450	2	300
	候诊室、挂号处、综合大厅、病房、医生办公室（护士室）	Ⅳ	2	300	1	150
	走廊、楼梯间、卫生间	Ⅴ	1	150	0.5	75
博物馆、美术馆建筑	文物修复和复制工作室、门厅、技术工作室	Ⅲ	3	450	2	300
	展厅	Ⅳ	2	300	1	350
	库房、走廊、楼梯间、卫生间	Ⅴ	1	150	0.5	75

4. 采光质量

采光质量包括以下几个方面。

1) 采光均匀度。视野内照度分布不均匀，易使人眼疲乏，视功能下降。因此，要求房间内照度分布应有一定的均匀度。采光均匀度是指在参考平面上的采光系数的最低值与平均值之比。采光标准提出顶部采光时，Ⅰ～Ⅳ级采光等级的采光均匀度不宜小于 0.7，Ⅴ级视觉工作需要的开窗面积小，较难照顾均匀度，故对均匀度均未作规定。为保证采光均匀度不小于 0.7 的规定，相邻两天窗中线间的距离不大于参考平面至天窗下沿高度的 1.5 倍。侧面采光时，室内照度不可能做到均匀。

2) 限制眩光。《建筑采光设计标准》（GB 50033—2013）中提出可采取以下措施减少窗口眩光：①作业区应减少或避免直射阳光；②工作人员的视觉背景不宜为窗口；③可采用室内、外遮挡设施；④窗结构的内表面或窗周围的内墙面，宜采用浅色饰面。

3) 采用合适的光反射比。对于办公楼、图书馆、学校等建筑的房间，其室内各表面的光反射比标准宜符合表 13-4 的规定。

表 13-4　室内各表面的光反射比标准

表面名称	光反射比	表面名称	光反射比
顶棚	0.60～0.90	地面	0.10～0.50
墙面	0.30～0.80	桌面、工作台面、设备表面	0.20～0.60

4）注意光的方向性。

采光设计中，应避免对工作产生遮挡和不利的阴影，如书写作业时天然光线应从左侧方向射入。

5）考虑光源的色温。

对于白天天然光线不足而需补充人工照明的场所，补充的人工照明光源宜选择接近天然光色温的光源。

6）对于需识别颜色的场所，宜采用不改变天然光光色的采光材料。

7）对于博物馆和美术馆建筑的天然采光设计，宜消除紫外辐射、限制天然光照度值和减少曝光时间。陈列室不应有直射阳光进入。

8）对具有镜面反射的观看目标，应防止产生反射眩光和映像。

9）当选用导光管采光系统进行采光设计时，采光系统应有合理的光分布。

13.2　采　光　口

采光口是人们为获得所需的天然光，在房屋的外围护结构上开的装有透光材料的各种形式的洞口。采光口可分为侧窗和天窗两种形式。

13.2.1　侧窗

侧窗（图 13-3）是指在房间的一侧或两侧墙上开的采光口，是常用的一种采光形式。侧窗构造简单、布置方便、造价低廉，光线方向性明确，并可通过它看到外界景物。一般放置在 1m 左右的高度 [图 13-3（a）]。有时为了达到某种目的，将窗台提高到 1.6m 以上，称为高侧窗 [图 13-3（b）]。如用于展览建筑，以争取更多的展出墙面；用于厂房，以提高房间深处照度；用于仓库，以增加储存空间等。

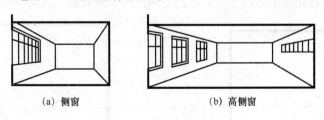

（a）侧窗　　　　　　　　　（b）高侧窗

图 13-3　侧窗的几种形式

对侧窗来说，影响房间采光效果的主要因素如下。

1）窗间墙。窗间墙越宽，横向均匀性越差，特别是靠窗间墙一侧。因此，当在墙边布置有连续工作台时，应在满足结构等要求的前提下，尽量减小窗间墙的宽度，或将工作台离开墙边布置，避开不均匀地带。

2）侧窗的尺寸、位置。窗面积的减少，一定会减少室内的采光量，但不同的减少方式，对室内采光状况带来的影响不同。当窗上沿高度不变时，可以提高窗台高度（a、b、c、d）来减少窗面积（图 13-4）。随着窗台高度的提高，室内深处的照度变化不大，但近窗处的照度明显下降。当窗台高度不变时，改变窗上沿高度（a、b、c、d）会给室内采光分布带来影响（图 13-5）。可见离窗远处照度的下降逐渐明显。当窗台高度不变时，改变窗的宽度可使窗面积减小（图 13-6）。随着窗宽的减小，墙角处的暗角面积增大（图 13-7）。

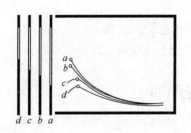 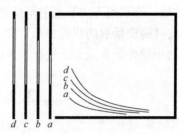

图 13-4　窗台高度变化对室内照度的影响　　　图 13-5　窗上沿高度变化对室内照度的影响

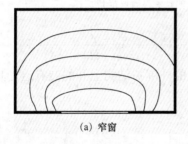 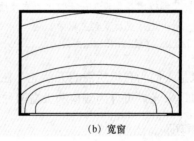

(a) 窄窗　　　　　　　　　　　　(b) 宽窗

图 13-6　窗宽变化对室内采光的影响

以上分析是在全阴天时的情况，在晴天时，窗的朝向对室内采光的均匀性有较大的影响。当同一房间在阴天和晴天（窗口朝阳、窗口背阳）时，室内照度分布如图 13-7 所示。当晴天及阴天时，双侧采光室内的照度变化情况，如图 13-8 所示。从图 13-7 中可看出，晴天时，两侧窗口对着亮度不同的天空，因此室内照度不是对称变化的。

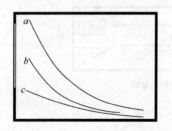 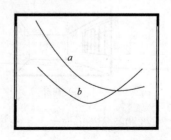

图 13-7　不同朝向侧窗对室内采光的影响　　　图 13-8　不同天空状况时双侧采光室的室内照度
　　　　　a—朝阳；b—阴天；c—背阳　　　　　　　　　　　　a—晴天；b—阴天

可见，晴天时窗口朝向对室内照度影响很大，所以晴天多的地区，对于窗口朝向应慎
重考虑。为了克服侧窗采光照度变化剧烈，还可
采用乳白玻璃、玻璃砖等扩散透光材料，或采用
将光线折射至顶棚的折射玻璃（图 13-9）。同时由
于侧窗的位置较低，人眼很易见到明亮的天空，
形成眩光，所以医院、教室、图书馆等场合为了
减少侧窗的眩光，也可采用水平挡板、窗帘、百
叶、绿化等措施。

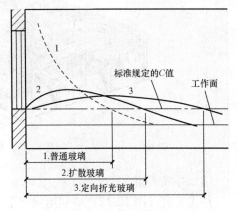

图 13-9　不同玻璃的采光效果

13.2.2　天窗

天窗是指在单层房屋顶部开的窗。与侧窗相
比，其特点是采光效率高，约为侧窗的 8 倍。一
般具有较好的照度均匀性；天窗采光一般很少受到遮挡；但天窗的开窗方式，决定了它只
能用在建筑物屋面下的房屋。天窗的种类主要有矩形天窗、锯齿形天窗、平天窗等形式。
下面介绍 3 种天窗的形式和采光特性。

1. 矩形天窗

矩形天窗相当于提高位置的高侧窗，它的采光特性也与高侧窗相似。矩形天窗有很多
种形式，名称也不相同，如纵向矩形天窗、横向矩形天窗和井式天窗等。

（1）纵向矩形天窗

纵向矩形天窗由装在屋架上的天窗架和天窗架上的窗扇组成，简称矩形天窗。窗扇一
般可以开启，也可起通风作用。

纵向矩形天窗的采光系数曲线如图 13-10 所示。由图 13-9 可见，采光系数最高值在跨
中，最低值在柱子处。由于天窗布置在屋顶上，位置较高，如设计适当，可避免照度变化
大的缺点，并且因窗口位置高，不易形成眩光。纵向矩形天窗采光系数平均值最高仅为
5%，常用于中等精密工作的车间，以及有一定通风要求的车间。

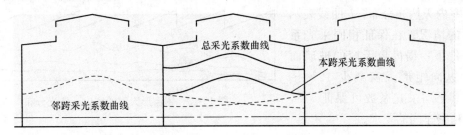

图 13-10　纵向矩形天窗的采光系数曲线

（2）横向矩形天窗

横向矩形天窗的透视图如图 13-11 所示，其可简称横向天窗，与纵向矩形天窗相比，
横向矩形天窗省去了天窗架，降低了建筑高度，简化了结构，节约了材料。造价仅为矩形
天窗的 62%，其采光效果和纵向矩形天窗相差不大。

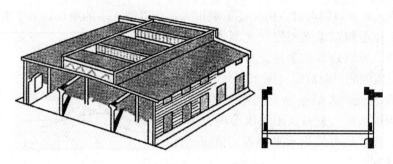

图 13-11　横向矩形天窗的透视图

（3）井式天窗

井式天窗（图 13-12）是利用屋架上下弦之间的空间，将几块屋面板放在下弦杆上形成井口。

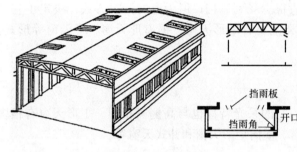

图 13-12　井式天窗

井式天窗主要用于热车间。为了通风顺畅，开口处常不设玻璃窗扇。为了防止飘雨，除屋面作挑檐外，开口高度大时还会在中间加几排挡雨板。这种天窗光线很少能直接射入，因此采光系数一般在 1％以下。

2. 锯齿形天窗

锯齿形天窗属单面顶部采光。由于倾斜顶棚的反光，锯齿形天窗的采光效率比纵向矩形天窗高，当窗口朝向北面天空时，可避免直射阳光射入车间，不会影响车间的温、湿度调节。所以，锯齿形天窗多用于需要调节温、湿度的车间。

图 13-13 为锯齿形天窗的室内天然光分布，可以看出它的采光均匀性较好，且朝向对室内天然光分布的影响大。其中，a 曲线为晴天窗口朝向太阳天然光分布，c 曲线为背向太阳时的室内天然光分布，b 曲线表示阴天时的情况。在保证相同采光系数的条件下，锯齿形天窗的玻璃面积可比纵向矩形天窗减少 15％～20％，其平均采光系数可保证 7％，能满足精密车间的要求。

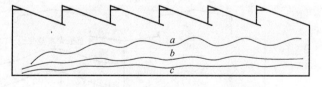

图 13-13　锯齿形天窗的室内天然光分布

锯齿形天窗具有单侧高窗的效果，加上有倾斜顶棚作为反射面增加反射光，所以室内光线比高侧窗更均匀。同时，它还具有方向性强的特点，在室内布置机器时应予以方向的考虑。

3. 平天窗

平天窗是在屋面直接开洞并铺上透光材料而成，由于不需特殊的天窗架，降低了建筑高度，简化了结构，施工更方便。平天窗的玻璃面接近水平，故它在水平面的投影面积 S_b 较同样面积的垂直窗的投影面积 S_0 大。根据立体角投影定律可以计算，在天空亮度相同的情况下，平天窗采光效率比矩形天窗高 2～3 倍。

平天窗布置灵活，易于达到均匀的照度。图 13-14 表示平天窗在屋面的不同位置对室内采光的影响。从图 13-14 中可以看出，平天窗在屋面的位置影响均匀度和采光系数平均值。当它布置在屋面中部偏屋脊处（布置方式 b），均匀性和采光系数平均值均较好。而平天窗的间距 d_c 对采光均匀性影响较大，最好保持在窗位置高度 h_x 的 2.5 倍范围内，以保证必要的均匀性。

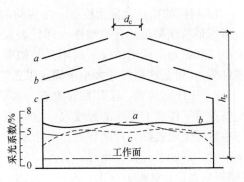

图 13-14　平天窗在屋面的不同位置对室内采光的影响

在实际设计中，由于不同的建筑功能对采光口有各种特殊要求，所以需要设计者将现有窗口形式灵活运用或加以改造，以满足不同建筑对天然采光的不同需求。

13.3　采 光 设 计

任务描述

工作任务　查找资料，了解如何对教室进行光环境设计。

工作场景　学生通过网络及图书等信息资源完成相关任务。

采光口不仅要满足采光要求，同时还需考虑保温、通风、泄爆等要求。这些作用与采光要求可能是一致的，也可能是矛盾的。这就需要在考虑采光要求的同时，综合地考虑其他问题妥善地加以解决，下面按设计步骤对采光口设计进行介绍。

13.3.1　采光设计步骤

采光设计的内容和过程如图 13-15 所示。

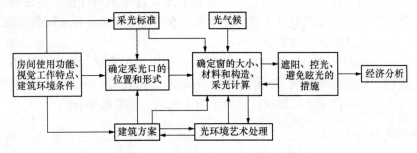

图 13-15　采光设计的内容和过程

1. 搜集资料

（1）了解设计对象对采光的要求

1）房间的特点及精密度。一个房间内的工作不一定完全相同，可能有粗有细，了解时应考虑最精细和最具有典型性（即代表大多数）的工作；了解视觉工作中需要识别部分的大小（如织布车间的纱线，而不是整幅布；机加工车间加工零件的加工尺寸，而不是整个零件等），根据这些尺寸大小来确定采光工作分级。

2）工作面位置。工作面有垂直、水平或倾斜的，它与窗的形式和位置有关。例如，侧窗在垂直工作面上形成的照度高，这时窗至工作面的距离对采光的影响较小，但正对光线的垂直面光线较好，背面较差。对于水平工作面而言，工作点与侧窗距离的远近对采光影响很大，不如平天窗效果好。另外，对于不同的工作面位置，采光系数的计算方法也不同。《建筑采光设计标准》（GB 50033—2013）推荐的采光计算方法仅适用于水平工作面。

3）工作对象的表面状况。工作表面是平面或是立体，是光滑的（镜面反射）或粗糙的，对于确定窗的位置有一定意义。例如，对于平面对象（如看书），光的方向性无多大关系；但对于立体物件，一定角度的光线能形成阴影，此时可加大亮度对比，提高视度。而光滑表面，由于镜面反射，若窗的位置安设不当，可能使明亮窗口的反射形象恰好反射到工作者的眼中，严重影响视度，需采取相应措施来防止。

4）工作中是否允许直射阳光进入房间。直射阳光进入房间，可能会引起眩光和过热，应在窗口的选型、朝向、材料等方面加以考虑。

5）工作区域。了解各工作区域对采光的要求。照度要求高的布置在窗口附近，要求不高的区域（如仓库、通道等）可远离窗口。

（2）了解设计对象其他要求

1）采暖。在北方采暖地区，窗的大小影响到冬季热量的损耗，因此在采光设计中应严格控制窗面积的大小，特别是北窗影响较大，更应特别注意。

2）通风。了解在生产中发出大量余热的地点和热量的多少，以便就近设置通风孔洞。若有大量灰尘伴随余热排出，则应将通风孔和采光天窗分开布置并留适当距离，以免排出的烟尘污染采光口。

3）泄爆。某些车间有爆炸危险，如粉尘很多的铝、银粉加工车间，储存易燃、易爆物品的仓库等。为了在万一发生爆炸时降低爆炸压力，保存承重结构，可设置大面积泄爆窗，从窗的面积和构造处理上解决减压问题。在面积上，泄爆要求往往超过采光要求，从而会引起眩光和过热，需要注意处理。还有一些其他要求，这里不再详述。在设计中，应首先考虑解决主要矛盾，然后按其他要求进行复核和修改，使之满足各种不同的要求。

（3）了解房间及其周围环境概况

了解房间平、剖面尺寸和位置；影响开窗的构件，如吊车梁的位置、大小；房间的朝向；周围建筑物、构筑物和影响采光的物体（如树木、山丘等）的高度，以及它们和房间的距离等。这些都与选择采光口形式、确定影响采光的一些系数值有关。

2. 选择采光口形式

根据房间的朝向、尺度、生产状况、周围环境，结合上一节介绍的各种采光口的采光特性，选择适合的采光口形式。在一幢建筑物内可能采用几种不同的采光口形式，以满足不同的要求。例如，在进深大的车间，边跨常采用侧窗，中间几跨常采用天窗来解决中间跨采光的不足。又如，车间长轴为南北向时，则宜采用横向天窗或锯齿形天窗，以避免阳光射入车间。

3. 估算采光口尺寸

根据房间采光要求和拟采用的采光口形式及位置，可从表 13-5 中查出所需的窗地面积比。

表 13-5　窗地面积比和采光有效进深

采光等级	侧面采光		顶部采光
	窗地面积比（A_c/A_d）	采光有效进深（b/h_s）	窗地面积比（A_c/A_d）
Ⅰ	1/3	1.8	1/6
Ⅱ	1/4	2.0	1/8
Ⅲ	1/5	2.5	1/10
Ⅳ	1/6	3.0	1/13
Ⅴ	1/10	4.0	1/23

注：1. 窗地面积比计算条件：窗的总透射比 τ 取 0.6。室内各表面材料反射比的加权平均值：Ⅰ～Ⅲ级取 $\rho_j=0.5$；Ⅳ级取 $\rho_j=0.4$；Ⅴ级取 $\rho_j=0.3$；

　　2. 顶部采光指平天窗采光，锯齿形天窗和矩形天窗可分别按平天窗的 1.5 倍和 2 倍窗地面积比进行估算。

窗地面积比是指窗洞口面积与地面面积之比，对于侧面采光，应为参考平面以上的窗洞口面积。由窗地比和室内地面面积相乘就可估算出窗口面积，这种估算方法是一种简便、有效的方法，但是窗地面积比是根据有代表性的典型条件下计算出来的，适合于一般情况。如果实际情况与典型条件相差较大，估算的开窗面积和实际值就会有较大的误差。因此，估算值一般适用于采光方案设计。当同一房间内既有天窗，又有侧窗时，可先按侧窗查出它的窗地比，再从地面面积求出所需的侧窗面积，然后根据墙面实际开窗的可能来布置侧窗，不足之数再用天窗来补充。表 13-5 适用于对Ⅲ类光气候区的采光，其他光气候区的窗地面积比应乘以相应的光气候系数 K。

以上所说开口面积，是根据采光量的要求获得的。此外，由于侧窗还起到与外界视觉联系的作用，这时对侧窗的面积还有如下要求。

1）侧窗玻璃面积宜占所处外墙面积的 20%～30%。

2）窗宽与窗间墙宽比宜为 1.2～3.0。

3）窗台高度不宜超过 0.9m。

4. 布置采光口

估算需要的采光口面积，确定出窗的尺寸后，就可进一步确定窗的位置。这里不仅要考虑采光需求，而且还应考虑通风、日照、美观等要求，拟出几个方案进行比较，选出最佳方案。

经过以上 5 个步骤，确定采光口形式、面积和位置，基本上达到初步设计的要求。由于它的面积是估算的，位置也不一定合适，故在进行技术设计之后，还应进行采光验算，以便最后确定它是否满足采光标准的各项要求。

13.3.2　中、小学教室采光设计

1. 教室光环境要求

学生在学校的大部分时间都在教室里学习，因此要求教室里的光环境应保证学生能看得清楚、快捷、舒适，而且在较长时间阅读的情况下，不易产生疲劳，这就需要满足以下条件。

（1）足够、均匀的照度

在整个教室内应保持足够的照度，而且要求照度分布应比较均匀，使坐在各个位置上的学生具有相近的光照条件。同时，由于学生随时需要集中注意力于黑板，因此要求在黑板上要有较高的照度。

（2）合理的亮度分布、消除眩光

合理地安排教室环境的亮度分布，消除眩光，以保证正常的视力工作环境，减少疲劳，提高学习效率。虽然过大的亮度差别在视觉上会形成眩光，影响视功能，但在教室内各处保持亮度完全一致，在实践上很难办到，而且无此必要。在某些情况下，适当的不均匀亮度分布还有助于集中注意力，如在教师讲课的讲台和黑板附近适当提高亮度，可使学生注意力自然地集中在该部位。

（3）较少的投资和较低的维持费用

我国是一个发展中国家，经济还不够发达，教育经费有限。因此，应本着节约的精神，使设计符合国民经济发展水平，做到少花钱、多办事。

2. 教室采光设计

（1）设计条件

1）满足采光标准要求，保证必要的采光系数。根据《建筑采光设计标准》（GB 50033—2013）和《中小学校建筑设计规范》（GB 50099—2011）的规定，普通教室的采光不应低于采光等级Ⅲ级的采光标准值，侧面采光的采光系数不应低于 3.0%，室内天然光照度不应低于 450lx；窗地面积比不小于 1∶5。从目前的教室建筑设计尺度来看，需要采用断面小的窗框材料，窗口上沿尽可能靠近顶棚等措施，使教室采光达到设计要求。

2）均匀的照度分布。由于学生是分散在整个教室空间内学习，这就要求在整个教室内有均匀的照度分布；在工作区域内的照度差别希望限制为 1∶3；在整个房间内不超过 1∶10。这样可避免眼睛移动时，因需适应不同亮度而引起的视觉疲劳。由于目前学校建筑多采用单侧采光，很难把照度分布限制在上述范围内。为此，可提高窗台高度至 1.2m，将窗上沿提到顶棚处。这样可稍降低近窗处照度，提高靠近内墙处照度，减少照度不均匀性。而且还可使靠窗坐的学生看不见室外（中学生坐着时，视线平均高度为 113～116cm），以减少学生分散注意力的可能性。在条件允许时，可采用双侧采光来控制照度分布。

3）对光线方向和阴影的要求。普通教室、科学教室、实验室、史地、计算机、语言、

美术、书法等专用教室及合班教室、图书室均应以自学生座位左侧射入的光为主。教室为南向外廊式布局时，应以北向窗为主要采光面。在单侧采光时，只要保证黑板位置正确，是不会有问题的。如是双侧采光，则应分主次，将主要采光窗放在左边，以免在书写时，手遮挡光线，产生阴影，影响书写作业。开窗分清主次，还可避免在立体物件两侧上产生两个浓度相近的阴影，歪曲立体形象，导致视觉误差。

4）避免眩光。教室内最易产生的眩光源是窗口。当窗口处于视野范围内时，较暗的窗间墙衬上明亮的天空，就会感到很刺眼，使视力迅速下降。特别是当看到的天空是靠近天顶或太阳附近区域时。如在晴天，明亮的太阳光直接射入室内，在照射处产生极高的亮度。如果阳光直接射在黑板和课桌上，则情况更严重，当这高亮度区域处于视野内时，就会形成眩光，应尽量设法避免，故在有条件时应设窗帘以防止直射阳光射入教室内，还可从建筑朝向的选择和设置遮阳等方面来解决。但后者花钱较多，在阴天遮挡光线严重，故只能作为补救措施和结合隔热降温来考虑。

从采光稳定和避免直射阳光的角度来看，窗口最好朝北，这样在上课时间内可保证无直射阳光进入教室，光线稳定。但在寒冷地区，这与采暖要求有矛盾。为了与采暖协调，北方可将窗口向南。朝南窗口射入室内的太阳高度角大，因而射入进深较小，日照面积局限在较小范围内，如果要作遮阳也较易实现。其他朝向，如东、西向，太阳高度角低，阳光能照射全室，对采光影响大，应尽可能不采用。

（2）教室采光设计中的几个重要问题

1）室内装修。室内装修对采光有很大影响，特别是侧窗采光。这时室内深处的光主要来自顶棚和内墙的反射光。因而它们的光反射比对室内采光影响很大，应选择最高值。

此外，从创造一个舒适的光环境来看，室内各表面亮度应尽可能接近，特别是相邻表面亮度相差不能太悬殊。这可从照度均匀分布和各表面的光反射比来考虑。外墙上的窗，亮度较大，为了使窗间墙的亮度与之较为接近，其表面装修应采用光反射比高的材料。由于黑板的光反射比低，装有黑板的端墙的光反射比也应稍低。课桌尽可能选用浅色的表面处理。此外，表面装修宜采用扩散性无光泽材料，它在室内反射出没有眩光的柔和光线。除舞蹈教室、体育建筑设施外，其他教学用房室内各表面光反射比值应符合表 13-6 中的规定。

表 13-6 教学用房室内各表面光反射比值

表面名称	光反射比/%	表面名称	光反射比/%
顶棚	70～80	侧墙、后墙	70～80
前墙	50～60	课桌面	25～45
地面	20～40	黑板	10～20

2）黑板。黑板是教室内眼睛经常注视的地方。上课时，学生的眼睛经常在黑板与笔记本之间交替移动，所以二者之间不应有过大的亮度差别。教室中曾广泛采用的黑色油漆黑板的光反射比很低，虽与白色粉笔形成明显的黑白对比，有利于提高视度，但它的亮度太低，不利于整个环境亮度均匀地分布。同时，黑色油漆形成的光滑表面，极易产生镜面反射，容易在视野内出现窗口的明亮反射形象，降低视度。目前，多采用毛玻璃

背面涂刷黑色或暗绿色油漆的做法，这样既可提高光反射比，又可避免或减弱反射眩光，是一种较好的解决办法。

但各种无光泽表面在光线入射角大于70°时，仍可能产生定向扩散反射，在入射角对称方向上也会出现明显的定向反射，故应注意避免光线以大角度入射。在采用侧窗时，最易产生反射眩光的地方是离黑板端墙为1.0～1.5m内的一段窗[图13-16（a）]。各教室前端侧窗窗端墙的长度不应小于1.0m，或采取措施（如用窗帘、百叶等）降低窗的亮度，使之不出现或只出现轻微的反射。也可将黑板制作成微曲面或折面[图13-16（b）、（c）]，改变入射角，使反射光不致射入学生眼中，但黑板制作较困难。据有关单位经验，如将黑板顶部向前倾斜放置，与墙面成10°～20°夹角，不仅可将反射眩光减少到最小程度，而且黑板书写时方便，制作上也比曲、折面黑板方便，是一种较为可行的办法。也可用增加黑板照度的方法（利用天窗或人工照明），以减轻明亮窗口在黑板上反射影像的明显程度。

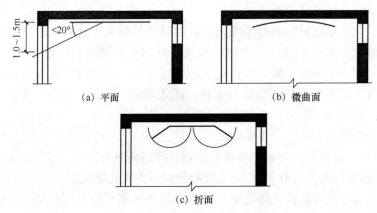

图 13-16 黑板可能出现镜面反射的区域及防止措施

3）梁和柱的影响。在侧窗采光时，梁的布置方向对采光有相当影响。当梁的方向与外墙垂直时，问题不大。当梁的方向与外墙平行时，则在梁的背窗侧形成很黑的阴影，在顶棚上产生明显的亮度对比，而且减弱了整个房间的反射光，对靠近内墙的光线微弱处影响很大，故不宜采用。如因结构关系，必须这样布置，最好做吊顶，使顶棚平整。

4）窗间墙。窗间墙和窗之间存在较大的亮度对比，在靠外墙的窗间墙附近形成暗区，特别是窗间墙很宽时影响很大。在学校教室中，窗间墙宽度不应大于1.2m。

（3）教室剖面形式

1）侧窗采光及其改善措施。从前面介绍的侧窗采光来看，它具有造价低，建造、使用及维护方便等优点，但其也具有采光不均匀的缺点。为了弥补这一缺点，除前面提到的措施外，还可采取下列办法。

① 将窗的横档加宽，放在窗的中间偏低处。这样的措施可将靠窗处照度高的区域加以适当遮挡，使照度下降，有利于增加整个房间的照度均匀性[图13-17（a）]。

② 在横档以上使用扩散光玻璃，如压花玻璃、磨砂玻璃等，使射向顶棚的光线增加，可提高房间深处的照度[图13-17（b）]。

③ 在横档以上安设指向性玻璃（如折光玻璃、玻璃砖），使光线折向顶棚，对提高房

间深处的照度效果更好［图 13-17（c）］。

④ 在另一侧开窗，左边为主要采光窗，右边增设一排高窗，最好选用指向性玻璃或扩散光玻璃，最大限度地提高窗下的照度［图 13-17（d）］。

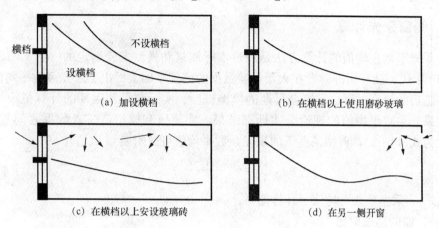

图 13-17　改善侧窗采光效果的措施

2）天窗采光。单独使用侧窗，虽然可采取一些措施改善其采光效果，但仍受其采光特性的限制，不能做到分布很均匀，采光系数不易达到 3％，故有的地方采用天窗采光。最简单的天窗是将部分屋面制作成透光的，它的效率最高，但有强烈眩光。在夏季，太阳光直接射入室内，室内热环境恶化，影响学习，因此应在透光屋面下作扩散光顶棚［图 13-18（a）］，以防止阳光直接射入，并使室内光线均匀，采光系数可以达到很高。为了彻底解决直射阳光问题，可制作成北向的单侧天窗［图 13-18（b）］。

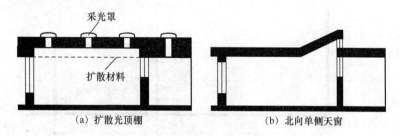

图 13-18　教室中利用天窗采光

13.4　采 光 计 算

任务描述

工作描述　分析本班教室的采光系数是否符合要求。

工作场景　学生进行现场观察、测量，并记录相关数据。

为了验证所做的设计是否符合采光标准，要进行采光计算。下面介绍我国《建筑采光设计标准》（GB 50033—2013）推荐的采光计算方法。计算分为侧窗采光计算和天窗采光计算两种，分别介绍如下。

13.4.1 侧窗采光计算

侧窗采光系数平均值的计算方法是经过实际测量和模型实验确定的（图 13-19），早在 20 世纪 70 年代，就有国外学者在大量经验数据的整理基础上提出了采光系数平均值的计算公式，在随后的研究过程中，综合早期的模型试验、实际测量和后期的计算机模拟可以发现，有关采光系数平均值的理论公式计算结果、实测值和模拟值三者数据之间基本吻合，计算公式为式（13-2），典型条件下的采光系数平均值可按附表 G 取值。

$$C_{av} = \frac{A_c \tau \theta}{A_z (1 - \rho_j^2)} \tag{13-2}$$

式中：C_{av}——采光系数平均值（计算值）；

τ——窗的总透射比；

A_c——窗洞口面积（m^2）；

θ——从窗中心点计算的垂直可见天空的角度值，无室外遮挡 θ 为 $90°$；

A_z——室内表面总面积（m^2）；

ρ_j——室内各表面反射比的加权平均值。

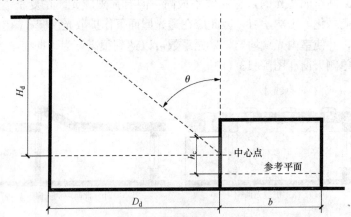

图 13-19 侧面采光示意图（m）

h_c—窗高；b—建筑高度；D_d—窗对面遮挡物与窗的距离；H_d—窗对面遮挡物距窗中心的平均高度

各系数的求法：

$$\tau = \tau_0 \tau_c \tau_w \tag{13-3}$$

式中：τ_0——采光材料的透射比，可按附录 H 附表 H-1 和附表 H-2 取值；

τ_c——窗结构的挡光折减系数，可按附录 H 附表 H-3 取值；

τ_w——窗玻璃的污染折减系数，可按附录 H 附表 H-4 取值。

$$\theta = \arctan\left(\frac{D_d}{H_d}\right) \tag{13-4}$$

$$\rho_j = \frac{\sum \rho_i A_i}{\sum A_i} = \frac{\sum \rho_i A_i}{A_z} \tag{13-5}$$

式中：ρ_i——顶棚、墙面、地面饰面材料和普通玻璃窗的反射比，可按附录 H 附表 H-5 取值；

$\quad\quad A_i$——与 ρ_i 对应的各表面面积。

13.4.2　天窗采光计算

天窗采光计算方法引自北美照明手册的采光部分，该方法的计算原理是"流明法"。计算假定天空为全漫射光分布，窗安装间距与高度之比为 1.5：1。顶部采光示意图如图 13-20 所示。计算中除考虑了窗的总透射比以外，还考虑了房间的形状、室内各个表面的反射比及窗的安装高度，此外，还考虑了窗安装后的光损失系数。该计算方法具有一定的精度，计算简便，易操作，计算公式为式（13-6），顶部采光典型条件下的窗洞口面积可由附图 G 确定。

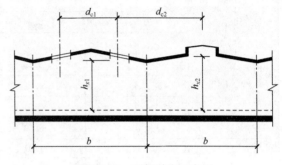

图 13-20　顶部采光示意图

$$C_{av} = \tau CU \cdot A_c / A_d \tag{13-6}$$

式中：C_{av}——采光系数平均值（计算值）；

$\quad\quad \tau$——窗的总透射比，可按式（13-3）计算；

$\quad\quad CU$——利用系数，可按表 13-7 取值；

$\quad\quad A_c / A_d$——窗地面积比。

表 13-7　利用系数（CU）表

顶棚反射比/%	室空间比 RCR	墙面反射比/%		
		50	30	10
80	0	1.19	1.19	1.19
	1	1.05	1.00	0.97
	2	0.93	0.86	0.81
	3	0.83	0.76	0.70
	4	0.76	0.67	0.60
	5	0.67	0.59	0.53
	6	0.62	0.53	0.47
	7	0.57	0.49	0.43
	8	0.54	0.47	0.41
	9	0.53	0.46	0.41
	10	0.52	0.45	0.40

续表

顶棚反射比/%	室空间比 RCR	墙面反射比/%		
		50	30	10
50	0	1.11	1.11	1.11
	1	0.98	0.95	0.92
	2	0.87	0.83	0.78
	3	0.79	0.73	0.68
	4	0.71	0.64	0.59
	5	0.64	0.57	0.52
	6	0.59	0.52	0.47
	7	0.55	0.48	0.43
	8	0.52	0.46	0.41
	9	0.51	0.45	0.40
	10	0.50	0.44	0.40
20	0	1.04	1.04	1.04
	1	0.92	0.90	0.88
	2	0.83	0.79	0.75
	3	0.75	0.70	0.66
	4	0.68	0.62	0.58
	5	0.61	0.56	0.51
	6	0.57	0.51	0.46
	7	0.53	0.47	0.43
	8	0.51	0.45	0.41
	9	0.50	0.44	0.40
	10	0.49	0.44	0.40

地面反射比为20%

室空间比 RCR 可按式（13-7）计算：

$$RCR = \frac{5h_x(l+b)}{lb} \tag{13-7}$$

式中：h_x——窗下沿距参考平面的高度（m）；

l——房间长度（m）；

b——房间进深（m）。

知识拓展

实例1——柏林自由大学图书馆

被称之为"大脑"的柏林自由大学图书馆（图13-21）坐落于柏林自由大学（Free University）校园的中心地带，由福斯特建筑事务所设计。建筑表面采用双层外壳结构：外层用不透明铝板和透明玻璃面板交替覆盖，并透过铝板的开合调节室内温度和空气品质；内层半透明的玻璃纤维膜层如同扩散板，可以使光线均匀扩散开来。在柏林自由大学图书馆中，大部分功能分区集中在中央 4 层的开放式混凝土结构中。书架排列在中央位置，以避开来自四周过多阳光的照射。建筑师将座位排布在每层空间的外围（总共约 600 个座位），使读者充分享受在自然光环境下阅读的乐趣。层层悬挑的空间保证了各层都能接受到更多的天然光，同时消除了传统图书馆空间容易带来的压抑感。

图 13-21　柏林自由大学图书馆

实例 2——香港汇丰银行

香港汇丰银行（图 13-22）由著名建筑师诺曼·福斯特设计。整座建筑物高 180m，共有 46 层楼面及 4 层地库。这座大楼处处显示现代技术的成就，属于"重技派"建筑风格。从外观结构上来看，大楼外形上显著暴露出钢柱和钢桁架，成为立面的主角。大楼底部完全开敞，自动扶梯从二楼伸下来，人员即由扶梯往上进入大楼，楼内空间也尽量开通。从其内部空间来看，全部楼层结构悬挂在二楼东西间距为 38.4m、高度不等的 8 组组合钢柱上。电梯间、工作间、厕所等都布置在两排组合柱的外测，

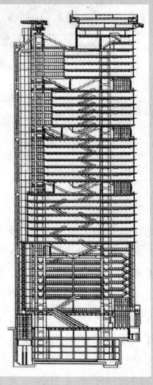

图 13-22　香港汇丰银行

因此中央部分在使用上有很大灵活性。大楼共有 33 个使用层，分成 5 组从组合柱上由斜向悬吊结构悬挂下来。从底部到顶部，每组由 8 个结构层递减到 4 个结构层；而斜向悬吊结构的高度为两个结构层。楼层平面中，东西两组组合柱由 3.5m 宽的通道带相连，通道带上铺设半透明预制嵌板，使楼层平面的中央部分能透进自然光，同时利用反射镜，为室内提供了良好的天然采光。

　　实例 3——阿联酋首都阿布扎比的罗浮宫博物馆

　　阿联酋首都阿布扎比的罗浮宫博物馆（图 13-23）是法国设计师让•努维勒设计的作品，其屋顶采用透光的轻盈设计，泄漏斑驳的光影，水体成为镜平面反照建筑自身的影像。巨型屋顶笼罩室外海水中的绿洲，营造神秘迷离的感觉。设计师熟练运用光与影，营造流光溢彩的幻觉空间。

图 13-23　阿联酋首都阿布扎比的罗浮宫博物馆

单元小结

　　光气候是由太阳直射光、天空漫射光和地面反射光形成的天然光平均状况。太阳直射光照度大、方向性强，能在物体背后形成阴影。天空扩散光使天空具有一定的亮度，在地面上形成的照度较小，方向性差，不会形成阴影。

　　晴天天空亮度分布最亮处在太阳附近，离太阳越远，亮度越低，建筑朝向影响室内照度，变化较大；全阴天的天空天顶最亮，亮度相对稳定，建筑朝向对室内照度的影响较小。

　　全阴天时地面照度取决于太阳高度角、云状、地面反射能力及大气透明度。

　　按照度标准将全国划分为 I～V 五个光气候区。

　　把室内全部利用天然光时的室外天然光最低照度称为"室外天然光设计照度"，用 E_s 表示。把对应于规定的室外天然光设计照度值和相应的采光系数标准值的参考平面上的照度值称为室内天然光照度标准值。

采光系数标准值是在室内参考平面上的一点，由直接或间接地接收来自假定和已知天空亮度分布的天空漫射光而产生的照度 E 与同一时刻该天空半球在室外无遮挡水平面上产生的天空漫射光照度 E_w 之比。

侧面与顶部采光时，采光系数标准值采用平均值。在《建筑采光设计标准》(GB 50033—2013) 中所列采光系数标准值适用于Ⅲ类光气候区。

窗地面积比是指窗洞面积与地面面积之比，对于侧面采光，应为参考平面以上的窗洞口面积。

采光均匀度是指在参考平面上的采光系数的最低值与平均值之比。部采光时，Ⅰ～Ⅳ级采光等级的采光均匀度不宜小于 0.7。

影响采光质量的有采光均匀度、眩光、光反射比、光的方向性、光源的色温等因素。

侧窗采光影响房间采光均匀性的主要因素有窗间墙，侧窗的尺寸、位置及侧窗的形式。

纵向矩形天窗和横向矩形天窗采光系数平均值最高仅为 5%，常用于中等精密工作的车间；井式天窗采光系数一般在 1% 以下，主要用于热车间；锯齿形天窗平均采光系数可保证 7%，能满足精密车间的要求，多用于需要调节温、湿度的车间；平天窗采光效率比矩形天窗高 2～3 倍。

按采光标准规定，侧窗采光系数标准值为 $C_{av} = \dfrac{A_c \tau \theta}{A_z (1-\rho_j^2)}$；天窗采光的采光系数标准值为 $C_{av} = \tau CU \cdot A_c/A_d$。

能 力 训 练

基本能力

一、名词解释

1. 采光系数　2. 室外天然光设计照度　3. 采光均匀度　4. 窗地面积比

二、填空题

1. 光气候是由_____、_____和_____形成的天然光平均状况。

2. 全阴天时地面照度取决于_____、_____、_____、_____。

3. 室内的照度取决于该点通过窗口所看到的_____的亮度。

4. 采光标准将视觉作业分为_____级，教室属于_____级。

5. 侧面和顶部采光时，采光系数标准采用_____值。

6. 北京教室采光设计中，窗地面积比不小于_____。

7. 教室在采用侧窗时，最易产生反射眩光的地方是离黑板端墙为_____m 内的一段窗。

三、选择题

1. 全阴天时，(　　) 最亮。

　　A. 太阳附近　　　　B. 天顶处　　　　　C. 地面　　　　　D. 不确定

2. 顶部采光时，Ⅰ～Ⅳ级采光等级的采光均匀度不宜小于（　　）。

A. 0.5　　　　　　B. 0.7　　　　　　C. 0.8　　　　　　D. 1

3. 教室的天然光线应从（　　）侧方向射入更符合书写的要求。

A. 前　　　　　　B. 后　　　　　　C. 左　　　　　　D. 右

4. 宽而短浅的房间宜采用的窗形式是（　　）。

A. 横长方　　　　B. 竖长方　　　　C. 正方形　　　　D. 圆形

5. 采光效率最高的天窗是（　　）。

A. 矩形天窗　　　B. 锯齿形天窗　　C. 平天窗　　　　D. 横向天窗

6. 在教室侧窗采光设计中，梁的方向应尽可能和外墙（　　）。

A. 垂直　　　　　B. 平行　　　　　C. 斜向　　　　　D. 无要求

7. 全阴天时，（　　）最亮，（　　）最暗。

A. 天顶　　　　　　　　　　　　　B. 太阳附近

C. 地平线　　　　　　　　　　　　D. 太阳子午圈上与太阳成90°处

8. 北京所在光气候区是（　　）级。

A. Ⅰ　　　　　　B. Ⅱ　　　　　　C. Ⅲ　　　　　　D. Ⅳ

9. Ⅲ类光气候地区的室外临界照度为（　　）。

A. 16000lx　　　B. 14000lx　　　C. 15500lx　　　D. 15000lx

10. 在重庆修建一栋机加工车间，其窗口面积与北京相比，应（　　）。

A. 增加120%　　B. 增加20%　　　C. 相等　　　　　D. 减少20%

11. 北京某车间侧面采光工作面上天然光照度标准值为150lx，其采光系数是（　　）。

A. 5%　　　　　 B. 4%　　　　　　C. 3%　　　　　　D. 2%

12. 建筑采光设计标准中采光等级分成（　　）。

A. 3级　　　　　B. 4级　　　　　　C. 5级　　　　　D. 6级

13. 由于全阴天时，朝向对室内照度影响（　　）。

A. 大　　　　　　B. 和晴天时一样　　C. 小

四、简答题

1. 分析室外光气候和建筑朝向是如何影响室内照度的。

2. 试讨论可采取哪些措施减少窗口眩光。

3. 简述提高侧窗采光照度均匀性的措施。

4. 简述采光设计的步骤。

5. 简述估算采光口尺寸的步骤及方法。

拓展能力

1. 对本班教室进行测绘，计算采光系数，并判断其是否满足要求。

2. 北京地区某会议室平面尺寸为 5m×7m，净空高 3.6m，估算其需要的侧窗面积，并绘制其平剖面图。

建 筑 照 明

知识目标 掌握　室内人工照明的设计要求。

熟悉　常见人工光源的光特性，室内、外人工照明的光环境设计方法。

了解　灯具的分类。

技能目标 能　选择适宜光源，合理布灯。

会　在设计过程中，合理选择人工照明的方式。

单元任务 对教室的人工照明进行分析，判断其是否满足照度要求。如不满足，找出问题，并提出解决方案及措施。

14.1　人工照明光源

任务描述

工作任务 调研学校教学楼和宿舍楼所使用人工光源，并分析其主要特点。

工作场景 学生进行分组，通过调研，分析教学楼和宿舍楼所使用的人工光源有何不同，最终完成分析报告。

随着生产的发展，人类由利用篝火照明，逐渐发展到利用油灯、烛、煤气灯，直至现在使用的电光源。电光源由于发光条件不同，其光特性也各异。为了正确地选用电光源，必须对其光特性、适用场合有所了解。

14.1.1　光源的特性

光源的质量常用两个不同的术语来表征：光源的色温和显色性。

1. 光源的色温和相关色温

一个全辐射体被加热，其表面按单位面积辐射的光谱功率大小及其分布，完全取决于它的温度。当全辐射体连续加热时，相应的光色会发生变化，$800 \sim 900K$ 时为红色；$3000K$ 时为黄白色；$5000K$ 左右时呈白色；在 $8000 \sim 10000K$ 时是淡蓝色的方向变化。

由于不同温度的全辐射体辐射对应着一定的光色，人们就用全辐射体加热到不同温度时所发出的不同光色来表示光源的颜色。通常把某一种光源（热辐射光源）的色品与某一温度下的全辐射体的色品完全相同时，全辐射体的温度称作该光源的颜色温度，简称为光源的色温，并用符号 T_c 表示，单位为开尔文（K）。例如，某一光源的颜色与全辐射体加热到绝对温度 3000K 时发出的光色相同，那么该光源的色温就是 3000K。

气体放电光源，如荧光灯、高压钠灯等非热辐射光源，这一类光源的光谱功率分布与全辐射体辐射相差甚大，往往用与某一温度下的全辐射体辐射的光色来近似地确定这类光源的颜色。通常把某一种光源的色品与某一温度下全辐射体的色品最接近时的全辐射体温度称为相关色温，用符号 T_{cp} 表示。

2. 光源的显色性

物体色在不同照明条件下的颜色感觉有可能要发生变化，这种变化可用光源的显色性来评价。光源显色性指的是与参考标准光源相比较时，光源显现物体颜色的特性。通常，人们习惯于在日光下分辨色彩，所以在比较显色性时通常以日光或接近日光光谱的人工光源作为标准光源，将显色指数定为 100，离标准光谱越近的光源，其显色指数越高。CIE 及我国制订的光源显色性评价方法中，都规定把 CIE 标准照明体 A 作为相关色温低于 5000K 的低色温光源的参照标准，它与早晨或傍晚时日光的色温相近；相关色温高于 5000K 的光源的参考标准则相当于中午的日光。

光源的显色性主要取决于光源的光谱功率分布。日光和白炽灯都是连续光谱，所以它们的显色性均较好。据研究表明，除了连续光谱的光源有较好的显色性外，由几个特定波长的色光组成的光源辐射也会有很好的显色效果。如用波长为 450nm（浅紫蓝光）、540nm（绿偏黄光）、610nm（浅红橙光）三种波长的辐射以适当比例混合后，也能产生白光所具有的良好的显色性。但是波长为 500nm（绿光）和 580nm（橙偏黄光）的辐射对显色性有不利的影响，在照明设计中应该注意。

一般人工照明光源的显色性通常用一般显色指数（R_a）来表示，其最大值为 100，一般当显色指数为 80～100 时，显色性优良；当显色指数为 50～79 时，显色性一般；当显色指数小于 50 时，显色性较差。

14.1.2　人之光源的特性

1. 热辐射光源

任何物体的温度高于绝对零度时，就会向四周空间发射辐射能。当金属被加热到 1000K 以上时，可发出可见光。温度越高，可见光在总辐射中所占比例越大。人们利用这一原理制造的照明光源称为热辐射光源。

（1）白炽灯

白炽灯是一种利用电流通过细钨丝所产生的高温而发光的热辐射光源，由于钨是一种熔点很高的金属（熔点 3417℃），故白炽灯灯丝可加热到 2300K 以上。为了避免热量散失和减少钨丝蒸发，常将灯丝制作成螺旋形，并密封在一玻璃壳内。为了提高灯丝温度，以便发出更多的可见光，提高其发光效率（即每瓦电能发出的光通量，lm/W），一般将玻璃泡内抽成真空（小功率灯泡），或充以惰性气体（大功率灯泡）。为了进一步减少能量损失，还常将灯丝制作成双螺旋形，即使这样，白炽灯的发光效率仍不高，仅 12～161m/W，即只有 2%～3% 的电能转变为光，其余电能都以热辐射的形式损失了。白炽灯的光电参数和寿命见表 14-1。

表 14-1　白炽灯的光电参数和寿命

灯泡型号	电压/V	功率/W	光通量/lm	寿命/h
PZ220-15		15	110	
PZ220-25		25	220	
PZ220-40（PZS220-40）		40	350（415）	
PZ220-60（PZS220-60）		60	630（715）	
PZ220-100（PZS220-100）	220	100	1250（1350）	1000
PZ220-150		150	2090	
PZ220-200		200	2920	
PZ220-300		300	4610	
PZ220-500		500	8300	
PZ220-1000		1000	18600	

注：表中光通量一栏内有括号的数值是同一功率时的双螺旋白炽灯（型号为 PZS）发出的光通量。

由于材料、工艺等的限制，白炽灯灯丝的温度不能太高，故它发出的可见光以长波辐射为主，与天然光相比，白炽灯光色偏红。

为了适应不同场合的需要，白炽灯有不同的品种和形状。

1）普通照明灯。它的泡壳用透明或乳白玻璃制作成，后者发出的光线比较柔和，灯的亮度也相对较低 [图 14-1（a）～（d）]。

2）反射灯。这类灯泡的泡壳由反射和透光两部分组合而成，按其构造不同又可分为投光灯、反光灯和镀银碗形灯。

投光灯英文缩写为 PAR 型灯。这种灯是用硬料玻璃将上半部制作成内表面镀铝的反光部分和透明的下半部，然后将它们密封在一起。这样可使反光部分保持准确形状，并且保证灯丝

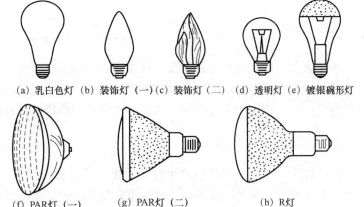

(a) 乳白色灯　(b) 装饰灯（一）(c) 装饰灯（二）(d) 透明灯　(e) 镀银碗形灯

(f) PAR灯（一）　　(g) PAR灯（二）　　　(h) R灯

图 14-1　各种形式的白炽灯

在反光部分中保持精确位置，从而形成一个光学系统，有效地控制光线。利用反光部分的不同形状就可获得不同的光线分布，它可以按人们的要求，将光通量精确地控制在有限的范围内 [图 14-1（f）、（g）]。

反光灯英文缩写为 R 灯，它与投光灯的区别在于采用吹制泡壳。这样，反光部分的形状和灯丝位置都不可能做到很精确，因而不能精确地控制光束 [图 14-1（h）]。

镀银碗形灯是在灯泡玻壳下半部内表面镀银或铝，形成反光部分，使光通量向上半部反射并透出。这样不但使光线柔和，而且将高亮度的灯丝遮住，很适合于台灯和需要控制亮度的场合使用［图14-1（e）］。

白炽灯虽然具有体积小，灯丝集中、易于控光，可在很宽的环境温度下工作，结构简单，使用方便，没有频闪现象等优点。但是存在红光较多、灯丝亮度高（500sb以上）、散热量大、寿命短（1000h）、玻壳温度高（可达250℃以上）、受电压变化和机械振动影响大等缺点。因其发光效率很低，浪费能源，故我国已强调在宾馆、饭店、商场、招待所、写字楼，以及工矿企业的车间、体育场馆、车站码头、广场和道路照明等公共场所，取消使用白炽灯照明。

（2）卤钨灯

卤钨灯是一个直径约12mm的石英玻璃管，管内充有卤素（如碘、溴），在管的中轴支悬一根钨丝。卤素的作用是在高温条件下，将钨丝蒸发出来的钨元素带回到钨丝附近的空间，甚至送返钨丝上，这种现象称为卤素循环。和白炽灯相比，具有体积小、寿命长、光效高、光色好和光输出稳定的特点。由于其显色性好，色温相宜，特别适用于电视转播照明，并用于绘画、摄影和贵重商品重点照明等。它的缺点是光效低，发光效率约20lm/W；寿命约1500h；对电压波动比较敏感、耐振性较差。卤钨灯的光电参数和寿命见表14-2。

表14-2　卤钨灯的光电参数和寿命

灯泡型号	电压/V	功率/W	光通量/lm	寿命/h
LZG220-200	220	200	3000	800
LZG220-300		300	4500	1000
LZG220-500		500	8000	1000
LZG220-1000		1000	20000	1500
LZG220-1500		1500	30000	2000
LZG220-2000		2000	40000	1500

为了满足室内重点照明的需要，还生产出冷光束卤钨灯。冷光束卤钨灯是由卤钨灯泡和介质膜冷光镜组合而成的，具有体积小、造型美观工艺精致、显色性优良、光线柔和舒适等特点，广泛应用于商业橱窗、舞厅、展览厅、博物馆等室内照明。

2. 气体放电光源

气体放电光源是利用某些元素的原子被电子激发而发出可见光的光源。常用的气体放电光源有荧光灯、荧光高压汞灯、金属卤化物灯、钠灯等。

（1）荧光灯

荧光灯灯管的内壁涂有荧光物质，管内充有稀薄的氩气和少量的汞蒸气。灯管两端各有两个电极，通电后加热灯丝，达到一定温度就发射电子，电子在电场作用下逐渐达到高速轰击汞原子，使其电离而产生紫外线。紫外线射到管壁上的荧光物质，激发出可见光。根据荧光物质的不同配合比，发出的光谱成分也不同。

由于发光原理不同，荧光灯与白炽灯有很大区别，其特点如下。

1）发光效率较高。一般可达45lm/W，比白炽灯高3倍左右。有的甚至达到70lm/W以上。

2）发光表面亮度低。荧光灯发光面积比白炽灯大，故表面亮度低，光线柔和，可避免出现强烈的眩光。

3）光色好且品种多。根据不同的荧光物质成分，产生不同的光色，故可制成接近天然光光色的荧光灯灯管。

4）寿命较长。按国家标准规定：灯管的寿命为 1500～5000h（视功率不同而异）。近年来由于生产工艺和设备的改善，有的灯管寿命已达到 10000h 以上。而且在使用过程中，光通量的衰减和光色的变化都很小。

5）灯管表面温度低。荧光灯目前尚存在初始投资高、对温湿度较敏感、尺寸较大、不利于对光的控制、有射频干扰和频闪现象等缺点。但这些缺点已随着生产的发展逐步得到解决。至于初始投资也从光效较高、寿命较长的受益中得到补偿。故荧光灯已在一些用灯时间长的房间内得到广泛运用。T8 直管荧光灯的技术参数见表 14-3。

表 14-3　T8 直管荧光灯的技术参数

型号	额定电压/V	功率/W	工作电流/A	光通量/lm	显色指数 R_a	色温/K	平均寿命/h	外形尺寸 （直径×长度） mm×mm	灯头型号
YZ18HN （三基色）	220	18	0.37	1330	84	3000	13000	$\phi26\times604.0$	G13
YZ18RL （三基色）	220	18	0.37	1330	84	4000	13000	$\phi26\times604.0$	G13
YZ18RZ （三基色）	220	18	0.37	1330	84	5000	13000	$\phi26\times604.0$	G13
YZ18RR （三基色）	220	18	0.37	1260	84	6500	13000	$\phi26\times604.0$	G13
YZ30RN （三基色）	220	30	0.365	2340	84	3000	13000	$\phi26\times908.8$	G13
YZ30RL （三基色）	220	30	0.365	2340	84	4000	13000	$\phi26\times908.8$	G13
YZ30RZ （三基色）	220	30	0.365	2340	84	5000	13000	$\phi26\times908.8$	G13
YZ30RR （三基色）	220	30	0.365	2300	84	6500	13000	$\phi26\times908.8$	G13
YZ36RN （三基色）	220	36	0.43	3250	84	3000	13000	$\phi26\times1213.6$	G13
YZ36RL （三基色）	220	36	0.43	3250	84	4000	13000	$\phi26\times1213.6$	G13
YZ36RZ （三基色）	220	36	0.43	3250	84	5000	13000	$\phi26\times1213.6$	G13
YZ36RR （三基色）	220	36	0.43	3200	84	6500	13000	$\phi26\times1213.6$	G13

注：表中数据由松下电器（中国）有限公司（简称松下公司）提供。

为了使灯管发出的光通量尽可能多地射向工作面（一般是水平面），还生产出一种反射型荧光灯。它是在荧光灯管内表面的荧光层和玻璃之间增加一层反射层，在反射层开了一条空隙，光线只能从这一空隙射出，这样光线的分布就有一定的方向性。反射型荧光灯剖面及配光曲线如图 14-2 所示。这种荧光灯管犹如自己带了一个反射罩，它不仅使光线有方向性，而且它的反射层还不受外界环境的污染。从图 14-2 中可看出，它在轴线方向的发光强度约为普通荧光灯的 2 倍。

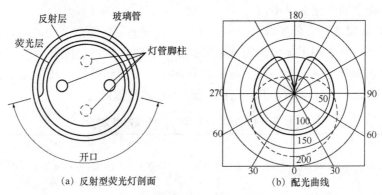

（a）反射型荧光灯剖面　　　　（b）配光曲线

图 14-2　反射型荧光灯剖面及配光曲线

近来还出现了一种细管型荧光灯，它的直径为 26mm，不仅减少了灯管的用料，而且由于采用三基色荧光粉，其发光效率提高不少，光色也有所改善。普通荧光灯的长度较大，用在一些小房间中，在尺度上很不相称，这时便出现了环形荧光灯。

（2）荧光高压汞灯

荧光高压汞灯的发光原理与荧光灯相同，只是构造不同。由于它的内管工作气压为 1～5 个大气压，比荧光灯的高得多，故名荧光高压汞灯。其内管为放电管，发出紫外线，激发涂在玻璃外壳内壁的荧光物质，使其发出可见光。

荧光高压汞灯具有下列优点。

1）发光效率较高。一般可达 50lm/W 左右。

2）寿命较长。一般可达 6000h，甚至可达到 16000h 以上。

荧光高压汞灯的最大缺点是光色差，主要发绿、蓝色光。在这种灯光照射下，物件都增加了绿、蓝色色调，使人们不能正确地分辨颜色，故通常用于街道、施工现场和不需要认真分辨颜色的大面积照明场所，其技术参数见表 14-4。

表 14-4　荧光高压汞灯的技术参数

型号	额定电压 /V	功率 /W	光通量 /lm	色温 /K	平均寿命 /h	外形尺寸 （直径×长度，mm×mm）	灯头型号
HPL-N50WE27		50	1800	4200		$\phi56×130$	
HPL-N80WE27		80	3700	4200		$\phi71×155$	E27
HPL-N125WE27	220	125	6200	4200	16000	$\phi76×172$	
HPL-N250WE27		250	12700	4100		$\phi91×228$	E40
HPL-N400WE27		400	22000	3900		$\phi122×290$	

注：表中数据由飞利浦公司提供。

（3）金属卤化物灯

金属卤化物灯是在荧光高压汞灯的基础上发展起来的一种节能光源，它的构造和发光原理均与荧光高压汞灯相似，区别在于金属卤化物灯内添加了某些金属卤化物，从而起到提高光效、改善光色的作用。

金属卤化物灯一般按添加物质分类，分为钠铊铟类、钪钠类、镝钬类、卤化锡类等。为了提高金属卤化物灯的光效，一般采用钠铊铟类和钪钠类；为了获得很好的显色性，常采用卤化锡类。金属卤化物灯的最大优点是发光效率特别高，光效高达 $60\sim140lm/W$；显色指数高，即彩色还原性特别好；体积小，寿命长，最高可达 20000h。但启动困难，必须用专门的触发器。微型陶瓷金属卤化物灯的技术参数见表 14-5。

表 14-5　微型陶瓷金属卤化物灯的技术参数

型号	额定电压 /V	功率 /W	光通量 /lm	显色指数 R_a	色温 /K	平均寿命 /h	外形尺寸 （直径×长度， mm×mm）	灯头 型号
CDM-TC 20W/830	220	20	1800	85	3000	15000	$\phi15\times85$	G8.5
CDM-TC 35W/830	220	35	3300	81	3000	12000	$\phi15\times85$	G8.5
CDM-TC 70W/830	220	70	6500	83	3000	12000	$\phi15\times85$	G8.5
CDM-TC 35W/942	220	35	3000	90	4200	12000	$\phi15\times85$	G8.5
CDM-TC 70W/942	220	70	5900	90	4200	12000	$\phi15\times85$	G8.5
CDM-TC Elite 35W/930	220	35	3800	90	3000	15000	$\phi15\times85$	G8.5
CDM-TC Elite 50W/930	220	50	5400	90	3000	15000	$\phi15\times85$	G8.5
CDM-TC Elite 70W/930	220	70	7500	90	3000	15000	$\phi15\times85$	G8.5
CDM-TC Elite 35W/942	220	35	3700	90	4200	15000	$\phi15\times85$	G8.5
CDM-TC Elite 50W/942	220	50	5000	90	4200	15000	$\phi15\times85$	G8.5
CDM-TC Elite 70W/942	220	70	7500	90	4200	15000	$\phi15\times85$	G8.5
CDM-TC Evolution 20W/930	220	20	2050	90	3000	25000	$\phi15\times85$	G8.5
CDM-TC Evolution 35W/930	220	35	4300	90	3000	25000	$\phi15\times85$	G8.5

注：表中数据由飞利浦公司提供。

（4）钠灯

根据钠灯灯泡中钠蒸汽放电时压力的高低，把钠灯分为高压钠灯和低压钠灯两类。

高压钠灯是利用在高压钠蒸气中放电时，辐射出可见光的特性制成的发出金白色光。它的光效高、寿命长、透雾能力强，所以户外照明和道路照明均宜采用高压钠灯。一般高压钠灯的显色指数小于 40，显色性较差，但当钠蒸气压增加到一定值（约 63kPa）时，R_a 可达 85，用这种方法制成了中显色型和高显色型高压钠灯。这些灯的显色性比普通高压钠灯高，可用于一般室内照明。SON-T 直管型高压钠灯的技术参数见表 14-6。

表 14-6　　SON-T 直管型高压钠灯的技术数据

功率/W	额定电压/V	灯电流/A	功率/W	光通量/lm	显色指数 R_a	色温/K	平均寿命/h	外形尺寸（直径×长度，mm×mm）	灯头型号
70		0.98	70	6000	25		24000	ϕ32×156	E27
100		1.20	100	9000	20		28000	ϕ47×211	
150	220	1.80	150	15000	25	2000	28000	ϕ47×211	
250		3.00	250	28000	25		28000	ϕ47×257	E40
400		4.60	400	48000	25		28000	ϕ47×283	
1000		10.6	1000	130000	25		16000	ϕ66×390	

　　低压钠灯是利用在低压钠蒸气中放电，钠原子被激发而产生的主要波长是 589nm 的黄色光。低压钠灯光效高达 140～200lm/W，透雾能力极强，但显色性极差，在室内极少使用。

　　从上述各种光源的优缺点中可看出，光效高的灯，往往单灯功率大，因此光通量很大，在一些小空间（如住宅）中就难于应用。图 14-3 中所示为常用照明光源发出的光通量和光效的关系，图中不同折线代表不同的光源，在线上各点标出的数值，表示该光源的不同功率。各点所对应的纵、横坐标数值为该光源在标出功率时的发光效率和发出的光通量。图 14-3 中的虚线所框范围表明，在小空间适用的光通量范围（400～2000lm），很少有高光效的光源可用。

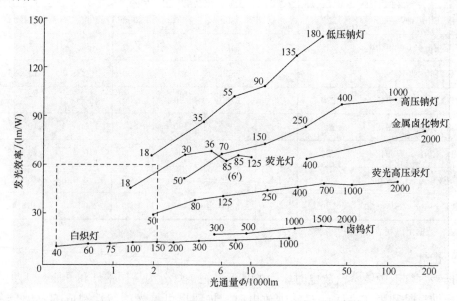

图 14-3　常用照明光源发出的光通量和发光效率的关系

　　近年来，市场上先后出现了一些功率小、光效高、显色性好的新光源，如紧凑型荧光灯、自镇流荧光灯、无电极荧光灯等。它们的体积小，和 100W 白炽灯相近。灯头有时也做成白炽灯那样，附属配件安置在灯内，可以直接替换白炽灯，其显色指数达 80 左右，单

灯光通量为 $425\sim1200\mathrm{lm}$ 内，很适宜用于低、小空间内。因此，建议在居住、公共建筑中用它们来取代白炽灯。

（5）紧凑型荧光灯（节能荧光灯）

紧凑型荧光灯。它的发光原理与荧光灯相同，区别在于以三基色荧光粉代替普通荧光灯使用的卤磷化物荧光粉。对人眼的视觉理论研究表明，在三个特定的窄谱带（450nm、540nm、610nm 附近的窄谱带）内的色光组成的光源辐射也具有很高的显色性，所以用三基色荧光粉制造的紧凑型荧光灯不但显色指数较高（一般显色指数 R_a 大于 80），而且发光效率较高（60lm/W 左右），因此它是一种节能荧光灯。它的单灯光通量可小于 2000lm，完全满足小空间照明对光通量大小的要求。紧凑型荧光灯的技术参数见表 14-7。

表 14-7　紧凑型荧光灯的技术参数

型号	额定电压/V	功率/W	光通量/lm	显色指数 R_a	色温/K	平均寿命/h	外形尺寸（长度，mm）	灯头型号	备注
PL-L 18W/827/4P		18	1200	82	2700	15000	227	2G11	
PL-L 18W/830/4P		18	1200	82	3000	15000	227	2G11	
PL-L 18W/840/4P		18	1200	82	4000	15000	227	2G11	
PL-L 18W/865/4P		18	1170	80	6500	15000	227	2G11	
PL-L 24W/827/4P		24	1800	82	2700	15000	322	2G11	
PL-L 24W/830/4P		24	1800	82	3000	15000	322	2G11	
PL-L 24W/840/4P		24	1800	82	4000	15000	322	2G11	
PL-L 24W/865/4P		24	1750	80	6500	15000	322	2G11	
PL-L 36W/827/4P	220	36	2900	82	2700	15000	417	2G11	需与飞利浦镇流器配合使用
PL-L 36W/830/4P		36	2900	82	3000	15000	417	2G11	
PL-L 36W/840/4P		36	2900	82	4000	15000	417	2G11	
PL-L 36W/865/4P		36	2880	80	6500	15000	417	2G11	
PL-L 40W/830/4P		40	3500	82	3000	20000	542	2G11	
PL-L 40W/840/4P		40	3500	82	4000	20000	542	2G11	
PL-L 55W/830/4P		55	4800	82	3000	20000	542	2G11	
PL-L 55W/835/4P		55	4800	82	3500	20000	542	2G11	
PL-L 55W/840/4P		55	4800	82	4000	20000	542	2G11	
PL-L 55W/865/4P		55	4500	80	6500	20000	542	2G11	

注：表中数据由飞利浦公司提供。

自镇流荧光灯也是紧凑型荧光灯的一种，它集白炽灯和荧光灯的优点于一体，灯管、镇流器、起辉器组成一体化，结构紧凑；灯头也可以制作成白炽灯那样，使用方便；光效高、寿命长、显色性好等特点，它与各种类型的灯具配套，可制成台灯、壁灯、吊灯、装饰灯等，适用于家庭、宾馆等照明。自镇流荧光灯的品种很多，外形也各异（图 14-4）灯管如 H 形、2H 形、2D 形、U 形、2U 形、3U 形、Ⅱ形、2Ⅱ形，灯泡外形可制作成环形、球形、方形、柱形等。

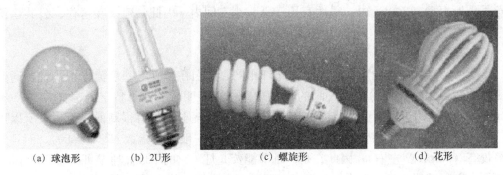

(a) 球泡形　　　　(b) 2U形　　　　(c) 螺旋形　　　　(d) 花形

图14-4 自镇流荧光灯外形

(6) 无极荧光灯

有人把无极荧光灯称为感应荧光灯，它不需要电极，是利用在气体放电管内建立的高频（频率达几兆赫）电磁场，使管内气体发生电离而产生紫外辐射激发玻壳内荧光粉层而发光的气体放电灯。它可以瞬时启动，关灯后可以立即重新启动；光效和光色较好；寿命长，无频闪。例如，荷兰飞利浦（Philips）生产的 QL 型无电极荧光灯，功率为 85W，辐射出的光通量约 55001m，光效达 65lm/W，一般显色指数 R_a 为 80，额定寿命高达 6 万小时。很适合用于不能经常换灯的场所。

例如，荷兰飞利浦（Philips）生产的 QL 型无电极荧光灯，功率为 85W，辐射出的光通量约 5500lm，光效达 65lm/W，一般显色指数 R_a 为 80，额定寿命高达 60000h，较适合用于不能经常换灯的场所。

3. 固态光源

(1) LED灯

半导体发光二极管（light emitting diode，LED），利用固体半导体芯片作为发光材料，当两端加上正向电压时，半导体中的载流子发生复合放出过剩的能量，从而引起光子发射产生光，如图 14-5 所示。

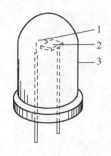

图14-5 发光二极管
结构示意图

1—引线；2—PN结芯片；

3—环氧树脂帽

发光二极管发明于 20 世纪 60 年代，开始只有红光，随后出现绿光、黄光，其基本用途是作为指示灯。直到 20 世纪 90 年代，研制出蓝光 LED，很快就合成出白光 LED，从而进入照明领域，成为一种新型光源。当前，白光 LED 灯大多是用蓝光 LED 激发黄色荧光粉发出白光。近 20 年来 LED 灯技术发展很快，光效不断提高，质量不断改进，价格不断下降，目前已广泛应用，LED 灯广泛应用于建筑物外观照明、景观照明、标识与指示性照明、室内空间照明、娱乐场所及舞台照明、视频屏幕、车辆指示灯照明等。

LED 作为一种新型光源，和传统的光源相比，其特点表现在以下几个方面：

1）发光效率高。整灯光效目前达到 60～120lm/W。同样照度水平的情况下，理论上不到白炽灯 10% 的能耗，LED 灯与荧光灯相比也可以达到 30%～50% 的节能效果。

2）使用寿命长，体积小，质量轻，环氧树脂封装，寿命可达 2500～50000h，可以大大降低灯具的维护费用。

3）安全可靠性高，发热量低，无热辐射，属冷光源。

4）有利于环保，为全固体发光体，不含汞。

5）响应时间短，起点快捷可靠。

6）防潮、耐低温、抗震动。

7）调光方便，可结合控制技术、通信技术实现自动调光，满足节能和调节照（亮）度功能的需要。

8）LED 光源尺寸小，为定向发光，便于灯具配套和提高灯具效率，故应用前景广阔。目前市场上常见的 LED 灯有 LED 灯珠、LED 灯泡、LED 聚光灯、LED 射灯、LED 埋地灯等，如图 14-6 所示。

(a) LED灯珠　　　　　　(b) LED灯泡　　　　　　(c) LED筒灯

(d) LED射灯　　　　　　(e) LED日光灯　　　　　(f) LED面板灯

(g) LED灯带　　　　　　(h) LED聚光灯　　　　　(i) LED埋地灯

图 14-6　常见的 LED

但是 LED 光源也存在不足，如表面亮度高，容易导致眩光；光通维持率偏低；价格较昂贵等。LED 日光灯外壳采用为亚克力或铝合金，外罩用 PC 管制作，亮度尤其显得更柔和更使人们容易接受。它是国家绿色节能 LED 照明市场工程重点开发的产品之一。

（2）场致发光屏（膜）

场致发光屏（膜）是利用场致发光现象制成的发光屏（膜）。场致发光屏（膜）的厚度仅几十微米,其在电场强度(>10V/cm)的作用下,自由电子被加速到具有很高的能量,从而激发发光层,使之发光。

场致发光屏(膜)的发光效率小(约15lm/W),寿命在10000h以上。场致发光屏(膜)是一种低照度的面光源,主要用作特殊环境的指示和照明,如影剧场、医院病房夜间照明,军事训练夜间环境模拟,以及飞机、车辆等的仪表照明;还可以作为数字、图像、符号、文字的显示及大屏幕电视,或者图像增强、存储或转换等。与其他光源相比,场致发光屏(膜)由于其表面较暗,所以不适宜用于一般的照明场合。

表14-8列出几种常用照明光源的应用场所,以便我们在设计的过程中选用。

表14-8 常用照明光源的应用场所

序号	光源名称	应用场所	备注
1	白炽灯	除严格要求防止电磁波干扰的场所外,一般场所不得使用	单灯功率不宜超过100W
2	卤钨灯	电视播放、绘画、摄影照明,反光杯卤素灯用于贵重商品重点照明、模特照射等	
3	直管荧光灯	家庭、学校、研究所、工业、商业、办公室、控制室、设计室、医院、图书馆等照明	
4	紧凑型荧光灯	家庭、宾馆等照明	
5	荧光高压汞灯	不推荐应用	
6	自镇流荧光高压汞灯	不得应用	
7	金属卤化物灯	体育场馆、展览中心、游乐场所、商业街、广场、机场、停车场、车站、码头、工厂等照明、电影外景摄制、演播室	
8	普通高压钠灯	道路、机场、码头、港口、车站、广场、无显色要求的工矿企业照明等	
9	中显色高压钠灯	高大厂房、商业区、游泳池、体育馆、娱乐场所等的室内照明	
10	LED	博物馆、美术馆、宾馆、电子显示屏、交通信号灯、疏散标志灯、庭院照明、建筑物夜景照明、装饰性照明、需要调光的场所的照明以及不易检修和更换灯具的场所等	

14.2 灯 具

任务描述

工作任务 调研灯具市场内常用灯具的光特性。

工作场景 学生进行分组,通过调研,分析灯具市场的灯具的特点,并分类,最终形成分析报告。

灯具是光源、灯罩及其附件的总称。灯具可分为装饰性灯具和功能性灯具两大类。装饰性灯具一般采用装饰部件围绕光源组合而成,外形美观,以美化室内环境为主,同时兼顾效率等要求。功能性灯具是指为满足高效、低眩光的要求而采用一系列控光设计灯罩的灯具，其中，该灯罩的作用是重新分配光源的光通量，把光投射到需要的地方，以提高光的利用率；同时，避免眩光以保护视觉，保护光源。特殊环境（潮湿、腐蚀、易爆、易燃）中的特殊灯具，其灯罩还起隔离保护作用。功能性灯具也应有一定的装饰效果。

14.2.1　灯具的光特性

1. 配光曲线

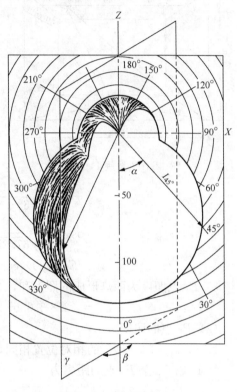

任何光源或灯具一旦处于工作状态，就必然向周围空间投射光通量，可将灯具各方向的发光强度在三维空间里用矢量表示出来，把矢量的终端连接起来，则构图成一封闭的光强体。当光强体被通过 Z 轴线的平面截割时，在平面上获得一封闭的交线。此交线以极坐标的形式绘制在平面图上，即为灯具的配光曲线，如图 14-7 所示。灯具的配光曲线表示灯具的发光强度在空间的分布状况。因此知道灯具对计算点的投光角 α，就可查到相应的发光强度 I_α，利用式（12-8）就可求出点光源在计算点上形成的照度。

为了使用方便，通常配光曲线均按光源发出的光通量为 1000lm 来绘制。当实际光源发出的光通量不是 1000lm 时，对查出的发光强度，应乘以修正系数，即实际光源发出的光通量与1000lm 之比。图 14-8 所示是扁圆吸顶灯外形及

图 14-7　光强体与配光曲线

其配光曲线。对于非对称配光的灯具，则用一组曲线来表示不同垂直剖面的配光情况。荧光灯灯具常用两根曲线分别给出平行于灯管（∥符号）和垂直于灯管（⊥符号）剖面的光强分布，其外形及其配光曲线如图 14-9 所示。

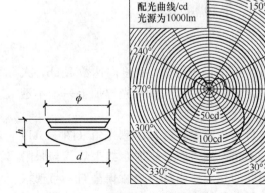

图 14-8　扁圆吸顶灯外形及其配光曲线

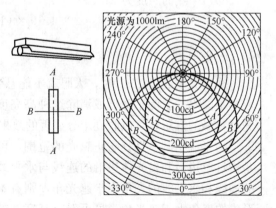

图 14-9　荧光灯外形及其配光曲线

【**案例 14-1**】　长 8m、宽 6m、高 4m 的房间顶棚有两个扁圆吸顶灯。两灯沿长度方向布置，相距 5m，分别距墙 1.5m；沿宽度方向距墙各 3m。地面两点，P_1 位于墙角，P_2 位于房间正中，如图 14-10 所示。若光源为 100W 白炽灯，求 P_1、P_2 点的照度（不计反射光影响）。

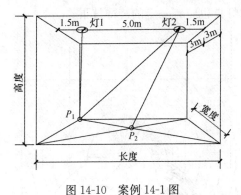

图 14-10　案例 14-1 图

【**案例解析**】　（1）P_1 点照度

1）灯 1 在 P_1 点形成的照度按点光源形成的照度计算式［式（12-8）］，找出式中各项值。

灯 1 至 P_1 点的距离为

$$\sqrt{4^2+3^2+1.5^2}=\sqrt{27.25}(\text{m})$$

$$\cos\alpha_{11}=\frac{4}{\sqrt{27.25}}, \quad \alpha_{11}=40°, \quad I_{40}=100\text{cd}$$

$$E_{11}=100\times\cos40°/27.25\approx2.8(\text{lx})$$

2）灯 2 在 P_1 点形成的照度：

灯 2 至 P_1 点的距离为

$$\sqrt{4^2+3^2+6.5^2}=\sqrt{67.25}\ (\text{m})$$

$$\cos\alpha_{21}=\frac{4}{\sqrt{67.25}}, \quad \alpha_{21}=61°, \quad I_{61}=80\text{cd}$$

$$E_{21}=80\times\cos61°/67.25\approx0.6\ (\text{lx})$$

3）P_1 点照度为两灯形成的照度和，并考虑灯泡光通量修正 1250/1000，则

$$E_1=(2.8+0.6)\times(1250/1000)\approx4.25(\text{lx})$$

（2）P_2 点的照度

1）灯 1、灯 2 与 P_2 的相对位置相同，故两灯在 P_2 点形成的照度相同。

灯 1 或灯 2 至 P_2 点的距离为

$$\sqrt{4^2+2.5^2}=\sqrt{22.25}\ (\text{m})$$

$$\cos\alpha_2=\frac{4}{\sqrt{22.25}}, \quad \alpha_2=32°, \quad I_{32}=110\text{cd}$$

$$E_{21}=E_{22}=110\times\cos32°/22.25\approx4.19\ (\text{lx})$$

2）P_2 点的照度为

$$E_2=2\times4.19\times(1250/1000)=10.48(\text{lx})$$

2. 遮光角

光源亮度超过 16sb 时，人眼就不能忍受，而 100W 的白炽灯灯丝亮度高达数百 sb，人眼更不能忍受。为了降低或消除这种高亮度表面对眼睛造成的眩光，给光源加上一个不透光材料做的灯罩，可以收到十分显著的效果。

为了说明某一灯具防止眩光的范围，可用遮光角 γ 来衡量。灯具的遮光角（图 14-11）是指灯罩边沿和发光体边沿的连线与水平线所成的夹角。当人眼平视时，如果灯具与眼睛的连线和水平线的夹角小于遮光角，则看不见高亮度的光源。当灯具位置提高时，与视线形成的夹角大于遮光角，虽可看见高亮度的光源，但夹角较大，眩光程度已大大减弱。当灯罩用半透明材料做成时，即使有一定遮光角，但由于它本身具有一定亮度，仍有可能成

为眩光光源，故应限制其表面亮度值。

3. 灯具效率

任何材料制成的灯罩均会吸收一部分投射在其表面的光通量，光源本身也要吸收少量的反射光（灯罩内表面的反射光），余下的才是灯具向周围空间投射的光通量。在规定条件下测得的灯具所发射的光通量值 Φ 与灯具内所有光源发出的光通量测定值之和 Φ_0 的比值，称为灯具效率 η，即

$$\eta = \frac{\Phi}{\Phi_0} \tag{14-1}$$

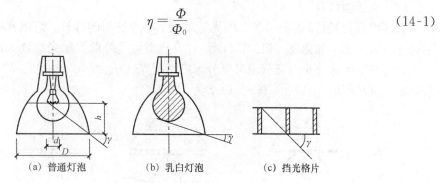

(a) 普通灯泡   (b) 乳白灯泡   (c) 挡光格片

图 14-11 灯具的遮光角

显然，η 小于 1，其值取决于灯罩开口的大小和灯罩材料的光反射比、光透射比。灯具效率一般用实验方法测出列于灯具说明书中（表 14-9）。

表 14-9 荧光灯、高强度气体放电灯的下限灯具效率　　　　　　　（单位:%）

灯具出光口形式	开敞式	格栅	透光罩	保护罩（玻璃或塑料）	
				透明	磨砂、棱镜
荧光灯灯具	75	60		65	55
高强度气体放电灯灯具	75	60	60		

14.2.2 灯具分类及其适用场合

CIE 按光通量在上、下半球的分布将灯具划分为 5 类：直接型灯具、半直接型灯具、扩散型灯具、半间接型灯具、间接型灯具。它们的光通量分布见表 14-10，实际效果如图 14-12 所示。

表 14-10 灯具的光通量分布

类别	光通量的近似分布/%	
	上半球	下半球
直接型灯具	0～10	90～100
半直接型灯具	10～40	60～90
均匀扩散型灯具	40～60	40～60
半间接型灯具	60～90	10～40
间接型灯具	0～100	0～10

(a) 直接型　　(b) 半直接型　　(c) 均匀扩散型　　(d) 直接-间接型　　(e) 半间接型　　(f) 间接型

图 14-12　各类灯具的光通量分布的实际效果

各类灯具在照明方面有以下特点。

（1）直接型灯具

直接型灯具是指 90%～100% 的光通量向下半球照射的灯具。灯罩常用反光性能良好的不透光材料做成（如搪瓷、铝、镜面等）。直接型灯具外形及配光曲线如图 14-13 所示。按其光通量在下半球分布的宽窄，又可分为广阔配光（I_{max} 为 50°～90°）、均匀配光（$I_0 = I_\alpha$）、余弦配光（$I_0 = I_\alpha \cos\alpha$）和窄配光（$I_{max}$ 为 0°～40°）。

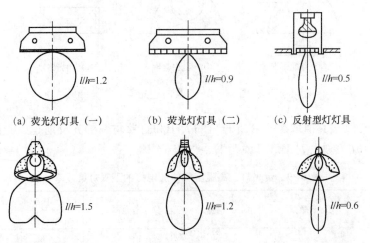

(a) 荧光灯灯具（一）　　(b) 荧光灯灯具（二）　　(c) 反射型灯具

(d) 白炽灯或高强放电灯灯具（一）　(e) 白炽灯或高强放电灯灯具（二）　(f) 白炽灯或高强放电灯灯具（二）

图 14-13　直接型灯具外形及配光曲线

l—灯的间距；h—灯具与工作面的距离

直接型窄配光灯具常用镜面反射材料做成抛物线形的反射罩，它能将光线集中在轴线附近的狭小立体角范围内，因而在轴线方向具有很高的发光强度。典型例子是工厂中常用的深罩型灯具 [图 14-13（e）、（f）]，它适用于层高较高的房屋中。用扩散反光材料作的反光罩或用均匀扩散透光材料放在灯具开口处就可形成余弦配光的灯具 [图 14-13（a）]。广阔配光的直接型灯具 [图 14-13（d）] 常用于室外广场和道路照明、要求较高的垂直面照度的室内场所，以及低而宽房间的一般照明。公共建筑中常用的暗灯 [图 14-13（c）]，也属于直接型灯具。这种灯具装置在顶棚内，使室内空间显得简洁。其配光特性受灯具开口尺寸、开口处附加的棱镜玻璃、磨砂玻璃等散光材料或格片尺寸的影响。

直接型灯具虽然效率较高，但也存在两个主要缺点：①由于灯具的上半部几乎没有发出光线，因而顶棚很暗，它和明亮的灯具开口形成强烈的亮度对比，往往形成眩光。②光线方向性强，阴影浓重。当工作物受几个光源同时照射时，如处理不当就会造成阴影重叠，影响视看效果。

（2）半直接型灯具

半直接型灯具外形及配光曲线如图 14-14 所示。为了改善室内空间的亮度分布，半直接型灯具使部分光通量射向上半球，以减小灯具开口与顶棚亮度间的强烈对比。这种灯具常用半透光材料作灯罩或在不透光灯罩上部开透光缝［图 14-14（d）］。这一类灯具下面的开口能把较多的光线集中照射到工作面，具有直接型灯具的优点。同时又将部分光通量射向顶棚，使空间环境得到适当照明，从而改善了房间内的亮度分布。

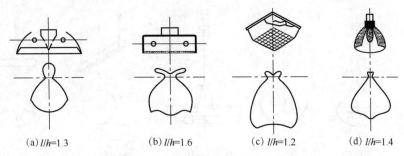

（a）l/h=1.3　　（b）l/h=1.6　　（c）l/h=1.2　　（d）l/h=1.4

图 14-14　半直接型灯具外形及配光曲线

（3）扩散型灯具

扩散型灯具外形及配光曲线如图 14-15 所示。最典型的扩散型灯具是乳白球形灯［图 14-15（d）］。此类灯具的灯罩多用扩散透光材料制成，上、下半球分配的光通量相差不大，因而室内得到优良的亮度分布。直接-间接型灯具是直接和间接型灯具的组合，它发出的光通量在上、下半球的分布比较接近。这一点与扩散型灯具相同，但它是由一个透光率很低或不透光材料做成的灯罩，灯罩的上面和下面均有开口。这种灯具分配一部分光通量向上，照亮顶棚，使室内获得一定的反射光。另一部分光通量向下直接照亮工作面，使之获得高的照度。其既满足工作面上的高照度要求，整个房间亮度又比较均匀，同时在水平方向几乎没有发出光通量，亮度极低，避免了形成眩光［图 14-15（e）］。

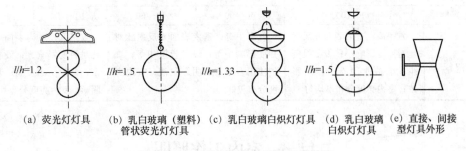

（a）荧光灯灯具　　（b）乳白玻璃（塑料）　（c）乳白玻璃白炽灯灯具　　（d）乳白玻璃　　（e）直接、间接
　　　　　　　　　管状荧光灯灯具　　　　　　　　　　　　　　白炽灯灯具　　型灯具外形

图 14-15　扩散型灯具外形及配光曲线

（4）半间接型灯具

半间接型灯具（图 14-16）的上半部分是透明的（或敞开），下半部分是扩散透光材料，上半部的光通量占总光通量的 60% 以上，由于增加了反射光的比例，房间的光线更均匀、柔和。这种灯具在使用过程中，上半部透明部分很容易积尘，使灯具的效率降低。另外，下半部表面亮度也可能相当高。因此，在很多场合（教室、实验室）可用另一种"环形格片式"的灯代替［图 14-16（d）］。

（5）间接型灯具

间接型灯具（图14-17）是用不透光材料制作成的，开口向上，几乎全部光线都射向上半球。光线是经顶棚反射到工作面的，因此光线的扩散性很好，光线柔和而均匀，并且完全避免了灯具的眩光影响。但因射到工作面的光线全部来自反射光，故光通利用率很低，在要求高照度时，使用这种灯具很不经济。此种灯具一般用于照度要求不太高，但希望全室均匀照明、光线柔和宜人的场合，如医院和一些公共建筑较为适宜。

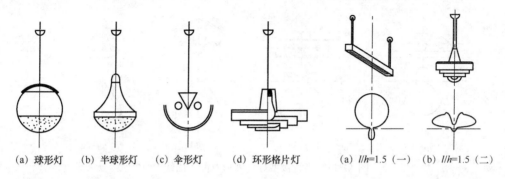

| （a）球形灯 | （b）半球形灯 | （c）伞形灯 | （d）环形格片灯 | （a）l/h=1.5（一） | （b）l/h=1.5（二） |

图 14-16 半间接型灯具外形   图 14-17 间接型灯具外形

下面将上述几种类型灯具的光照特性综合列于表14-11，以便于进行比较。

表 14-11 不同类型灯具的光照特性

灯具类型	直接型	半直接型	均匀扩散型	半间接型	间接型
灯具光分布					
上半球光通量/%	0～10	10～40	40～60	60～90	90～100
下半球光通量/%	90～100	60～90	40～60	10～40	0～10
光照特性	效率高；室内表面光反射比对照度影响小；设备投资少；维护使用费少；阴影浓；室内亮度分布不均匀	效率中等；室内表面光反射比对照度影响中等；设备投资中等；维护使用费中等；阴影稍淡；室内亮度分布较好		效率低；室内表面光反射比对照度影响大；设备投资多；维护使用费高；基本无阴影；室内亮度分布均匀	

14.3 室内工作照明

任务描述

工作任务 计算所在教室所需的灯具数量。

工作场景 学生进行分组，通过计算，绘制教室的灯具布置图。

以满足视觉工作为主的室内照明称为工作照明；为突出艺术效果，美化环境的照明称为环境照明。即室内照明分为功能性照明和艺术性照明。由于它们设计的要求不同，重点不同，下面首先介绍工作照明的设计方法。

工作照明为建筑的室内空间造成良好的光环境，满足人们生活、学习、工作的要求，设计时，可以按照以下步骤进行。

14.3.1 工作照明方式的选择

1. 正常照明

正常使用的照明系统，按照明设备的布局可分为四种照明方式：

1) 一般照明：为照亮整个场所而设置的均匀照明 [图 14-18 (a)]。灯具规则地布置，并能达到一定水平照度的均匀度。一般照明的平均照度应当不低于视觉作业所需要的照度。这种照明方式多用于对光线投射方向没有特殊要求或工作面上没有特别需要高视度的地方，工作点很密或不固定的场所，否则易导致投资和使用费增高。同一场所的不同区域有不同照度要求时，为节约能源，贯彻照度该高则高、该低则低的原则，应采用分区一般照明。例如，在开敞性办公空间中有办公区、休息区等，它们要求不同的照度，就常采用分区一般照明方式。

2) 局部照明：特定视觉工作用的、为照亮某个局部而设置的照明 [图 14-18 (b)]。在一个工作场所内，如果只采用局部照明会形成亮度分布不均匀，从而影响视觉作业，故不应只采用局部照明。如工厂车间内的机床灯、照亮商店货架的点射灯、办公桌的台灯等，均属局部照明。

3) 混合照明：由一般照明与局部照明组成的照明 [图 14-18 (c)]。对于部分作业面照度要求高，但作业面密度又不大的场所，若只采用一般照明，会大大增加安装功率，因而是不合理的，应采用混合照明方式，即增加局部照明来提高作业面照度和光线方向要求，以节约能源，又满足整个场所的均匀照明需要，在技术经济方面是合理的，是工业建筑和照度要求较高的民用建筑中大量采用的照明方式。

4) 重点照明：为提高指定区域或目标的照度，使其比周围区域突出的照明 [图 14-18 (d)]。在商场建筑、博物馆建筑、美术馆建筑等的一些场所，需要突出显示某些特定的目标，采用重点照明提高该目标的照度。

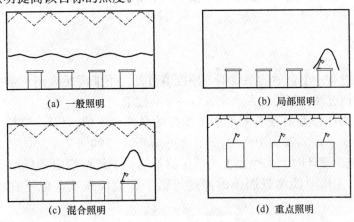

(a) 一般照明 (b) 局部照明

(c) 混合照明 (d) 重点照明

图 14-18 正常照明方式

2. 应急照明

因正常照明的电源失效而启用的照明，称为应急照明。大型公共建筑、工业建筑都应设置独立的应急照明系统。应急照明按照用途可分为三类：

1) 疏散照明：用于确保疏散通道被有效地辨认和使用的应急照明。为了避免发生意外事故，而需要对人员进行安全疏散时，在出口和通道设置的指示出口位置及方向的疏散标志灯和为照亮疏散通道而设置的照明，其照度值不应低于 0.5lx。

2) 安全照明：用于确保处于潜在危险之中的人员安全的应急照明。如使用圆盘锯等作业场所。

3) 备用照明：用于确保正常活动继续或暂时继续进行的应急照明。可能会造成爆炸、火灾和人身伤亡等严重事故的场所，或停止工作将造成很大影响或经济损失的场所而设的继续工作用的照明，或在发生火灾时为了保证消防作用能正常进行，应设置的照明。应急照明的供电方式有两种：一种叫常设应急照明，靠蓄电池；另一种靠专用变压器供电，正常系统发生事故时自动切换电源。

3. 他照明方式

1) 值班照明：非工作时间，为值班所设置的照明。值班照明宜利用正常照明中能单独控制的一部分或应急照明的一部分或全部。

2) 警卫照明：用于警戒而安装的照明。为加强对人员、财产、建筑物、材料和设备的保卫，而设置的警戒及配合闭路电视监控而配备的照明。

3) 障碍照明：在可能危及航行安全的建筑物或构筑物上安装的标识照明。例如为保障航空飞行安全，在高大建筑物和构筑物上安装的障碍标志灯。障碍标志灯的电源应按主体建筑中最高负荷等级要求供电。

14.3.2 照明标准的确定

根据工作对象的视觉特征、工作面在室内的分布情况确定了照明方式之后，应根据国家制定的照明标准，按照识别对象的最小尺度和与背景的亮度对比系数，确定照明的数量和质量。

1. 照度数量

照明设计时应有一个合适的照度值，照度值过低，不能满足人们正常工作、学习和生活的需要；照度值过高，容易使人产生疲劳，影响健康。

照度标准值是指作业面或参考平面上维持的平均照度值（lx），应按 0.5、1、3、5、10、15、20、30、50、75、100、150、200、300、500、750、1000、1500、2000、3000、5000 分级。设计时，工作面上的照度值不能低于规范规定的标准值，但也不应高于标准值的 20%。作业面临近周围的照度可低于作业面照度，但不宜低于表 14-12 的数值。

表 14-12　作业面临近周围的照度

作业面照度/lx	作业面临近周围的照度/lx	作业面照度/lx	作业面临近周围的照度/lx
≥750	500	300	200
500	300	≤200	与作业面照度相同

注：作业面临近周围是指作业面外宽度不小于 0.5m 的区域。

各类民用建筑室内照明的照度标准值见表 14-13。其中，UGR 为统一眩光值（unified glare rating）。

表 14-13　各类民用建筑室内照明的照度标准值

类型	房间或场所		参考平面及其高度/m	照度标准值/lx	UGR	R_a
住宅建筑	起居室	一般活动	0.75m 水平面	100	—	80
		书写、阅读		300*	—	
	卧室	一般活动	0.75m 水平面	75	—	80
		床头、阅读		150*	—	
	餐厅		0.75m 餐桌面	150	—	80
	厨房	一般活动	0.75m 水平面	100		80
		操作台	台面	150*		
	卫生间		0.75m 水平面	100	—	80
图书馆	一般阅览室		0.75m 水平面	300	19	80
	重要图书馆的阅览室		0.75m 水平面	500	19	80
	老年阅览室		0.75m 水平面	500	19	80
	珍善本、舆图阅览室		0.75m 水平面	500	19	80
	陈列室、目录厅（室）、出纳厅		0.75m 水平面	300	19	80
	书库、书架		0.25m 垂直面	50	—	80
	工作间（包括修复）		0.75m 水平面	500	19	80
办公建筑	普通办公室		0.75m 水平面	300	19	80
	高档办公室		0.75m 水平面	500	19	80
	视频会议室		0.75m 水平面	500	19	80
	接待室、前台		0.75m 水平面	200	—	80
	设计室		实际工作面	500	19	80
	文件整理、复印、发行室		0.75m 水平面	300	—	80
	资料、档案室		0.75m 水平面	200	—	80
教育建筑	教室		课桌面	300	19	80
	实验室		实验桌面	300	19	80
	美术教室		桌面	500	19	80
	多媒体教室		0.75m 水平面	300	19	80
	教室黑板		黑板面	500		80

续表

类型	房间或场所		参考平面及其高度/m	照度标准值/lx	UGR	R_a
旅馆建筑	客房	一般活动区	0.75m水平面	75	—	80
		床头	0.75m水平面	150	—	80
		写字台	台面	300	—	80
		卫生间	0.75m水平面	150	—	80
	中餐厅		0.75m水平面	200	22	80
	西餐厅		0.75m水平面	150	—	80
	酒吧间、咖啡厅		0.75m水平面	75	—	80
	多功能厅、宴会厅		0.75m水平面	300	22	80
	总服务台		地面	300*	—	80
	休息厅		地面	200	22	80
	客房层走廊		地面	50	—	80
	厨房		台面	300	—	80
	洗衣房		0.75m水平面	200	—	80

* 表示室内照明照度标准值见《建筑照明设计标准》(GB 50034—2013)。

符合下列条件之一及以上时，作业面或参考平面的照度，可照度标准值提高一级。

1）视觉要求高的精细作业场所，眼睛至识别对象的距离大于500mm。

2）连续长时间紧张的作业，对视觉器官有不良影响时。

3）识别移动对象，要求识别时间短促而辨认困难。

4）视觉作业对操作安全有重要影响。

5）识别对象与背景辨认困难。

6）作业精度要求高，且产生差错会造成很大损失。

7）视觉能力低于正常能力。

8）建筑等级和功能要求高。

符合下列条件之一及以上时，作业面或参考平面的照度，可照度标准可降低一级。

1）进行很短时间的作业。

2）精度或速度无关紧要。

3）建筑等级或功能要求较低。

2. 照明质量

照明质量要求包括以下几个方面。

（1）照度的均匀性

照度的均匀性是指视场中照度最大值或最小值接近平均值的程度，即最低照度（或最高照度）与平均照度的比值。Ⅰ～Ⅳ视觉作业区一般照明的均匀度（指房间内工作面上最低照度与平均照度之比）不宜小于0.7，作业面邻近周围的照度均匀性不应小于0.5。房间或场所内通道和非作业区域的一般照明的照度值不小于作业区域一般照明照度值的1/3。

（2）限制眩光

在室内照明设计中，应尽量避免出现眩光。根据其产生的原因，可采取以下办法来控制眩光现象的发生。

1）直接眩光的限制方法：减少光源和灯具的亮度，如对光源可采用磨砂玻璃或乳白玻璃的灯具；减小形成眩光的光源面积；增大眩光源的背景亮度，减少亮度对比，特别是减少工作对象和与它直接相邻的背景间的亮度对比；可采用保护角较大的灯具；合理布置灯具位置和选择适当的悬挂高度，尽可能增大眩光源的仰角。

2）减弱光幕反射和反射眩光的方法：避免将灯具安装在干扰区内；采用低光泽度的表面装饰材料；限制灯具亮度；照亮顶棚和墙表面，但避免出现光斑。

综上所述，控制眩光可分别从光源、灯具、照明方式等几个方面着手进行。公共建筑和工业建筑常用房间或场所的不舒适眩光采用统一眩光值（UGR）评价，见表 14-13。

（3）适宜的光源颜色

光源的相关色温不同，给人的冷暖感觉就不同（表 14-14），光源颜色主观感觉效果还与光源照度的大小有关，低照度下采用低色温光源为佳。随着照度水平的提高，光源的相关色温也应相应提高。物体的颜色（显现色）在一定程度上取决于照明光源发射光的颜色（光源色），应根据视觉作业对颜色辨别的要求，选用不同显色性的光源。对于长期工作或停留的房间或场所，照明光源的显色指数（R_a）不宜小于 80。在灯具安装高度大于 10m 的工业建筑场所，R_a 可低于 80，但最低限度必须能够辨别安全色。

表 14-14　光源色表分组

色表类别	色表	相关色温/K	用途
1	暖	<3300	客房、卧室、病房、酒吧
2	中间	3300～5300	办公室、教室、商场、诊室、机加工车间
3	冷	>5300	高照度场所、热加工车间

（4）照度稳定性

室内某点照度值接近平均值的程度，随电压波动而变化，所以要求供电电压稳定，防止因电压不稳定造成光源的照度不稳定。一般工作场所室内照明，灯具端电压上、下波动为额定电压±5%。应控制灯端电压为额定电压值，如达不到要求时，在条件许可情况下，可将动力和照明电源分开，甚至在照明电源上增设稳压装置。

（5）亮度均匀

人的视野内各个表面亮度比较均匀时，人的视觉最舒适和最有效率，因此室内各表面亮度应保持一定比例。为了获得理想的亮度比，室内各表面必须具备适当的光反射比，对于长时间工作的房间，其表面反射比宜按表 14-15 选取。

表 14-15　工作房间表面反射比

表面名称	反射比	表面名称	反射比
顶棚	0.6～0.9	地面	0.2～0.4
墙面	0.5～0.8	作业面	0.2～0.6

（6）阴影

阴影会减弱工作物件上的亮度和对比。在安排室内大型设备时，应避免对邻近工作面上形成阴影，并在室内提供足够的漫射光。例如，采用广阔配光的直射型灯具密集布置，或采用扩散光照明和间接照明、发光顶棚等。

有时借助观看对象上的阴影提高立体物件的视度，需要一定的指向性照明，可在一般照明系统中附加特殊灯具。

（7）消除频闪效应

在以一定频率变化的光照射下，观察到物体运动显现出不同于其实际行动的现象。为减轻这种影响，可将相邻灯管（泡）或灯具分别接到不同相位的线路上。

14.3.3　光源和灯具的选择

1. 照明光源的选择

不同光源的光谱特性、发光效率、使用条件和价格上都有自己的特点，应根据不同场所的具体情况，来确定光源的类型。

1）灯具安装高度较低的房间宜采用细管直管形三基色荧光灯。

2）商店营业厅的一般照明宜采用细管直管形三基色荧光灯、小功率陶瓷金属卤化物灯；重点照明宜采用小功率陶瓷金属卤化物灯、发光二极管灯。

3）灯具安装高度较高的场所，应按使用要求，采用金属卤化物灯、高压钠灯或高频大功率细管直管荧光灯。

4）旅馆建筑的客房宜采用发光二极管灯或紧凑型荧光灯。

5）照明设计不应采用普通照明白炽灯，对电磁干扰有严格要求，且其他光源无法满足的特殊场所除外。

2. 照明灯具及其附属装置的选择

选择灯具或照明装置，应根据灯具的配光特性和环境条件，选择符合使用功能和照明质量的要求，能够实现设想的照明效果和艺术效果的灯具。在满足实用功能的基础上，应考虑灯具及其附属装置的经济性，以及是否有利于照明节能。

3. 灯具的布置

照明灯具的布置主要取决于视觉作业的位置与室内活动区的划分，同时，还要考虑建筑结构的形式及空间的形状和大小，配合顶棚装修的设计意图来决定灯位。

人们要求一般照明均匀照亮整个工作场所，使工作面上的照度均匀，这就要求灯具的布置应满足距高比（L/h）的要求。L 是指灯具的间距，是根据它们的光强分布计算（灯正下方工作面上的照度和两灯中央的照度相等为条件）求出来的；h 指灯具至工作面的距离（当采用半间接和间接型灯具时，h 为灯具至反光表面的距离）。当距高比小时，照度的均匀性好，但经济性差；距高比大，灯稀疏，满足不了照度要求。对于靠墙灯具，为使房间四周的照度不至太低，其距墙的距离为 $L/5\sim L/3$。

布置灯具时应注意以下几点：避免产生阴影，用直接型灯具或半直接型灯具时，应避免阴影影响工作面；考虑检修的方便与安全；高大房间布灯时可采用顶灯和壁灯相结合的方式，以取得适宜的照明条件。

14.3.4　照明计算

在进行人工光环境设计时，为了达到照度标准而求所需要的灯数和灯功率，或按照已确定的灯数和灯功率验算室内平均照度或某点的照度，就要进行照明计算。照明计算是室内工作照明设计不可缺少的一个环节。照明计算的方法有很多，这里简要介绍利用系数法和灯数概算法。

1. 利用系数法

工作面上接受的有效光通量是照明灯具的直射光通量与室内表面的相互反射光通量之和，形成总光通量（图 14-19）。因此，利用系数法是从平均照度的概念出发，即先计算从照明装置投射到一个表面上的总光通量，然后除以这个表面的面积，而得出这个表面上的平均照度。

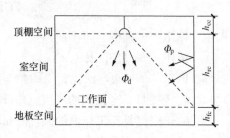

图 14-19　室内光通分布

$$E = \frac{\Phi_\mathrm{u}}{A} = \frac{N\Phi C_\mathrm{u}}{A} \tag{14-2}$$

式中：A——房间的面积（m^2）；

Φ_u——有效光通量（照射到工作面上的光通量）（lm）；

C_u——灯具利用系数，有效总光通量越大，表示从光源发出的光通量被利用的越多，我们把它和照明设施总光通量的比，称为灯具的利用系数 C_u；

Φ——一个灯具内光源的光通量（lm）；

N——灯具的数量。

由于照明设施在使用一段时间后，照度会下降，故在照明设计时，应将初始照度提高。即将照度标准值除以灯具的维护系数。维护系数是指照明装置在使用一定周期后，在规定表面上的平均照度或平均亮度与该装置在相同条件下新装时在同一表面上所得到的平均照度或平均亮度之比。维护系数 K 值见表 14-16。

表 14-16　维护系数 K 值

环境污染程度		适用场所	灯具清洗次数	维护系数 K 值
室内	清洁	卧室、办公室、餐厅、阅览室、教室、病房、客房、仪器仪表装配间、电子元器件装配间、检验室等	2	0.80
	一般	机械加工、机械装配、织布车间	2	0.70
	严重污染	锻工、铸工、碳化车间、水泥厂球磨车间	3	0.60
室外		道路和广场	2	0.65

因此，利用系数法的计算式为

$$E = \frac{\varPhi_u}{A} = \frac{N\varPhi C_u}{A}K \tag{14-3}$$

式中：K——维护系数。

如果以灯具平面和工作平面将房间划分成三个空间——顶棚空间、室空间和地面空间时（图 14-19），可得到矩形空间为

$$CCR = \frac{5h_{cc}(L+W)}{LW} \tag{14-4}$$

$$RCR = \frac{5h_{rc}(L+W)}{LW} \tag{14-5}$$

$$FCR = \frac{5h_{fc}(L+W)}{LW} \tag{14-6}$$

式中：CCR——顶棚空间比；

RCR——室空间比；

FCR——地板空间比；

h_{cc}——灯具至顶棚的高度（m）；

h_{rc}——灯具至工作面的高度（m）；

h_{fc}——地面至工作面的高度（m）；

L、W——房间的长和宽（m）。

室空间比也可用室形指数 RI 表示，即

$$RI = \frac{5}{RCR} \tag{14-7}$$

灯具的利用系数值见附录 I，其中，ρ_w 指室空间内的墙表面平均光反射比。ρ_{cc} 指灯具开口以上空间（即顶棚空间）的总的光反射能力。它与顶棚空间比，顶棚空间中的墙、顶棚的光反射比有关。ρ_{fc} 指工作面以下空间（即地面空间）的总的光反射能力。它与地面空间比，地面空间中的墙、地面的光反射比有关。

$$\rho_{eff} = \frac{\rho A}{A_s - \rho A_s + \rho A} \tag{14-8}$$

$$\rho = \frac{\sum_{i=1}^{n}\rho_i A_i}{\sum_{i=1}^{n}A_i} \tag{14-9}$$

式中：ρ_{eff}——有效空间反射比；

ρ——空间表面平均反射比；

A——空间开口平面面积（m²）；

A_s——空间表面面积（m²）；

ρ_i——第 i 个表面反射比；

A_i——第 i 个表面面积（m²）。

附录 I 所列的利用系数，若地板空间反射比不同于表中数值时，则应用适当的修正系数进行修正。如计算精度要求不高，也可不做修正；查表时允许采用内插法计算；表中有效顶棚反射比及墙面反射比均为零的利用系数，用于室外照明计算。

【**案例 14-2**】　一教室尺寸为 9m×6m，顶棚距地面 3.1m，顶棚反射比 0.8，墙面反射比 0.6，地面反射比 0.2，一侧墙开三扇 2.4m（宽）×2.3m（高）的窗户，其光反射比为 0.08，桌面距地面 0.8m。选用 HHJY1136 固定式荧光灯灯具照明，顶棚上均匀布置 6 个灯具，求桌面上的平均照度。

【**案例分析**】

1）灯具数据。选用 36W 日光色 T8 荧光灯，光通量为 3250lm。

2）求室空间比 RCR 值。

灯具至工作面的高度为

$$h_{rc} = 3.1 - 0.8 = 2.3(m)$$

由式（14-5）得

$$RCR = \frac{5h_{rc}(L+W)}{LW} = \frac{5 \times 2.3 \times (9+6)}{9 \times 6} \approx 3$$

求得室形指数为

$$RI = 1.67$$

3）室空间平均光反射比。

墙面反射比 0.6；玻璃的光反射比为 0.08。

$$\rho_w = \bar{\rho} = \frac{2.4 \times 2.3 \times 3 \times 0.08 + [2 \times 2.3 \times (9+6) - 2.4 \times 2.3 \times 3] \times 0.6}{2 \times 2.3 \times (9+6)} \approx 0.5$$

4）顶棚空间有效光反射比为

$$\rho_{cc} = 0.8$$

5）地面空间有效光反射比。

地面空间开口面积为

$$A = 6 \times 9 = 54 \ (m^2)$$

地面空间表面面积为

$$A_s = 6 \times 9 + (6+9) \times 0.8 \times 2 = 78(m^2)$$

6）地面空间表面平均反射比为

$$\rho = \frac{6 \times 9 \times 0.2 + (6+9) \times 0.8 \times 2 \times 0.6}{6 \times 9 + (6+9) \times 0.8 \times 2} = 0.323$$

7）地面空间有效光反射比为

$$\rho_{fc} = \frac{\rho A}{A_s - \rho A_s + \rho A} = 0.25$$

8）查 C_u。

根据 RI=1.67、ρ_w=0.5、ρ_{cc}=0.8，用内插法查附录 I 得

$$C_u = 0.84$$

9）确定 K 值。

由表 14-16 得

$$K = 0.8$$

10）求桌面上的平均照度由式（14-3）得

$$E = \frac{\Phi_u}{A} = \frac{N\Phi C_u}{A}K \approx 303(lx)$$

2. 灯数概算法

现在采光设计中也常利用灯数概算曲线计算灯数，该方法简便易行，也比较准确。灯具概算曲线见附录J灯具的概算图表。应用灯数概算法时，应注意以下几点。

1）若照度不是100lx，求出的灯数应按比例增减。

2）曲线上所标的高度为计算高度，即灯具到工作面的高度。

3）当光源瓦数不同时，灯数应乘以概算曲线图中说明表给出的系数。

4）曲线的适用范围不满足要求时，可以用曲线的外推法求灯数。不同计算高度之间的数值允许以内插值法查找。

【案例14-3】　一教室尺寸为9m×6m，顶棚距地面高度3.8m，一侧墙开三扇2.4m（宽）×2.3m（高）的窗户，窗台高0.8m，桌面距地面0.8m。试用灯数概算法求灯具数量。

【案例解析】

1）确定照度。由表14-13得教室照度平均值为300lx。

2）确定光源。考虑教室照明对灯的性能要求，宜用荧光灯，现选用灯型YG6-2，光源为2×40W的日光色吸顶式荧光灯。

3）确定计算高度和房间面积。

计算高度为

$$h=3.8-0.8=3 \text{（m）}$$

房间面积为

$$S=9×6=54 \text{（m}^2\text{）}$$

4）查灯数概算图表。查附录J得，照度 $E=100$lx，$h=3$m，$S=54$m^2 时，$N=4.4$ 套。因为确定照度 E 为300lx，所以实际所需灯数为

$$N = 4.4×3 = 13.2 \text{(套)}$$

取 $N=14$ 套。

14.4　环境照明设计

任务描述

工作任务　为住宅套型空间进行环境照明设计。

工作场景　结合住宅套型空间装饰设计课程，为某套型进行室内环境照明设计。

建筑照明不仅仅可以满足人们生活、工作的需要，还可以使建筑室内、外空间形成良好的艺术氛围。在建筑设计工程中，设计师通常把建筑照明、装修、构造等有机结合起来，以达到某种特殊的建筑艺术效果。这种与建筑本身有着密切联系，并突出艺术效果的照明设计称为室内、外环境照明设计。灯光是营造空间气氛的"魔术师"。照明设计不但能营造良好的光环境，还可以同其他因素一起营造良好的空间感。

14.4.1　室内环境照明设计

进行室内环境照明设计时，要结合建筑物的使用要求、建筑空间尺寸及结构形式等实际条件，对光的分布、光的明暗构图、装饰的颜色和质量做出统一规划，使其达到预期的艺术效果，并形成舒适宜人的光环境。

1. 照明分区

在建筑设计中，设计者可通过照明设施的布置，使某些物体被照亮，而另一些物体处于暗处，这样就可以区别它们的主次关系，以达到设计预期效果。一般将室内空间划分为若干区，按其使用要求给予不同的亮度处理。

1）视觉中心区。人们容易注意到较亮的物体。根据人的这种习性，可将房间中需要突出的物体与周围物体形成亮度对比。根据物体的重要程度，可使其亮度超过相邻表面亮度的 5～10 倍。

2）活动区。人们生活、工作的区域应满足照明标准的要求，亮度变化不宜变大，以免引起视觉疲劳。

3）顶棚区。顶棚区在室内起次要和从属作用，亮度不宜过大，形式力求简洁，要与房间整个气氛统一。

4）周围区。一般不希望周围区亮度超过顶棚区，不做过多装饰，以免影响重点突出。

2. 局部强调照明

在室内某些局部，需要突出它的造型、轮廓、艺术性等，就需要局部强调照明，可采用以下方法。

1）扩散照明。大面积均匀照明，适用于起伏不大，但色彩丰富的物体，如壁画。但此法不能突出物体的起伏，易产生平淡的感觉。

2）高光照明。用投光灯将光束投到物体上，能确切显示被照物体的质感、颜色及细部；若单一光源照明，易形成浓暗的阴影、起伏生硬。为获得最佳效果，将被照物体和其邻近表面的亮度控制在 (2∶1)～(6∶1) 内。

3）背景照明。将光源放于物体背后或上面，使其成为明亮的背景。在亮背景下，可清楚表现物体的轮廓，但无法表现物体的颜色、细部、表面特征等。

4）墙泛光。用光线将墙体照亮，使人感到空间扩大，突出墙的材质。为了在平墙上，增加变化性和趣味性，可以利用照明制造各种形状的光斑。

14.4.2　室外环境照明

在城市规划与建筑设计时，设计人员应综合考虑室外环境的照明。对建筑物、广场和街道进行夜间照明，使其呈现出与白天完全不同的景致，这对美化城市、丰富城市精神生活有重要的作用。对有重要意义或代表性的建筑及风景区、街道、大型商场、宾馆、饭店、车站、码头等建筑，常需要安装供欣赏的外观立面照明。

白天，天空是一个明亮的扩散光源，它将整个建筑物的表面均匀地照亮，太阳直射光又使建筑物产生明显的亮度对比和阴影，而且随着太阳不同的时刻处于不同的位置，建筑物的亮度和阴影也在不断地变化。夜晚，周围背景黑暗，只要稍加照明，就可以使建筑立面从黑暗中显现出来，展示出与白天截然不同的面貌。因而夜间建筑照明不需要形成白天那样高的亮度。

1. 建筑立面照明方式

夜间建筑立面的照明有 3 种不同的方式：轮廓照明、泛光照明、透光照明。在一幢建筑物上，3 种照明方式可以单独使用，也可以组合使用。

1）轮廓照明。即将灯泡成串安装在建筑物主要构件的棱线上的照明形式。它对建筑物具有完好的塑造性，适合应用于我国古建筑的照明上，可以突出它丰富的轮廓线。但轮廓照明会使建筑物的立面昏暗，不容易表现出建筑物的立体感，而且电功率的消耗较大，不利于节能。

2）泛光照明。对体型较大、轮廓不突出的建筑物，可以将其某一突出部分或整个建筑物照亮，利用阴影和亮度的变化在黑夜中美化建筑物。它能使建筑物的立面产生立体感，创造出美丽的室外光环境。

3）透光照明。即利用室内照明的亮度，在黑夜透过窗口形成排列整齐的亮表面的照明方式。它在一排排的窗洞处显示出光的韵律，对整幢建筑物的外观形成灯光的构图，特别是从室内透射出来不同的光色，可构成美丽的城市夜景。

2. 城市广场照明

城市广场的形状和面积差别很大，应结合广场的具体特征和功能进行照明设计。

1）广场照明所营造的气氛应与广场的功能及周围环境相适应，亮度或照度水平、照明方式、光源的显色性及灯具造型应体现广场的功能要求和景观特征。

2）广场绿地、人行道、公共活动区和主要出入口的照度标准值应符合表 14-17 的规定。

表 14-17　广场绿地、人行道、公共活动区和主要出入口的照度标准值

照明场所	绿地	人行道	公共活动区				主要出入口
			市政广场	交通广场	商业广场	其他广场	
水平照明/lx	≤3	5～10	15～25	10～20	10～20	5～10	20～30

注：人行道的最小水平照度为 2～5lx；人行道的最小半柱面照度为 2lx。

3）广场地面的坡道、台阶、高差处应设置照明设施。

4）广场公共活动区、建筑物和特殊景观元素的照明应统一规划，相互协调。

5）广场照明应有构成视觉中心的亮点，视觉中心的亮度与周围环境亮度的对比度应宜为 3～5，且不宜超过 10～20。

6）除重大活动外，广场照明不宜选用动态和彩色光照明。

7）广场应选用上射光通比不超过 25％且具有合理配光的灯具；除满足功能要求外，并应具有良好的装饰性且不得对行人和机动车驾驶员产生眩光和对环境产生光污染。

3. 道路照明

道路照明的主要目的是为行人和车辆驾驶人员提供一个安全、舒适、全面、迅速了解周围环境的照明效果。对道路照明的基本要求如下：为路面提供基本的照明，以便于使用者及时发现道路中的车辆、行人和障碍物；使路面各处有基本均匀的照度；限制路面照明产生的眩光；道路照明系统本身及其他道路视觉诱导系统可以为车辆驾驶人员提供道路走向、坡度、里程等道路信息，便于安全迅速通行。

14.5 照 明 节 能

任务描述

工作任务 讨论分析学校宿舍如何进行照明节能。

工作场景 学生进行分组，通过讨论，完成学校宿舍照明节能报告。

人口、资源和环境是当今世界各国普遍关注的重大问题，它关系到人类社会经济的可持续发展，资源和环境与照明关系最为密切。1973 年的世界能源危机引起国际上和一些发达国家对照明节能特别重视，一些国家相继提出一些照明节能的原则和措施。

14.5.1 照明节能原则

照明节能的基本原则是在保证不降低作业的视觉要求的条件下，最有效地利用照明用电。国际照明委员会提出了如下 9 条原则。

1）根据视觉工作需要定照度水平。

2）得到所需照度的节能照明设计。

3）在满足显色性和相宜色调的基础上采用高光效光源。

4）采用不产生眩光的高效率灯具。

5）室内表面采用高反射比的装饰材料。

6）照明和空调系统的散热的合理结合。

7）设置按需要能关灯或调光的可变照明装置。

8）人工照明同天然采光的综合利用。

9）定期清洁照明器具和室内表面，建立换灯和维修制度。

14.5.2 绿色照明

绿色照明是美国国家环保局于 20 世纪 90 年代初提出的概念，很快得到联合国的支持和许多发达国家和发展中国家的重视，并积极采取相应的政策和技术措施，推进绿色照明工程的实施和发展。1993 年 11 月中国国家经贸委开始启动中国绿色照明工程，并于 1996 年正式列入国家计划。

绿色照明是指节约资源、保护环境、有益于提高人们的学习、工作效率和生活质量以及保障身心健康的照明。

完整的绿色照明内涵包含高效节能、环保、安全、舒适等 4 项指标，不可或缺。高效节能意味着以消耗较少的电能获得足够的照明，从而明显减少电厂大气污染物的排放，达到环保的目的。安全、舒适指的是光照清晰、柔和及不产生紫外线、眩光等有害光照，不产生光污染；改善生活质量，提高工作效率，营造体现现代文明的光文化。

14.5.3　照明节能措施

1. 采用照明功率密度值的照明标准

《建筑照明设计标准》（GB 50034—2013）对不同的建筑规定了照明功率密度值（LPD），是指建筑的房间或场所，单位面积的照明安装功率（含镇流器，变压器的功耗），单位为 W/m^2。LPD 限值分为现行值和目标值，是国家依据节能方针从宏观上做出的规定。

2. 合理选用照明方式

选用符合照明节能要求的照明节能方式，如分区一般照明、混合照明等。

3. 选用发光效率高的光源

选用发光效率高的光源，具体如下。
1）用卤钨灯取代普通照明白炽灯（节电 50%～60%）。
2）用自镇流荧光灯取代白炽灯（节电 70%～80%）。
3）用直管型荧光灯取代白炽灯和直管型荧光灯的升级换代（节电 70%～90%）。
4）大力推广高压钠灯和金属卤化物灯的应用。
5）高度较高的场所，宜选用陶瓷金属卤化物灯；无显色要求的场所和道路照明用高压钠灯；更换光源很困难的场所，宜选用无极荧光灯。
6）推广发光二极管 LED 的应用。

4. 选用光效高的灯具

灯具效率的高低及灯具配光的合理配置，对提高照明能效同样有不可忽视的影响。
1）选用配光合理、反射效率高、耐久性好的反射式灯具。
2）选用与光源、电器附件协调配套的灯具。
3）用节能电感镇流器和电子镇流器取代传统的高能耗电感镇流器。
4）室内表面尽量选用反射比高的装修材料，减少光损失，提高灯具利用系数。

5. 合理设计照明控制系统

室内天然采光随室外天然光的强弱变化，当室外光线强时，室内的人工照明应按照人工照明的照度标准，自动调节人工照明照度，关掉一部分灯，这样做有利于节约能源和照明电费。采用控制灵活的照明设施，如把照明线路分细点，多安些开关，进行分区控制。条件许可，可采用计算机对照明进行自动控制。

6. 充分利用天然光

太阳能是取之不尽、用之不竭的能源，虽一次性投资大，但维护和运行费用很低，符合节能和环保要求。经核算证明技术经济合理时，宜利用太阳能作为照明能源。

充分利用天然光，房间的采光系数或采光窗地面积比符合设计要求。在技术经济条件允许条件下，宜采用各种导光装置，如导光管、光导纤维等，将光引入室内进行照明；或采用各种反光装置，如利用安装在窗上的反光板和棱镜等使光折向房间的深处，提高照度，节约电能。

知识拓展

实例 1——海沃德美术馆

位于伦敦泰晤士河南岸的海沃德美术馆建于 20 世纪 60 年代初，用于举办各种艺术品，尤其是当代绘画作品的临时性展览。多年来，海沃德美术馆在很多不同类型的展览中采用了和谐的照明方式，并在此过程中经历了全方位的挑战。罗丹的雕塑、罗斯科的绘画、南美洲的土著艺术、希腊的肖像画、苏联的宣传海报、英国爱德华时代的建筑及其他诸多的展览都要求由同一轨道系统得出不同的照明方案。

在"艺术与权力"的展览中，有这样两个场景：一个是来自不同文化的两个标志分别由不同的射灯提供了照明，以强调它们之间的差别［图 14-20（a）］；另一个是绘画及雕塑由均匀的光同时照亮［图 14-20（b）］。从这两个场景可以看出海沃德美术馆的多功能性。

（a）   （b）

图 14-20   "艺术与权力"展览

实例 2——上海东方明珠广播电视塔

上海东方明珠广播电视塔由上海现代建筑设计（集团）有限公司的江欢成设计。该建筑于 1994 年竣工，是上海的地标之一（图 14-21）。该工程设计采用了新型光源，耗电量比原设计减少 26%，灯光还可根据需要进行画面更新设计控制运行。

实例 3——2010 年中国上海世界博览会波兰国家馆

2007 年 9 月，波兰公开征集上海世界博览会波兰国家馆展馆建筑设计方案，12 月 11 日，评委会公布，由 Wojciech Kakowski、Natalia Paszkowska 及 Marcin Mostafa 组成的团队获得了一等奖，其作品获选上海世界博览会波兰国家馆展馆的建筑设计方案。

图 14-21　上海东方明珠广播电视塔不同夜景效果

中国上海世界博览会波兰国家馆的主题是"人类创造城市"，展馆外形抽象且不规则（图 14-22），表面布满镂空花纹，阳光可以透过缝隙进入大厅，仿若民间剪纸，使参观者获得有趣的视觉体验：白天色彩变幻的光线穿过剪纸图案在馆内营造一种明暗错落的效果（图 14-23）；当黄昏降临，变换色泽的室内光线穿透剪纸图案，使展馆呈现出不同的色彩。

图 14-22　中国上海世界博览会波兰国家馆夜景　　图 14-23　中国上海世界博览会波兰国家馆室内效果图

单 元 小 结

通常把某一种光源（热辐射光源）的色品与某一温度下的全辐射体的色品完全相同时，全辐射体的温度称作该光源的颜色温度，简称为光源的色温，并用符号 T_c 表示，单位为开尔文（K）。

通常把某一种光源的色品与某一温度下全辐射体的色品最接近时的全辐射体温度称为相关色温，用符号 T_{cp} 表示。

物体色在不同照明条件下的颜色感觉有可能要发生变化，这种变化可用光源的显色性来评价。一般人工照明光源的显色性通常用一般显色指数（R_a）来表示，其最大值为 100，一般显色指数为 80～100 时，显色性优良；50～79 时，显色性一般；当显色指数为小于 50 时，显色性较差。

电光源的分类：热辐射光源、气体放电光源、固体光源。

热辐射光源发光机理：任何物体当温度高于热力学温度零度时，就会向周围空间发射辐射能。当金属加热到 1000K 以上时，就发出可见光。

气体放电光源发光机理：利用某些元素的原子被电子激发产生可见光的光源。常用的气体放电光源有荧光灯、荧光高压汞灯、金属卤化物灯、钠灯、紧凑型荧光灯和无电极荧光灯。

固体光源是指由于某种适当固体与电场相互作用而发光的现象。在照明上应用的电致发光光源有两种：一种是 LED，另一种是场致发光屏（膜）（EL）。

灯具是光源、灯罩及附件的总称。灯具的光特性主要用配光曲线、遮光角、灯具效率 3 项技术参数说明。

CIE 会按光通量在上、下半球的分布将灯具划分为 5 类：直接型灯具、半直接型灯具、均匀扩散型灯具、半间接型灯具、间接型灯具。

正常照明按灯具的布局分为 4 种方式：一般照明、局部照明、混合照明、重点照明。

因正常照明的电源失效而启用的照明称为应急照明。

保证照明质量包括照度的均匀性、限制眩光、适宜的光源颜色、照度稳定性、亮度均匀、阴影、消除频闪效应等方面。

不同光源的光谱特性、发光效率、使用条件和价格上都有自己的特点，应根据不同场所的具体情况，来确定光源的类型。

布灯时的注意事项：避免产生阴影、考虑检修的方便与安全、高大房间布灯时可采用顶灯和壁灯相结合的方式。

照明计算的两种方法：利用系数法和灯数概算法。

夜间建筑立面的照明有 3 种不同的方式：轮廓照明、泛光照明、透光照明。在一幢建筑物上，3 种照明方式可以单独使用，也可以组合使用。

绿色照明是指通过科学的照明设计，采用效率高、寿命长、安全和性能稳定的照明电器产品（电光源、灯用电器附件、灯具、配线器材，以及调光控制器和控光器件），改善并提高人们工作、学习、生活的条件和质量，从而创造一个高效、舒适、安全、经济、有益的环境，并充分体现现代文明的照明。

照明节能措施：采用照明功率密度值的照明标准；合理选用照明方式；选用发光效率高的光源；选用光效高的灯具；合理设计照明控制系统；充分利用天然光。

能 力 训 练

基本能力

一、名词解释

1. 热辐射光源　2. 遮光角　3. 绿色照明　4. 照明功率密度值　5. 光源的色温

二、填空题

1. 国际照明委员会按光通量在上、下半球的分布将灯具划分为 5 类：＿＿＿＿、＿＿＿＿、＿＿＿＿、＿＿＿＿、＿＿＿＿。

2. 一般将室内空间划分为＿＿＿＿＿＿、＿＿＿＿＿＿、＿＿＿＿＿＿、＿＿＿＿＿＿，按其使用要求给予不同的亮度处理。

3. 布灯时考虑的主要因素是＿＿＿＿＿＿，它会影响工作面照度的均匀性。

4. 夜间建筑立面的照明有＿＿＿＿＿＿、＿＿＿＿＿＿、＿＿＿＿＿＿3 种不同的方式。在一幢建筑物中，3 种照明方式可以单独使用，也可以组合使用。

5. ＿＿＿＿＿＿光源的发光效率特别高，显色指数高，亮度高、体积小，正常发光时发热少，但相对寿命较短。

6. ＿＿＿＿＿＿光源光色差，主要发绿、蓝色光，通常用于街道、施工现场和不需要认真分辨颜色的大面积照明场所；＿＿＿＿＿＿透雾能力强，但显色性极差，在室内极少使用；＿＿＿＿＿＿光源释放紫外线，常用在广场等大面积照明场所。

7. 一般照明的均匀度不宜小于＿＿＿＿＿＿，作业面邻近周围的照度均匀性不应小于＿＿＿＿＿＿。

8. 对于长期工作或停留的房间或场所，照明光源的显色指数不宜小于＿＿＿＿＿＿。

三、选择题

1. 高空间的普通仓库照明，宜采用（　　　）。
　　A. 卤钨灯　　　　　　　B. 荧光灯　　　　　　C. 高压汞灯　　　　　D. 金属卤化物灯

2. 一般人工照明光源的显色性通常用一般显色指数（R_a）来表示，一般显色指数范围为（　　　）。
　　A. 80～50　　　　　　　　　　　　　　B. 60～50
　　C. 79～50　　　　　　　　　　　　　　D. 100～80

3. （　　　）人工光源尺寸很小，特别适用于货柜、橱窗等小空间中使用。
　　A. 卤钨灯　　　　　　　B. 荧光灯　　　　　　C. 高压汞灯　　　　　D. 金属卤化物灯

4. 在商店营业大厅中，采用（　　　）照明方式为最合理的节能照明方式。
　　A. 一般照明　　　　　　　　　　　　　B. 重点照明
　　C. 一般照明十局部照明　　　　　　　　D. 局部照明

5. 在医院病房中，最适宜采用的灯具类型是（　　　）。
　　A. 间接型灯具　　　　　　　　　　　　B. 直接型灯具
　　C. 漫射型灯具　　　　　　　　　　　　D. 半间接型灯具

6. 照度标准值指的是作业面或参考平面上的（　　　）。
　　A. 最小照度　　　　　　　　　　　　　B. 最大照度
　　C. 初始平均照度　　　　　　　　　　　D. 维持平均照度

7. 根据视觉实验和实际经验，室内环境在与视觉作业相邻近的地方，其亮度应低于视觉作业亮度，但最好不要低于作业亮度的（　　　）。
　　A. 1/10　　　　　　B. 1/5　　　　　　C. 1/3　　　　　　　D. 1/2

8. 灯具利用系数的大小受（　　　）的影响。
　　A. 灯具的类型和照明方式　　　　　　　B. 灯具效率
　　C. 表面污染程度　　　　　　　　　　　D. 房间尺寸

9. 一个自动化生产线，只有几个工作点均匀布在车间内，若这些工作点照度要求很高，应采用（   ）的方式。

    A. 局部照明   B. 分区一般照明

    C. 一般照明   D. 混合照明

10. 下列措施中，与节电无关的是（   ）。

    A. 用光效高的高压汞灯代替光效低的白炽灯

    B. 用大功率白炽灯代替多个小功率白炽灯

    C. 用色温高荧光灯代替色温低的荧光灯

    D. 用分区一般照明代替一般照明

四、简答题

1. 简述卤钨灯比白炽灯光效高的原因。

2. 简述室内工作照明设计的主要步骤。

3. 简述 LED 的特点。

4. 简述控制眩光的措施。

5. 简述影响灯具利用系数大小的因素。

6. 简述照明节能措施。

五、计算题

1. 房间顶棚有两个扁圆吸顶灯（图 14-24），两灯相距 4.0m，灯距工作面 2.5m。如光源为 200W 白炽灯，求 P_1 点（位于灯 1 的正下方）、P_2 点（位于灯 1 和灯 2 之间）的照度（不计反射光影响）。

2. 多功能厅尺寸为 30m×20m×4.5m（净空高度），一侧墙开窗 2.4m（宽）×3.0m（高），窗台高 0.8m，灯具距顶棚 0.5m，桌面距地面 0.75m。选用 TBS 569/314M2 嵌入式格栅照明灯具，均匀布置。试求出照明所需的光源数量和功率。

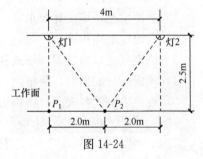

图 14-24

3. 开敞式办公室尺寸为 50m×30m×4m（净空高度），一侧墙开窗，试用灯数概算法求灯具数量。

拓展能力

1. 眼科诊室应当有较好的显色性，以便诊断患者的视力，你认为选择哪种光源为宜？听力科诊室不能有噪声，你认为选择哪种光源为宜？

2. 进行城市桥梁设计时，桥下有车道通过，需要在桥下对应车道的上方安装吸顶灯为桥下车道照明，选择哪种光源合适，为什么？

单元 15

任务解析——【典型工作任务3】

■ 知识目标　掌握　光环境设计的步骤和要求。

　　　　　　熟悉　设计标准中的术语、计算参数。

■ 技能目标　能　按照室内光环境的要求合理进行窗的布置及灯具布置，并考虑节能要求。

　　　　　　会　查找相应规范并使用。

根据建筑光学所学的知识，结合日后岗位对这方面的要求，下面将对第3模块的模块任务进行分析、解决。

■ 解析步骤

15.1　任务分析

为了满足任务的要求，达到光学设计的要求，本任务将从以下几个方面进行分析。

1）阅览室光环境设计要求。

2）确定窗地面积比。

3）确定采光口的位置、形式和尺寸。

4）确定灯具的型号、数量。

5）对室内空间各表面材料提出建设性意见。

15.2　任务解析

15.2.1　阅览室光环境设计要求

1）根据《图书馆建筑设计规范》（JBJ 38—2015）的要求：阅览区域应光线充足、照度均匀，防止阳光直射，东西向开窗时，应采取有效的遮阳措施。

2）根据《建筑采光设计标准》（GB/T 50033—2013）的规定：图书馆阅览室的采光等级为Ⅲ类，采用侧面采光时，其采光系数的最小值为3.0%，室内天然光临界照度值为450lx。

3）在采光设计中应选择采光性能好的窗作为建筑采光外窗，其透光折减系数 T_r 应大于0.5。

4）为满足天然采光的要求，其窗地面积比应为 1∶5，但同时要兼顾保温、节能的要求。

5）对白天天然光光线不足而需补充人工照明的场所，补充的人工照明光源宜选择接近天然光色温的高色温光源。

6）对于需识别颜色的场所，宜采用不改变天然光光色的采光材料。

7）照明设计应满足照度标准，努力提高照明质量，尤其要注意降低眩光和光幕反射。

8）阅览室照明设计应从灯具、照明方式、控制方案与设备、管理维护等方面考虑节能措施。

9）根据《建筑照明设计标准》（GB 50034—2013）的规定：一般阅览室应选用 R_a 不低于 80 的光源，其工作面的照度值应达到 300lx。

10）公共建筑的工作房间和工业建筑作业区域内的一般照明照度均匀度不应小于 0.7，而作业面邻近周围的照度均匀度不应小于 0.5。

11）选择光源时，应在满足显色性、启动时间等要求条件下，根据光源、灯具及镇流器等的效率、寿命和价格在进行综合技术经济分析比较后确定。

12）在满足眩光限制和配光要求条件下，应选用效率高的灯具。

15.2.2　采光设计

1. 确定采光口形式

因为该图书馆建筑共 6 层，开架阅览室位于第 2 层，所以采用侧窗采光。

2. 估算采光口位置及能开窗面积

1）开架阅览室共有东、西、南三面外墙，考虑东西向开窗有遮阳要求，所以优先考虑南向开窗。

2）估算能开窗的面积。

① 计算地面面积，根据图 3-0：
$$S_{地} = (8 \times 3 + 3.6 + 7.6) \times (7.6 \times 2 + 8) = 816.64 (m^2)$$

② 估算窗户面积、尺寸：

满足窗地比的窗户面积为
$$S_{窗'} = \frac{S_{地}}{5} = \frac{816.64}{5} \approx 163 (m^2)$$

因为侧窗采光口距地面高度 0.8m 以下的部分不计入有效采光面积，梁高 0.8m，所以墙面有效采光面积为

$S_{窗} = (7.6 \times 3 + 8 \times 3 + 7.2 + 3.6 - 0.8 \times 5) \times (4.5 - 0.8 - 0.8) \approx 155 (m^2)$

3）实际开窗位置及面积。

因为 $S_{窗} < S_{窗'}$，结合建筑立面美观性，所以西侧窗户高度为 $4.5 - 0.8 - 0.8 = 2.9$（m），东侧、南侧为整体幕墙。

3. 窗户的遮阳处理及眩光控制

阅览室东西向设窗，应采取有效的遮阳措施。辐射率≤0.15、无色的 Low-E 中空玻璃（离线）能达到遮阳的基本要求。为了控制眩光，建议增设百叶窗，它能取得灵活调节室内光线和通风的效果，同时还能为建筑制造丰富的光影变化，增加建筑美感。

15.2.3　人工照明

1. 选择照明方式

阅览室一般可采用一般照明方式或混合照明方式。该阅览室面积较大，宜采用混合照明方式，采用混合照明时，一般照明的照度宜占总照度的 1/3～1/2，所以该阅览室一般照明的照度确定为 150lx，局部使用移动灯具（台灯）补充照明。

2. 选择光源与灯具

阅览室应选用 R_a 不低于 80 的光源，宜选用限制眩光性能好的开启式灯具、带格栅或带漫射罩、漫射板等的灯具，灯具格栅及反射器宜使用半镜面，低亮度材料。

根据灯具的特性，采用嵌入式下开放式荧光灯具，选用灯型 FAC42601P，光源 T8-2×36W 的直管荧光灯（附录 I）。灯具尺寸为 1200mm×300mm×85mm，灯具效率 76%；灯具距高比应小于 1.29（垂直于灯管）或小于 1.37（顺灯管）。由表 15-1 查得，36W 直管荧光灯光通量为 3250lm，显色指数为 85，寿命为 15000h，色温为 6500K，是比较理想的光源。

表 15-1　T8 直管荧光灯的技术参数

型号	额定电压 /V	功率 /W	工作电流 /A	光通量 /lm	显色指数 R_a	色温 /K	平均寿命 /h	外形尺寸（直径×长度）/（mm×mm）	灯头型号
TLD18W/827	220～240	18		1350	85	2700	15000	$\phi26×604.0$	G13
TLD18W/830	220～240	18		1350	85	3000	15000	$\phi26×604.0$	G13
TLD18W/840	220～240	18		1350	85	4000	15000	$\phi26×604.0$	G13
TLD18W/865	220～240	18		1300	85	6500	15000	$\phi26×604.0$	G13
TLD30W/827	220～240	30		2400	85	2700	15000	$\phi26×908.8$	G13
TLD30W/830	220～240	30		2400	85	3000	15000	$\phi26×908.8$	G13
TLD30W/840	220～240	30		2400	85	4000	15000	$\phi26×908.8$	G13
TLD30W/865	220～240	30		2300	85	6500	15000	$\phi26×908.8$	G13
TLD36W/827	220～240	36		3350	85	2700	15000	$\phi26×1213.6$	G13
TLD36W/830	220～240	36		3350	85	3000	15000	$\phi26×1213.6$	G13
TLD36W/840	220～240	36		3350	85	4000	15000	$\phi26×1213.6$	G13
TLD36W/865	220～240	36		3250	85	6500	15000	$\phi26×1213.6$	G13
TLD58W/830	220～240	58		5200	85	3000	15000	$\phi26×1514.2$	G13
TLD58W/840	220～240	58		5200	85	4000	15000	$\phi26×1514.2$	G13
TLD58W/865	220～240	58		5000	85	6500	15000	$\phi26×1514.2$	G13

3. 确定室内表面光反射比

对于阅览室，其室内各表面的反射比宜符合表 14-15 的规定。顶棚反射比 ρ_c 取值为

0.7，墙面反射比 ρ_w 取值为 0.5，地面反射比 ρ_d 取值为 0.1。

4. 室内光通量分布

根据《建筑照明设计标准》（GB 50034—2013），图书馆阅览室工作面高度 0.75m；嵌入式灯具安装于建筑吊顶中，吊顶高度 0.8m。故室内光通量主要分布于室空间，如图 15-1 所示。

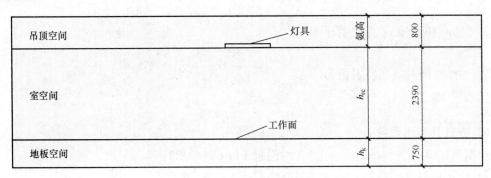

图 15-1 室内光通量分布

5. 用利用系数法求灯数

1）阅览室的长为

$$L = 8 \times 3 + 3.6 + 7.6 = 35.2 \text{ (m)}$$

宽为

$$W = 7.6 \times 2 + 8 = 23.2 \text{ (m)}$$

2）求顶棚空间比 CCR 值，室形指数 RI 值。

顶棚空间高度为 0，由式（14-4）得

$$\text{CCR} = \frac{5 h_{cc} (L + W)}{LW} = 0$$

由式（14-5）和式（14-7）得

$$\text{RI} = \frac{LW}{h_{rc}(L + W)} = \frac{35.2 \times 23.2}{2.95 \times (35.2 + 23.2)} \approx 5$$

3）求有效顶棚空间的光反射比 ρ_{cc} 值。

$$\rho_c = 0.7, \quad \rho_w = 0.5, \quad \text{CCR} = 0$$

从附录 I 查得 $\rho_{cc} = 0.7$。

4）求室空间墙面平均光反射比。

① 查表 12-4 得，玻璃的光反射比为 0.08。

② 室空间中的窗户面积：

$$S_1 = (7.2 \times 4 + 3.6) \times 2.95 + 7.2 \times 3 \times (4.5 - 0.8 - 0.8) = 158.22 (\text{m}^2)$$

③ 室空间中的墙面积：

$$S_2 = (L + W) \times 2 \times 2.95 - S_1 = (35.2 + 23.2) \times 2 \times 2.95 - 158.22 = 186.34 (\text{m}^2)$$

$$\rho_w = \bar{\rho} = \frac{S_1 \times 0.08 + S_2 \times 0.5}{S_1 + S_2} = \frac{158.22 \times 0.08 + 186.34 \times 0.5}{158.22 + 186.34} \approx 0.3$$

5）地面空间有效光反射比。

① 地面空间开口面积：

$$A = 35.2 \times 23.2 = 816.64 \ (\text{m}^2)$$

② 地面空间表面面积：

$$A_s = 35.2 \times 23.2 + (35.2 + 23.2) \times 0.75 \times 2 = 904.24 \ (\text{m}^2)$$

③ 地面空间表面平均反射比为

$$\rho = 0.13$$

④ 地面空间有效光反射值为

$$\rho_{fc} = \frac{\rho A}{A_s - \rho A_s + \rho A} = 0.12$$

6）查灯具利用系数 C_u。

根据 RI=5，$\rho_{cc}=0.7$，$\rho_w=0.3$，由附录 I 得 $C_u=0.73$。

7）确定灯具维护系数 K 值由表 14-16 得 $K=0.8$。

8）求所需灯数由式（14-3）得

$$N = \frac{EA}{\Phi C_u K} = \frac{150 \times 816.64}{3250 \times 0.73 \times 0.8} \approx 65（支）$$

6. 布灯

最大灯距：$1.29 \times 2.35 \approx 3$（m）（垂直于灯管）；$1.37 \times 2.35 \approx 3.2$（m）（顺灯管）。参考上述灯距，结合柱网结构，使用照明设计专业软件布置灯具 78 套，如图 15-2 所示。

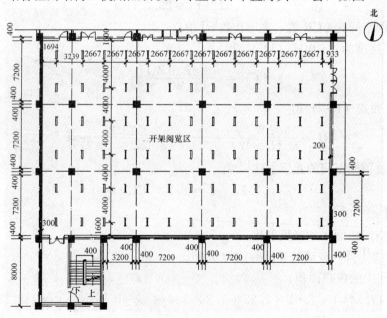

图 15-2　灯具布置图

7. 室内装修

1）顶棚吊顶高度 0.8m。

2）顶棚反射比 ρ_c 为 0.7，墙面反射比 ρ_w 为 0.5，地面反射比 ρ_d 为 0.1。

实 验 实 训

实训 1　日照棒影图绘制实训

实训任务　绘制当地某天（如冬至）的日照棒影图，并根据其绘制的棒影图确定某建筑物的阴影变化范围或室内的日照范围。

实训要求　确定设计任务完成的实训方法（如查找资料法、动手实测法、理论计算法、三参数日照仪等）；

设计实训步骤；

绘制日照棒影图，各组之间比较，找出产生误差的原因；

根据绘制的日照棒影图，选择某一建筑物，绘制图 A 确定其阴影变化范围或室内的日照范围；

同时对该建筑物的阴影变化范围或室内的日照范围进行实地测绘，绘制测绘图 B；

对图 A 和图 B 进行比较，找出误差产生的原因，写出实训报告。

实训形式　分组进行（6～8 人为一组）。

实训时间　2 学时，相关任务利用业余时间完成。

实训器材　各院校可根据自身条件及学生设计的实训方法选择，如竖杆（铅垂线）、绘图仪器、测量仪器（软尺、经纬仪等）、指南针、三参数日照仪等。

实训目的　加深对建筑日照理论知识的理解；

培养学生的动手能力，创新能力、团队合作能力；

对前期的制图与测绘知识进行巩固；

对后期的设计进行知识的铺垫。

提交内容　该日照棒影图，图 A、图 B。

实训报告。

实训 2　温湿度测量实训

实训任务　测试当地夏季连续三天的温度与相对湿度，了解夏季一天中，温度和相对湿度的变化情况。

实训要求　了解干湿球温度计的使用原理、使用方法及测量范围；

设计实训步骤；

选定测量地点；

测试结果填表，并用 Excel 自动生成曲线方法进行分析。

	6 时	8 时	10 时	12 时	14 时	16 时	18 时	20 时	22 时
干球温度									
湿球温度									
相对湿度									

测量日期：

小组成员：	班级：

实训形式　分组进行（6~8 人为一组）。

实训时间　利用业余时间完成。

实训器材　干湿球温度计。

实训目的　加深对温度与相对湿度变化关系的理解；

培养学生的动手能力，创新能力、团队合作能力。

提交内容　实训报告。

实训 3　室内声压级测量实训

实训任务　了解声级计的工作原理，掌握声级计的使用方法，正确完成声音的测量工作。

实训要求　查找资料，了解所用声级计的工作原理，使用方法；

确定测量地点（如教室、实验室、图书馆、食堂等）；

实测并绘制某一空间室内 10～15 个选定点的声压级分布状态图；

通过前期所学声压级的理论计算方法，计算相应点的理论声压级；

进行数据比较分析，写出实训报告，分析数据误差的原因；

分析该空间声场的分布状况，尝试提出改进措施；

根据以上要求编写实训步骤。

实训形式　分组进行（6～8 人为一组）。

实训时间　2 学时，相关任务利用业余时间完成。

实训器材　各院校可根据自身条件及学生设计的实训方法选择，如发令枪、声级计等。

实训目的　加深对声学基本理论知识的理解；

能进行简单的声学测量；

对后期的设计进行知识的铺垫；

培养学生的动手能力，创新能力、团队合作能力；

培养查阅相关文献资料的能力。

提交内容　实训报告。

实训 4 墙体隔声性能实训

实训任务　房间之间在扩散声场条件下内墙空气隔声性能的现场测量。

实训要求　查找资料，了解所用频谱分析仪的工作原理，使用方法；

确定测量地点：在具有相同形状和尺寸的两个空房间之间的测量，最好在每个房间内加装扩散体（如几件家具、建筑板材）。扩散体的面积至少 $1.0m^2$，一般用 3～4 件；

实测：声源室与接收室的平均声压级（dB）及接收室内的混响时间 $T_{60}(s)$；

通过前期所学混响时间计算公式（赛宾公式）及相邻两室隔声量计算公式，计算房间之间在扩散声场条件下内墙空气声隔声量；

写出实训报告。

实训形式　分组进行（6～8 人为一组）。

实训时间　2 学时，相关任务利用业余时间完成。

实训器材　各院校可根据自身条件选择声源设备及频谱分析仪。

实训目的　加深对声学基本理论知识的理解；

能进行简单的隔声测量；

对后期的设计进行知识的铺垫；

培养学生的动手能力，创新能力、团队合作能力；

培养查阅相关文献资料的能力。

提交内容　实训报告。

实训 5　室内照度测量实训

实训任务　了解照度计的工作原理，掌握照度计的使用方法，正确完成照度的测量工作。

实训要求　查找资料，了解所用照度计的工作原理，使用方法；

确定测量地点（如教室、实验室、图书馆等，室形指数 2 以上）；

测量方法采用网格法，间距不小于 2.4m×2.4m，测点总数不得少于 8 个；

测点设置为距地 0.8m 的工作面；

测试条件为白天天然采光或夜晚人工照明的照度；

实测并绘制选定点的照度分布状态图，并将相关数据填入下表；

	测试点	实测照度值/lx	实测平均照度/lx	实测照度最小值/lx	实测照明均匀度	照明设计照度标准/lx	要求照明均匀度
工作面	点 1						
	点 2						
	点 3						
	点 4						
	点 5						
	点 6						
	点 7						
	点 8						
	...						

进行数据比较分析，找出存在的问题，提出改进措施，写出实训报告，

根据以上要求编写实训步骤。

实训形式　分组进行（6~8 人为一组）。

实训时间　2 学时，相关任务利用业余时间完成。

实训器材　照度计、测量仪器等。

实训目的　加深对光学基本理论知识的理解；

会使用照度计；

对后期的设计进行知识的铺垫；

培养学生的动手能力，创新能力、团队合作能力；

培养查阅相关文献资料的能力。

提交内容　实训报告。

附录

附录 A　严寒及寒冷地区居住建筑围护结构热工性能参数限值

附表 A-1　严寒（A）区围护结构热工性能参数限值表

<table>
<tr><td colspan="2" rowspan="2">围护结构部位</td><td colspan="3">传热系数 K/[W/(m²·K)]</td></tr>
<tr><td>≤3 层建筑</td><td>4～8 层建筑</td><td>≥14 层建筑</td></tr>
<tr><td colspan="2">屋面</td><td>0.20</td><td>0.25</td><td>0.25</td></tr>
<tr><td colspan="2">外墙</td><td>0.25</td><td>0.40</td><td>0.50</td></tr>
<tr><td colspan="2">架空或外挑楼板</td><td>0.30</td><td>0.40</td><td>0.40</td></tr>
<tr><td colspan="2">非采暖地下室顶板</td><td>0.35</td><td>0.45</td><td>0.45</td></tr>
<tr><td colspan="2">分隔采暖与非采暖空间的隔墙</td><td>1.2</td><td>1.2</td><td>1.2</td></tr>
<tr><td colspan="2">分隔采暖与非采暖空间的户门</td><td>1.5</td><td>1.5</td><td>1.5</td></tr>
<tr><td colspan="2">阳台门下部门芯板</td><td>1.2</td><td>1.2</td><td>1.2</td></tr>
<tr><td rowspan="4">外窗</td><td>窗墙面积比≤0.2</td><td>2.0</td><td>2.5</td><td>2.5</td></tr>
<tr><td>0.2<窗墙面积比≤0.3</td><td>1.8</td><td>2.0</td><td>2.2</td></tr>
<tr><td>0.3<窗墙面积比≤0.4</td><td>1.6</td><td>1.8</td><td>2.0</td></tr>
<tr><td>0.4<窗墙面积比≤0.45</td><td>1.5</td><td>1.6</td><td>1.8</td></tr>
<tr><td colspan="2">围护结构部位</td><td colspan="3">保温材料层热阻 R/[(m²·K)/W]</td></tr>
<tr><td colspan="2">周边地面</td><td>1.70</td><td>1.40</td><td>1.10</td></tr>
<tr><td colspan="2">地下室外墙（与土壤接触的外墙）</td><td>1.80</td><td>1.50</td><td>1.20</td></tr>
</table>

附表 A-2　严寒（B）区围护结构热工性能参数限值表

<table>
<tr><td rowspan="2">围护结构部位</td><td colspan="3">传热系数 K/[W/(m²·K)]</td></tr>
<tr><td>≤3 层建筑</td><td>4～8 层建筑</td><td>≥14 层建筑</td></tr>
<tr><td>屋面</td><td>0.25</td><td>0.30</td><td>0.30</td></tr>
<tr><td>外墙</td><td>0.30</td><td>0.45</td><td>0.55</td></tr>
<tr><td>架空或外挑楼板</td><td>0.30</td><td>0.45</td><td>0.45</td></tr>
<tr><td>非采暖地下室顶板</td><td>0.35</td><td>0.50</td><td>0.50</td></tr>
<tr><td>分隔采暖与非采暖空间的隔墙</td><td>1.2</td><td>1.2</td><td>1.2</td></tr>
<tr><td>分隔采暖与非采暖空间的户门</td><td>1.5</td><td>1.5</td><td>1.5</td></tr>
<tr><td>阳台门下部门芯板</td><td>1.2</td><td>1.2</td><td>1.2</td></tr>
</table>

续表

围护结构部位		传热系数 $K/[W/(m^2 \cdot K)]$		
		≤3层建筑	4～8层建筑	≥14层建筑
外窗	窗墙面积比≤0.2	2.0	2.5	2.5
	0.2<窗墙面积比≤0.3	1.8	2.2	2.2
	0.3<窗墙面积比≤0.4	1.6	1.9	2.0
	0.4<窗墙面积比≤0.45	1.5	1.7	1.8
围护结构部位		保温材料层热阻 $R/[(m^2 \cdot K)/W]$		
周边地面		1.40	1.10	0.83
地下室外墙（与土壤接触的外墙）		1.50	1.20	0.91

附表 A-3　严寒（C）区围护结构热工性能参数限值表

围护结构部位		传热系数 $K/[W/(m^2 \cdot K)]$		
		≤3层建筑	4～8层建筑	≥14层建筑
屋面		0.30	0.40	0.40
外墙		0.35	0.50	0.60
架空或外挑楼板		0.35	0.50	0.50
非采暖地下室顶板		0.50	0.60	0.60
分隔采暖与非采暖空间的隔墙		1.5	1.5	1.5
分隔采暖与非采暖空间的户门		1.5	1.5	1.5
阳台门下部门芯板		1.2	1.2	1.2
外窗	窗墙面积比≤0.2	2.0	2.5	2.5
	0.2<窗墙面积比≤0.3	1.8	2.2	2.2
	0.3<窗墙面积比≤0.4	1.6	2.0	2.0
	0.4<窗墙面积比≤0.45	1.5	1.8	1.8
围护结构部位		保温材料层热阻 $R/[(m^2 \cdot K)/W]$		
周边地面		1.10	0.83	0.56
地下室外墙（与土壤接触的外墙）		1.20	0.91	0.61

附表 A-4　寒冷（A）区围护结构热工性能参数限值表

围护结构部位	传热系数 $K/[W/(m^2 \cdot K)]$		
	≤3层建筑	4～8层建筑	≥14层建筑
屋面	0.35	0.45	0.45
外墙	0.45	0.60	0.70
架空或外挑楼板	0.45	0.60	0.60
非采暖地下室顶板	0.50	0.65	0.65
分隔采暖与非采暖空间的隔墙	1.5	1.5	1.5
分隔采暖与非采暖空间的户门	2.0	2.0	2.0
阳台门下部门芯板	1.7	1.7	1.7

续表

围护结构部位		传热系数 $K/[W/(m^2 \cdot K)]$		
		≤3 层建筑	4~8 层建筑	≥14 层建筑
外窗	窗墙面积比≤0.2	2.8	3.1	3.1
	0.2<窗墙面积比≤0.3	2.5	2.8	2.8
	0.3<窗墙面积比≤0.4	2.0	2.5	2.5
	0.4<窗墙面积比≤0.5	1.8	2.0	2.3
围护结构部位		保温材料层热阻 $R/[(m^2 \cdot K)/W]$		
周边地面		0.83	0.56	—
地下室外墙（与土壤接触的外墙）		0.91	0.61	—

附表 A-5　寒冷（B）区围护结构热工性能参数限值表

围护结构部位		传热系数 $K/[W/(m^2 \cdot K)]$		
		≤3 层建筑	4~8 层建筑	≥14 层建筑
屋面		0.35	0.45	0.45
外墙		0.45	0.60	0.70
架空或外挑楼板		0.45	0.60	0.60
非采暖地下室顶板		0.50	0.65	0.65
分隔采暖与非采暖空间的隔墙		1.5	1.5	1.5
分隔采暖与非采暖空间的户门		2.0	2.0	2.0
阳台门下部门芯板		1.7	1.7	1.7
外窗	窗墙面积比≤0.2	2.8	3.1	3.1
	0.2<窗墙面积比≤0.3	2.5	2.8	2.8
	0.3<窗墙面积比≤0.4	2.0	2.5	2.5
	0.4<窗墙面积比≤0.5	1.8	2.0	2.3
围护结构部位		保温材料层热阻 $R/[(m^2 \cdot K)/W]$		
周边地面		0.83	0.56	—
地下室外墙（与土壤接触的外墙）		0.91	0.61	—

注：周边地面和地下室外墙的保温材料层不包括土壤和混凝土地面。

附录 B　常用建筑材料热物理性能计算参数

材料名称	干密度 ρ_0 /(kg/m³)	计算参数			
		热导率 λ /[W/(m·K)]	蓄热系数 S (周期 24h) /[W/(m²·K)]	比热容 C /[kJ/(kg·K)]	蒸汽渗透系数 μ (×10⁻⁴) /[g/(m·h·Pa)]
普通混凝土					
钢筋混凝土	2500	1.74	17.20	0.92	0.158
碎石、卵石混凝土	2300	1.51	15.36	0.92	0.173
	2100	1.28	13.57	0.92	0.173
轻骨料混凝土					
膨胀矿渣珠混凝土	2000	0.77	10.49	0.96	—
	1800	0.63	9.05	0.96	—
	1600	0.53	7.87	0.96	—
自然煤矸石、炉渣混凝土	1700	1.00	11.68	1.05	0.548
	1500	0.76	9.54	1.05	0.900
	1300	0.56	7.63	1.05	1.050
粉煤灰陶粒混凝土	1700	0.95	11.4	1.05	0.188
	1500	0.70	9.16	1.05	0.975
	1300	0.57	7.78	1.05	1.050
	1100	0.44	6.30	1.05	1.350
黏土陶粒混凝土	1600	0.84	10.36	1.05	0.315
	1400	0.70	8.93	1.05	0.390
	1200	0.53	7.25	1.05	0.405
页岩渣、石灰、水泥混凝土	1300	0.52	7.39	0.98	0.855
页岩陶粒混凝土	1500	0.77	9.65	1.05	0.315
	1300	0.63	8.16	1.05	0.390
	1100	0.50	6.70	1.05	0.435
火山灰渣、砂、水泥混凝土	1700	0.57	6.30	0.57	0.395
浮石混凝土	1500	0.67	9.09	1.05	—
	1300	0.53	7.54	1.05	0.188
	1100	0.42	6.13	1.05	0.353
轻混凝土					
加气混凝土	700	0.18	3.10	1.05	0.998
	500	0.14	2.31	1.05	1.110
	300	0.10	—	—	—

材料名称	热导率 ρ_0 /(kg/m³)	计算参数			
		热导率 λ /[W/(m·K)]	蓄热系数 S（周期 24h） /[W/(m²·K)]	比热容 C /[kJ/(kg·K)]	蒸汽渗透系数 μ （×10⁻⁴） /[g/(m·h·Pa)]
砂浆					
水泥砂浆	1800	0.93	11.37	1.05	0.210
石灰水泥砂浆	1700	0.87	10.75	1.05	0.975
石灰砂浆	1600	0.81	10.07	1.05	0.443
石灰石膏砂浆	1500	0.76	9.44	1.05	
无机保温砂浆	600	0.18	2.87	1.05	—
	400	0.14	—	—	—
玻化微珠保温浆料	≤350	≤0.080	—	—	—
胶粉聚苯颗粒保温砂浆	400	0.090	0.95	—	—
	300	0.070			
砌体					
重砂浆砌筑黏土砖砌体	1800	0.81	10.63	1.05	1.050
轻砂浆砌筑黏土砖砌体	1700	0.76	9.96	1.05	1.200
灰砂砖砌体	1900	1.10	12.72	1.05	1.050
硅酸盐砖砌体	1800	0.87	11.11	1.05	1.050
炉渣砖砌体	1700	0.81	10.43	1.05	1.050
蒸压粉煤灰砖砌体	1520	0.74	—	—	—
重砂浆砌筑 26、33 及 36 孔黏土空心砖砌体	1400	0.58	7.92	1.05	0.158
模数空心砖砌体 240×115×53（13 排孔）	1230	0.46	—	—	—
KP1 黏土空心砖砌体 240×115×90	1180	0.44	—	—	—
页岩粉煤灰烧结承重 多孔砖砌体 240×115×90	1440	0.51	—	—	—
煤矸石页岩多孔砖砌体 240×115×90	1200	0.39	—	—	—
纤维材料					
矿棉板	80~180	0.050	0.60~0.89	1.22	4.880
岩棉板	60~160	0.041	0.47~0.76	1.22	4.880
岩棉带	80~120	0.045	—	—	—

续表

材料名称	干密度 ρ_0 /(kg/m³)	计算参数			
		热导率 λ /[W/(m·K)]	蓄热系数 S （周期 24h） /[W/(m²·K)]	比热容 C /[kJ/(kg·K)]	蒸汽渗透系数 μ （×10⁻⁴） /[g/(m·h·Pa)]
玻璃棉板、毡	<40	0.040	0.38	1.22	4.880
	≥40	0.035	0.35	1.22	4.880
麻刀	150	0.070	1.34	2.10	—
膨胀珍珠岩、蛭石制品					
水泥膨胀珍珠岩	800	0.26	4.37	1.17	0.420
	600	0.21	3.44	1.17	0.900
	400	0.16	2.49	1.17	1.910
沥青、乳化沥青膨胀珍珠岩	400	0.120	2.28	1.55	0.293
	300	0.093	1.77	1.55	0.675
水泥膨胀蛭石	350	0.14	1.99	1.05	—
泡沫材料及多孔聚合物					
聚乙烯泡沫塑料	100	0.047	0.70	1.38	—
聚苯乙烯泡沫塑料	20	0.039 （白板） 0.033 （灰板）	0.28	1.38	0.162
挤塑聚苯乙烯泡沫塑料	35	0.030 （带表皮） 0.032 （不带表皮）	0.34	1.38	—
聚氨酯硬泡沫塑料	35	0.024	0.29	1.38	0.234
酚醛板	60	0.034 （用于墙体） 0.040 （用于地面）	—	—	—
聚氯乙烯硬泡沫塑料	130	0.048	0.79	1.38	—
钙塑	120	0.049	0.83	1.59	—
发泡水泥	150~300	0.070	—	—	—
泡沫玻璃	140	0.050	0.65	0.84	0.225
泡沫石灰	300	0.116	1.70	1.05	—
碳化泡沫石灰	400	0.14	2.33	1.05	—
泡沫石膏	500	0.19	2.78	1.05	0.375

材料名称	干密度 ρ_0 /(kg/m³)	计算参数			
		热导率 λ /[W/(m·K)]	蓄热系数 S (周期 24h) /[W/(m²·K)]	比热容 C /[kJ/(kg·K)]	蒸汽渗透系数 μ (×10⁻⁴) /[g/(m·h·Pa)]
木材					
橡木、枫树 （热流方向垂直木纹）	700	0.17	4.90	2.51	0.562
橡木、枫树 （热流方向顺木纹）	700	0.35	6.93	2.51	3.000
松、木、云杉 （热流方向垂直木纹）	500	0.14	3.85	2.51	0.345
松、木、云杉 （热流方向顺木纹）	500	0.29	5.55	2.51	1.680
建筑板材					
胶合板	600	0.17	4.57	2.51	0.225
软木板	300	0.093	1.95	1.89	0.255
	150	0.058	1.09	1.89	0.285
纤维板	1000	0.34	8.13	2.51	1.200
	600	0.23	5.28	2.51	1.130
石膏板	1050	0.33	5.28	1.05	0.790
水泥刨花板	1000	0.34	7.27	2.01	0.240
	700	0.19	4.56	2.01	1.050
稻草板	300	0.13	2.33	1.68	3.000
木屑板	200	0.065	1.54	2.10	2.630
松散无机材料					
锅炉渣	1000	0.29	4.40	0.92	1.930
粉煤灰	1000	0.23	3.93	0.92	—
高炉炉渣	900	0.26	3.92	0.92	2.030
浮石、凝灰石	600	0.23	3.05	0.92	2.630
膨胀蛭石	300	0.14	1.79	1.05	—
膨胀蛭石	200	0.10	1.24	1.05	—
硅藻土	200	0.076	1.00	0.92	—
膨胀珍珠岩	120	0.070	0.84	1.17	—
	80	0.058	0.63	1.17	—

材料名称	干密度 ρ_0 /(kg/m³)	计算参数			
		热导率 λ /[W/(m·K)]	蓄热系数 S（周期 24h）/[W/(m²·K)]	比热容 C /[kJ/(kg·K)]	蒸汽渗透系数 μ（×10⁻⁴）/[g/(m·h·Pa)]
松散有机材料					
木屑	250	0.093	1.84	2.01	2.630
稻壳	120	0.06	1.02	2.01	—
干草	100	0.047	0.83	2.01	—
土壤					
夯实黏土	2000	1.16	12.99	1.01	
	1800	0.93	11.03	1.01	
加草黏土	1600	0.76	9.37	1.01	
	1400	0.58	7.69	1.01	
轻质黏土	1200	0.47	6.36	1.01	
建筑用砂	1600	0.58	8.26	1.01	
石材					
花岗岩、玄武岩	2800	3.49	25.49	0.92	0.113
大理石	2800	2.91	23.27	0.92	0.113
砾石、石灰岩	2400	2.04	18.03	0.92	0.375
石灰岩	2000	1.16	12.56	0.92	0.600
卷材、沥青材料					
沥青油毡、油毡纸	600	0.17	3.33	1.47	—
沥青混凝土	2100	1.05	16.39	1.68	0.075
石油沥青	1400	0.27	6.73	1.68	—
	1050	0.17	4.71	1.68	0.075
玻璃					
平板玻璃	2500	0.76	10.69	0.84	
玻璃钢	1800	0.52	9.25	1.26	
金属					
紫铜	8500	407	324	0.42	—
青铜	8000	64.0	118	0.38	—
建筑钢材	7850	58.2	126	0.48	—
铝	2700	203	191	0.92	—
铸铁	7250	49.9	112	0.48	—

注：1. 围护结构在正常使用条件下，材料的热物理性能计算参数应按本表直接采用；

　　2. 围护结构中保温材料的热导率应按下式进行修正：

$$\lambda_c = \lambda a$$

式中：λ_c——保温材料热导率计算值；

　　　λ——保温材料热导率，应按本表采用；

　　　a——保温材料热导率的修正系数，见表 2-3 的规定取值。

附录 C　外墙、楼屋面热阻最小值

（单位：K）

允许温差 Δt_w 室内外温差	1.9	3.0	4.0	7.9
6	0.20	0.07	0.02	—
7	0.26	0.11	0.04	—
8	0.31	0.14	0.07	—
9	0.37	0.18	0.10	—
10	0.43	0.22	0.13	—
11	0.49	0.25	0.15	—
12	0.54	0.29	0.18	0.02
13	0.60	0.33	0.21	0.03
14	0.66	0.36	0.24	0.04
15	0.72	0.40	0.26	0.06
16	0.78	0.44	0.29	0.07
17	0.83	0.47	0.32	0.09
18	0.89	0.51	0.35	0.10
19	0.95	0.55	0.37	0.11
20	1.01	0.58	0.40	0.13
21	1.07	0.62	0.43	0.14
22	1.12	0.66	0.46	0.16
23	1.18	0.69	0.48	0.17
24	1.24	0.73	0.51	0.18
25	1.30	0.77	0.54	0.20
26	1.36	0.80	0.57	0.21
27	1.41	0.84	0.59	0.23
28	1.47	0.88	0.62	0.24
29	1.53	0.91	0.65	0.25
30	1.59	0.95	0.68	0.27
31	1.64	0.99	0.70	0.28
32	1.70	1.02	0.73	0.30
33	1.76	1.06	0.76	0.31
34	1.82	1.10	0.79	0.32
35	1.88	1.13	0.81	0.34
36	1.93	1.17	0.84	0.35
37	1.99	1.21	0.87	0.37

室内外温差 ＼ 允许温差 Δt_w	1.9	3.0	4.0	7.9
38	2.05	1.24	0.90	0.38
39	2.11	1.28	0.92	0.39
40	2.17	1.32	0.95	0.41
41	2.22	1.35	0.98	0.42
42	2.28	1.39	1.01	0.43
43	2.34	1.43	1.03	0.45
44	2.40	1.46	1.06	0.46
45	2.46	1.50	1.09	0.48
46	2.51	1.54	1.12	0.49
47	2.57	1.57	1.14	0.50
48	2.63	1.61	1.17	0.52
49	2.69	1.65	1.20	0.53
50	2.74	1.68	1.23	0.55
51	2.80	1.72	1.25	0.56
52	2.86	1.76	1.28	0.57
53	2.92	1.79	1.31	0.59
54	2.98	1.83	1.34	0.60
55	3.03	1.87	1.36	0.62
56	3.09	1.90	1.39	0.63
57	3.15	1.94	1.42	0.64
58	3.21	1.98	1.45	0.66
59	3.27	2.01	1.47	0.67
60	3.32	2.05	1.50	0.69

附录 D　典型玻璃配合不同窗框的整窗传热系数

玻璃品种		玻璃中部传热系数 K_{gc} /[W/(m²·K)]	整窗传热系数 K/[W/(m²·K)]		
			不隔热金属型材 K_f＝10.8W/(m²·K) 框面积：15%	隔热金属型材 K_f＝5.8W/(m²·K) 框面积：20%	塑料型材 K_f＝2.7W/(m²·K) 框面积：25%
透明玻璃	3mm 透明玻璃	5.8	6.6	5.8	5.0
	6mm 透明玻璃	5.7	6.5	5.7	4.9
	12mm 透明玻璃	5.5	6.3	5.6	4.8
吸热玻璃	5mm 绿色吸热玻璃	5.7	6.5	5.7	4.9
	6mm 蓝色吸热玻璃	5.7	6.5	5.7	4.9
	5mm 茶色吸热玻璃	5.7	6.5	5.7	4.9
	5mm 灰色吸热玻璃	5.7	6.5	5.7	4.9
热反射玻璃	6mm 高透光热反射玻璃	5.7	6.5	5.7	4.9
	6mm 中等透光热反射玻璃	5.4	6.2	5.5	4.7
	6mm 低透光热反射玻璃	4.6	5.5	4.8	4.1
	6mm 特低透光热反射玻璃	4.6	5.5	4.8	4.1
单片 Low-E 玻璃	6mm 高透光 Low-E 玻璃	3.6	4.7	4.0	3.4
	6mm 中等透光型 Low-E 玻璃	3.5	4.6	4.0	3.3
中空玻璃	6 透明＋12 空气＋6 透明	2.8	4.0	3.4	2.8
	6 绿色吸热＋12 空气＋6 透明	2.8	4.0	3.4	2.8
	6 灰色吸热＋12 空气＋6 透明	2.8	4.0	3.4	2.8
	6 中等透光热反射＋12 空气＋6 透明	2.4	3.7	3.1	2.5
	6 低透光热反射＋12 空气＋6 透明	2.3	3.6	3.1	2.4
	6 高透光 Low-E＋12 空气＋6 透明	1.9	3.2	2.7	2.1
	6 中透光 Low-E＋12 空气＋6 透明	1.8	3.2	2.6	2.0

玻璃品种		玻璃中部传热系数 K_{gc} /[W/(m²·K)]	整窗传热系数 K/[W/(m²·K)]		
			不隔热金属型材 K_f=10.8W/(m²·K) 框面积：15%	隔热金属型材 K_f=5.8W/(m²·K) 框面积：20%	塑料型材 K_f=2.7W/(m²·K) 框面积：25%
中空玻璃	6 较低透光 Low-E+12 空气+6 透明	1.8	3.2	2.6	2.0
	6 低透光 Low-E+12 空气+6 透明	1.8	3.2	2.6	2.0
	6 高透光 Low-E+12 氩气+6 透明	1.5	2.9	2.4	1.8
	6 中透光 Low-E+12 氩气+6 透明	1.4	2.8	2.3	1.7
	6 透明+12 空气+6 透明	2.8		3.2	2.7
	6 绿色吸热+12 空气+6 透明	2.8		3.2	2.7
	6 灰色吸热+12 空气+6 透明	2.8		3.2	2.7
	6 中等透光热反射+12 空气+6 透明	2.4		2.9	2.4
	6 低透光热反射+12 空气+6 透明	2.3		2.8	2.4
	6 高透光 Low-E+12 空气+6 透明	1.9		2.5	2.0
	6 中透光 Low-E+12 空气+6 透明	1.8		2.4	1.9
	6 较低透光 Low-E+12 空气+6 透明	1.8		2.4	1.9
	6 低透光 Low-E+12 空气+6 透明	1.8		2.4	1.9
	6 高透光 Low-E+12 氩气+6 透明	1.5		2.2	1.7
	6 中透光 Low-E+12 氩气+6 透明	1.4		2.1	1.6

附录 E　标准大气压下不同温度时的饱和水蒸气分压力 P_s

（单位：Pa）

温度 −10～0℃（与冰面接触）

$t/℃$	0.0	0.1	0.2	0.3	0.4	0.5	0.6	0.7	0.8	0.9
−10	260.0	257.3	254.6	253.3	250.6	248.0	246.6	244.0	241.3	240.3
−9	284.0	281.3	278.6	276.0	273.3	272.0	269.3	266.6	264.0	262.6
−8	309.3	306.6	304.0	301.3	298.6	296.0	293.3	292.0	289.3	286.6
−7	337.3	334.6	332.0	329.3	326.6	324.0	321.3	318.6	314.7	312.0
−6	368.0	365.3	362.6	358.6	356.0	353.3	349.3	346.6	344.0	341.3
−5	401.3	398.6	394.6	392.0	388.0	385.3	381.3	378.6	374.6	372.0
−4	437.3	433.3	429.3	426.6	422.6	418.6	416.0	412.0	408.0	405.3
−3	476.0	472.0	468.0	464.0	460.0	456.0	452.0	448.0	445.3	441.3
−2	517.3	513.3	509.3	504.0	500.0	496.0	492.0	488.0	484.0	480.0
−1	562.6	557.3	553.3	548.0	544.0	540.0	534.6	530.6	526.6	521.3
0	610.6	605.3	601.3	595.9	590.6	586.6	581.3	576.0	572.0	566.6

温度 0～30℃（与水面接触）

$t/℃$	0.0	0.1	0.2	0.3	0.4	0.5	0.6	0.7	0.8	0.9
0	610.6	615.9	619.9	623.9	629.3	633.3	638.6	642.6	647.9	651.9
1	657.3	661.3	666.6	670.6	675.9	681.3	685.3	690.6	695.9	699.9
2	705.3	710.6	715.9	721.3	726.6	730.6	735.9	741.3	746.6	751.9
3	757.3	762.6	767.9	773.3	779.9	785.3	790.6	791.9	801.3	807.9
4	813.3	818.6	823.9	830.6	835.9	842.6	847.9	853.3	859.9	866.6
5	871.9	878.6	883.9	890.6	897.3	902.6	909.6	915.9	921.3	927.9
6	934.6	941.3	947.9	954.6	961.3	967.9	974.6	981.2	987.9	994.6
7	1001.2	1007.9	1014.6	1022.6	1029.2	1035.9	1043.9	1050.6	1057.2	1065.2
8	1071.9	1079.9	1086.6	1094.6	1101.2	1109.2	1117.2	1023.9	1131.9	1139.9
9	1147.9	1155.9	1162.9	1170.6	1178.6	1186.6	1194.6	1202.6	1210.6	1218.6
10	1227.9	1235.9	1243.9	1251.9	1259.9	1269.2	1277.2	1286.6	1294.6	1303.9
11	1311.9	1321.2	1329.2	1338.6	1347.9	1355.9	1365.2	1374.5	1383.9	1393.2
12	1401.2	1410.5	1419.9	1429.2	1438.5	1449.2	1458.5	1467.9	1477.2	1486.5
13	1497.2	1506.5	1517.2	1526.5	1537.2	1546.5	1557.2	1566.5	1577.2	1587.9
14	1597.2	1607.9	1618.5	1629.2	1639.9	1650.5	1661.2	1671.9	1682.5	1693.2
15	1703.9	1715.9	1726.5	1737.2	1749.2	1759.9	1771.8	1782.5	1794.5	1805.2
16	1817.2	1829.2	1841.2	1851.8	1863.8	1875.8	1887.8	1899.8	1911.8	1925.2
17	1937.2	1949.2	1961.2	1974.5	1986.5	1998.5	2011.8	2023.8	2037.2	2050.5
18	2062.5	2075.8	2089.2	2102.5	2115.8	2129.2	2142.5	2155.8	2169.1	2182.5

t/℃	0.0	0.1	0.2	0.3	0.4	0.5	0.6	0.7	0.8	0.9
19	2195.8	2210.5	2223.8	2238.5	2251.8	2266.5	2279.8	2294.5	2309.1	2322.5
20	2337.1	2351.8	2366.5	2381.1	2395.8	2410.5	2425.1	2441.1	2455.8	2470.5
21	2486.5	2501.1	2517.1	2531.8	2547.8	2563.8	2579.8	2594.4	2610.4	2626.4
22	2642.4	2659.8	2675.8	2691.8	2707.8	2725.1	2741.1	2758.4	2774.4	2791.8
23	2809.1	2825.1	2842.4	2859.8	2877.1	2894.4	2911.8	2930.4	2947.7	2965.1
24	2983.7	3001.1	3019.7	3037.1	3055.7	3074.4	3091.7	3110.4	3129.1	3147.7
25	3167.7	3186.4	3205.1	3223.7	3243.7	3262.4	3285.4	3301.1	3321.1	3341.0
26	3361.0	3381.0	3401.0	3421.0	3441.0	3461.0	3482.4	3502.4	3523.7	3543.7
27	3565.0	3586.4	3607.7	3627.7	3649.0	3670.4	3693.0	3714.4	3735.7	3757
28	3779.7	3802.3	3823.7	3846.3	3869.0	3891.7	3914.3	3937.0	3959.7	3982.3
29	4005.0	4029.0	4051.7	4075.7	4099.7	4122.3	4146.3	4170.3	4194.3	4218.3
30	4243.6	4237.6	4291.6	4317.0	4341.0	4366.3	4391.7	4417.0	4442.3	4467.6

附录 F　常用建筑材料及结构的吸声系数

材料及构造名称	吸声系数 α					
	125Hz	250Hz	500Hz	1000Hz	2000Hz	4000Hz
砖墙（抹灰）	0.02	0.02	0.02	0.03	0.03	0.04
砖墙（勾缝）	0.03	0.03	0.04	0.05	0.06	0.06
抹灰砖墙涂油漆	0.01	0.01	0.02	0.02	0.02	0.03
砖墙、拉毛水泥	0.04	0.04	0.05	0.06	0.07	0.05
混凝土未油漆毛面	0.01	0.02	0.02～0.04	0.02～0.06	0.02～0.08	0.03～0.1
混凝土油漆	0.01	0.01	0.01	0.02	0.02	0.02
拉毛（小拉毛）油漆	0.04	0.03	0.03	0.1	0.05	0.07
拉毛（大拉毛）油漆	0.04	0.04	0.07	0.02	0.09	0.05
大理石	0.01	0.01	0.01	0.01	0.02	0.02
水磨石地面	0.01	0.01	0.01	0.02	0.02	0.02
混凝土地面	0.01	0.01	0.02	0.02	0.02	0.04
板条抹灰	0.15	0.1	0.05	0.05	0.05	0.05
木格栅地板	0.15	0.1	0.1	0.07	0.06	0.07
实铺木地板	0.05	0.05	0.05	0.05	0.05	0.05
厚地毡铺在混凝土上	0.02～0.1	0.06～0.1	0.15～0.2	0.25～0.3	0.3～0.6	0.35～0.65
纺织品丝绒（0.31kg/m³），挂墙上	0.03	0.04	0.11	0.17	0.24	0.35
纺织品丝绒（0.43kg/m³），折叠面积一半	0.07	0.31	0.49	0.75	0.7	0.6
纺织品丝绒（0.43kg/m³），折叠面积一半	0.14	0.35	0.55	0.72	0.7	0.65
丝绒帷幔（0.77kg/m³）	0.05	0.12	0.35	0.45	0.38	0.36
棉布帷幔折叠面积 50%	0.07	0.31	0.49	0.81	0.66	0.54
棉布帷幔折叠面积 75%	0.04	0.23	0.4	0.57	0.53	0.4
棉布帷幔紧贴墙（0.5kg/m³）	0.04	0.07	0.13	0.22	0.32	0.35
丝罗缎窗帘	0.23	0.24	0.28	0.39	0.37	0.15
绸窗帘	0.28	0.34	0.41	0.42	0.38	0.33
毛绸（0.127kg/m³）	0.23	0.24	0.28	0.39	0.37	0.15
布景	0.73	0.59	0.75	0.71	0.76	0.7
橡皮，厚 5mm，铺在混凝土上	0.04	0.04	0.08	0.12	0.07	0.04
玻璃窗（12.5cm×35cm），玻璃厚 3mm	0.35	0.25	0.18	0.12	0.07	0.04
水表面	0.08	0.08	0.013	0.015	0.02	0.025
干燥砂子，厚 102mm，176kg/m³	0.15	0.35	0.4	0.5	0.55	0.8
干燥砂子，厚 203mm，352kg/m³	0.15	0.3	0.45	0.5	0.55	0.75
皮面门	0.1	0.11	0.11	0.09	0.09	0.11
木门	0.16	0.15	0.1	0.1	0.1	0.1

材料及构造名称	吸声系数 α					
	125Hz	250Hz	500Hz	1000Hz	2000Hz	4000Hz
通风洞	0.3	0.4	0.5	0.5	0.5	0.6
舞台口	0.4	0.4	0.4	0.4	0.4	0.4
挑台口 $b/h=2.5$	0.3	—	0.5	—	0.6	—
听众包括座椅和1m宽走道（按每听众席面积计算的吸声系数）	0.54	0.66	0.75	0.85	0.83	0.75
坐在软椅听众，按地板面积的吸声	0.6	0.74	0.88	0.96	0.93	0.85
坐在木椅听众，按地板面积的吸声	0.57	0.61	0.75	0.86	0.91	0.86
蒙布软椅，按地板面积的吸声	0.49	0.66	0.8	0.88	0.82	0.7
皮软椅，按地板面积的吸声	0.44	0.64	0.6	0.62	0.58	0.5
每个金属（或木）软椅	0.014	0.018	0.02	0.036	0.035	0.028
人造革座椅的吸声量（每个座椅）	0.21	0.18	0.3	0.28	0.15	0.1
听众（包括座椅）（座位在 $0.45m^2$/人以下时用较小值）	0.15~0.22	0.33~0.36	0.37~0.42	0.4~0.45	0.42~0.5	0.45~0.51
座椅（木板椅，人造革罩面软垫椅；软垫椅用较高值）	0.02~0.09	0.02~0.13	0.03~0.15	0.04~0.15	0.04~0.11	0.04~0.07
观众坐在人造革座椅上，每座的吸声	0.23	0.34	0.37	0.33	0.34	0.31
15mm厚木丝板，密度400kg/m³	0.03	0.05	0.15	0.19	0.5	0.76
13mm厚软质木纤维板，密度380kg/m³	0.08	0.1	0.1	0.12	0.3	0.33
13mm厚半穿孔软质木纤维板，密度380kg/m³	0.1	0.15	0.22	0.32	0.41	0.46
20mm厚海草（外包麻布），密度100kg/m³	0.1	0.09	0.12	0.42	0.93	0.78
15mm厚毛毡，密度150kg/m³	0.03	0.06	0.17	0.42	0.65	0.73
50mm厚超细玻璃棉，密度20kg/m³	0.15	0.35	0.85	0.85	0.86	0.86
50mm厚树脂玻璃棉毡，密度100kg/m³	0.09	0.26	0.6	0.92	0.98	0.99
50mm厚矿渣棉，密度150kg/m³	0.18	0.44	0.75	0.81	0.87	—
50mm厚酚醛矿棉毡，密度80kg/m³	0.11	0.28	0.64	0.89	0.92	—
上海产50mm厚陶土吸声砖，密度1250kg/m³	0.11	0.26	0.59	0.55	0.6	—
150mm厚加气混凝土，密度500kg/m³	0.08	0.14	0.19	0.28	0.34	0.45
长春产80mm厚长石石英吸声砖，密度1500kg/m³	0.16	0.33	0.35	0.36	0.34	—
北京产60mm厚聚氨酯泡沫塑料（聚醚型）密度56kg/m³	0.1	0.19	0.4	0.8	0.83	0.97
大连产51mm厚聚氨酯泡沫塑料	0.13	0.35	0.83	0.79	0.7	—
上海产40mm厚微孔聚氨酯泡沫塑料，密度30kg/m³	0.1	0.14	0.26	0.5	0.82	0.77
天津产50mm厚氨基甲酸泡沫塑料，密度36kg/m³	0.21	0.31	0.86	0.71	0.86	0.82

材料及构造名称	吸声系数 α					
	125Hz	250Hz	500Hz	1000Hz	2000Hz	4000Hz
穿孔金属板：孔径 6mm，孔距 55mm，空腔厚 100mm，填矿棉	0.32	0.76	1.0	0.95	0.9	0.98
穿孔硬质纤维板：孔径 3.5mm，孔距 7.5mm，后放玻璃棉毡 40mm，密度 50kg/m³，空腔厚 100mm	0.28	0.51	0.58	0.51	0.53	0.62
石棉穿孔板：厚 4mm，孔径 9mm，穿孔率 1%，空腔放超细棉密度 0.5kg/m³，空腔厚 100mm	0.22	0.5	0.25	0.1	0.01	—
石棉穿孔板：厚 4mm，孔径 9mm，穿孔率 2.5%，空腔放超细棉密度 0.5kg/m³，空腔厚 100mm	0.23	0.61	0.5	0.36	0.16	0.03
石棉穿孔板：厚 4mm，孔径 9mm，穿孔率 10%，空腔放超细棉密度 0.5kg/m³，空腔厚 100mm	0.19	0.58	0.61	0.63	0.48	0.33
石棉穿孔板：厚 4mm，孔径 9mm，穿孔率 14%，空腔放超细棉密度 0.5kg/m³，空腔厚 100mm	0.18	0.63	0.7	0.66	0.55	0.33
钙塑板：孔径 7mm，孔距 25mm，（390mm×390mm 面积上共 196 孔），后放 30 超细棉，空腔厚 50mm	0.16	1.21	0.73	0.42	0.26	0.15
石膏板穿孔率 6%，板厚 7mm，后贴一层薄纸，空腔厚 50mm	0.18	0.61	0.78	0.37	0.22	0.16
4mm 厚木质纤维吸声板，后空 100mm	0.24	0.52	0.91	0.7	0.45	0.33
3mm 厚穿孔三夹板，孔径 5mm，孔距 40mm，后空 100mm	0.37	0.54	0.3	0.09	0.11	0.19
3mm 厚穿孔三夹板，孔径 10mm，孔距 13mm，后空 30mm，后填玻璃棉	0.15	0.3	0.51	0.58	0.42	0.33
5mm 厚穿孔五夹板，孔径 5mm，孔距 70mm，后空 300mm，后填 50mm 玻璃棉	1.0	0.34	0.3	0.14	0.11	0.24
6mm 厚穿孔五夹板，孔径 6mm，孔距 42mm，后空 50mm，后填 50mm 矿棉	0.36	0.59	0.49	0.62	0.52	0.38
单层微穿孔板，0.8mm 厚，孔径 0.8mm，穿孔率 1%，后空 100mm	0.24	0.71	0.96	0.4	0.29	—
单层微穿孔板，0.8mm 厚，孔径 0.8mm，穿孔率 2%，后空 50mm	0.05	0.17	0.6	0.78	0.22	—

续表

材料及构造名称	吸声系数 α					
	125Hz	250Hz	500Hz	1000Hz	2000Hz	4000Hz
单层微穿孔板，0.8mm厚，孔径0.8mm，穿孔率3%，后空100mm	0.12	0.29	0.78	0.4	0.78	—
三夹板后无填料，后空50mm	0.21	0.74	0.21	0.1	0.08	0.12
三夹板，龙骨间距500mm×500mm填矿棉，后空50mm	0.27	0.57	0.28	0.12	0.09	0.12
三夹板，龙骨间距500mm×450mm填矿棉，后空100mm	0.6	0.38	0.18	0.05	0.04	0.08
五夹板，龙骨间距450mm×450mm填矿棉，后空50mm	0.09	0.52	0.17	0.06	0.1	0.12
五夹板，龙骨间距450mm×450mm填矿棉，后空100mm	0.41	0.3	0.14	0.05	0.1	0.16
五夹板，龙骨间距450mm×450mm填矿棉，后空150mm	0.38	0.33	0.16	0.06	0.1	0.17
薄木板5～10mm，后空100mm	0.25	0.15	0.06	0.05	0.04	0.04
软质木纤维，厚11mm，密度200～250kg/m³，后空60mm	0.22	0.3	0.34	0.32	0.41	0.42
硬质木纤维，厚4mm，填玻璃棉毡，后空100mm	0.48	0.25	0.15	0.07	0.1	0.11
硬质纤维板，厚4mm，后空100mm	0.25	0.2	0.15	0.1	0.05	0.05

附录 G　采光计算方法

附表 G　侧面采光系数平均值

进深/m

层高/m	Gn＼Kn	4.8 (4.5~5.1) 0.5	0.6	0.7	0.8	0.9	5.4 (5.1~5.7) 0.5	0.6	0.7	0.8	0.9	6.0 (5.7~6.3) 0.5	0.6	0.7	0.8	0.9	6.6 (6.3~6.9) 0.5	0.6	0.7	0.8	0.9	7.2 (6.9~7.5) 0.5	0.6	0.7	0.8	0.9	8.4 (7.8~9.0) 0.5	0.6	0.7	0.8	0.9	9.6 (9.0~10.2) 0.5	0.6	0.7	0.8	0.9	10.8 (10.2~12.0) 0.5	0.6	0.7	0.8	0.9	13.2 (12.0~14.4) 0.5	0.6	0.7	0.8	0.9	15.6 (14.4~16.8) 0.5	0.6	0.7	0.8	0.9
2.5 (2.2~2.75)	0.3	1.1	1.4	1.6	1.8	2.0	1.0	1.2	1.5	1.7	1.8	1.0	1.1	1.3	1.5	1.7	0.9	1.1	1.3	1.4	1.6	0.8	1.0	1.2	1.3	1.5																								
	0.4	1.6	1.9	2.2	2.5	2.8	1.5	1.7	2.0	2.3	2.6	1.3	1.6	1.9	2.1	2.4	1.2	1.5	1.8	2.0	2.2	1.2	1.4	1.6	1.9	2.1																								
	0.5	2.0	2.4	2.8	3.1	3.5	1.8	2.2	2.5	2.9	3.2	1.7	2.0	2.4	2.7	3.0	1.6	1.9	2.2	2.5	2.8	1.3	1.8	2.1	2.3	2.6																								
	0.6	2.4	2.8	3.3	3.7	4.2	2.2	2.6	3.0	3.4	3.8	2.0	2.4	2.8	3.2	3.5	1.9	2.3	2.6	3.0	3.3	1.7	2.0	2.5	2.8	3.1																	0.6	0.6	0.7	0.8	0.9
3.0 (2.75~3.25)	0.2	1.3	1.6	1.9	2.1	2.3	1.2	1.5	1.7	1.9	2.2	1.1	1.4	1.6	1.8	2.0	1.0	1.3	1.5	1.7	1.9	1.0	1.2	1.4	1.6	1.7																								
	0.4	1.8	2.2	2.6	2.9	3.2	1.8	2.0	2.4	2.7	3.0	1.6	1.9	2.2	2.5	2.8	1.5	1.8	2.0	2.3	2.6	1.5	1.8	2.0	2.2	2.4																								
	0.5	2.2	2.7	3.1	3.5	3.9	2.1	2.5	2.9	3.3	3.7	1.9	2.3	2.7	3.1	3.4	1.8	2.2	2.5	2.9	3.2	1.6	2.0	2.4	2.7	3.0																								
	0.6	2.7	3.2	3.7	4.2	4.7	2.5	3.0	3.5	3.9	4.3	2.3	2.8	3.2	3.6	4.1	2.2	2.6	3.0	3.4	3.8	2.3	2.6	3.0	3.2	3.6																								
3.5 (3.25~3.75)	0.3	1.5	1.8	2.1	2.4	2.7	1.4	1.7	2.0	2.2	2.5	1.4	1.6	2.0	2.2	2.3	1.2	1.5	1.7	1.9	2.1	1.1	1.5	1.7	1.8	2.0	1.0	1.2	1.4	1.6	1.8																			
	0.4	2.0	2.5	2.9	3.2	3.6	2.0	2.3	2.7	3.0	3.4	2.0	2.3	2.8	3.1	3.6	1.7	2.0	2.3	2.6	2.9	1.8	2.0	2.3	2.6	2.8	1.4	1.7	2.0	2.2	2.5																			
	0.5	2.5	3.0	3.5	4.0	4.4	2.3	2.8	3.3	3.7	4.1	2.3	2.5	2.9	3.3	3.6	2.1	2.5	2.9	3.2	3.6	2.0	2.3	2.7	3.1	3.4	1.7	2.1	2.4	2.7	3.1																			
	0.6	3.0	3.6	4.2	4.7	5.2	2.8	3.3	3.9	4.4	4.9	2.8	3.1	3.6	4.1	4.6	2.5	2.9	3.4	3.9	4.3	2.4	3.0	3.5	3.6	4.0	2.1	2.5	2.9	3.3	3.7																			
4.0 (3.75~4.25)	0.3	1.7	2.0	2.4	2.7	3.0	1.5	1.9	2.2	2.5	2.7	1.4	1.6	1.9	2.1	2.4	1.4	1.6	1.9	2.1	2.4	1.2	1.5	1.7	1.9	2.2	1.1	1.4	1.6	1.8	2.0	1.1	1.4	1.6	1.8	1.9	1.0	1.3	1.5	1.7	1.9										
	0.4	2.3	2.7	3.2	3.6	4.0	2.2	2.5	2.9	3.3	3.7	1.8	2.2	2.6	3.0	3.2	1.8	2.2	2.6	3.0	3.2	1.6	1.9	2.3	2.6	2.8	1.6	1.9	2.2	2.5	2.7	1.7	1.9	2.2	2.7	2.6	1.3	1.6	2.0	2.3	2.6										
	0.5	2.8	3.3	3.8	4.3	4.8	2.6	3.1	3.6	4.0	4.5	2.3	2.7	3.1	3.5	4.2	2.3	2.7	3.2	3.6	4.0	2.1	2.5	2.9	3.4	3.7	2.1	2.3	2.7	3.0	3.4	2.0	2.3	2.7	3.1	3.1	1.8	2.2	2.5	2.9	3.1										
	0.6	3.2	3.9	4.5	5.1	5.6	3.0	3.6	4.2	4.7	5.3	2.8	3.4	3.8	4.5	5.0	2.7	3.2	3.7	4.2	4.7	2.5	3.0	3.2	3.6	4.0	2.5	3.0	3.2	3.6	4.0	2.3	2.8	3.3	3.7	3.8	2.2	2.6	3.0	3.4	3.8										
4.5 (4.25~4.75)	0.3	1.9	2.2	2.6	2.9	3.3	1.7	2.1	2.4	2.7	3.0	1.6	2.0	2.3	2.5	2.8	1.5	2.0	2.3	2.5	2.9	1.4	1.8	2.1	2.4	2.6	1.4	1.5	1.8	2.0	2.2	1.2	1.5	1.9	2.0	2.2	1.1	1.4	1.6	1.8	2.0										
	0.4	2.6	3.0	3.5	3.9	4.3	2.5	2.8	3.2	3.6	4.0	2.4	2.8	3.3	3.7	4.3	2.0	2.6	3.0	3.4	3.8	1.9	2.1	2.6	2.7	3.3	1.9	2.1	2.6	2.7	3.3	1.7	2.0	2.4	2.7	3.0	1.6	2.0	2.4	2.7	2.7										
	0.5	3.0	3.6	4.1	4.6	5.2	2.8	3.3	3.8	4.4	4.9	2.8	3.2	3.6	4.4	4.9	2.7	3.1	3.6	4.1	4.5	2.1	2.7	3.0	3.3	3.7	2.1	2.7	3.0	3.3	3.7	2.1	2.5	2.9	3.3	3.4	2.0	2.3	2.9	3.3	3.4										
	0.6	3.5	4.2	4.8	5.4	6.1	3.3	3.9	4.5	5.1	5.7	3.2	3.8	4.4	5.1	5.7	3.1	3.7	4.3	4.9	5.4	2.5	3.0	3.5	4.0	4.4	2.5	3.0	3.5	3.9	4.4	2.3	2.8	3.3	3.8	3.8	2.3	2.8	3.3	3.8	4.4										
5.0 (4.75~5.25)	0.3	2.0	2.4	3.0	3.2	3.5	1.9	2.2	2.6	2.9	3.2	1.7	2.0	2.5	2.8	3.1	1.7	2.0	2.5	2.8	3.1	1.5	1.9	2.3	2.6	2.9	1.4	1.6	1.9	2.1	2.2	1.3	1.6	1.9	2.1	2.4	1.2	1.5	1.7	2.0	2.2										
	0.4	2.7	3.2	3.7	4.2	4.7	2.7	3.2	3.7	4.2	4.7	2.6	3.4	3.8	4.4	5.1	2.4	3.0	3.4	3.7	4.1	1.9	2.4	2.8	3.1	3.6	1.9	2.3	2.6	2.9	3.3	1.8	2.1	2.6	2.9	3.0	1.7	2.0	2.3	2.7	3.0										
	0.5	3.2	3.8	4.4	5.0	5.6	3.2	3.6	4.1	4.6	5.2	3.0	3.4	3.9	4.4	5.7	2.7	3.4	3.9	4.4	4.9	2.4	2.7	3.2	3.6	4.0	2.3	2.7	3.1	3.6	3.7	2.1	2.5	2.7	3.1	3.4	2.0	2.5	2.9	3.3	3.8										
	0.6	3.7	4.4	5.1	5.8	6.4	3.7	4.2	4.8	5.4	6.1	3.3	4.1	4.9	5.5	6.1	3.1	3.7	4.6	5.2	5.8	2.7	3.2	3.8	4.2	4.7	2.7	3.2	3.8	4.2	4.7	2.5	3.0	3.7	4.2	4.3	2.3	3.0	3.2	3.6	4.1										
5.5 (5.25~5.75)	0.3	2.2	2.6	3.0	3.4	3.8	2.0	2.4	2.8	3.2	3.5	1.9	2.2	2.6	3.0	3.3	1.6	2.0	2.5	2.8	3.1	1.5	1.8	2.2	2.5	2.7	1.5	1.8	2.1	2.4	2.6	1.5	1.8	2.2	2.4	2.7	1.2	1.5	1.7	2.0	2.2	1.1	1.5	1.7	1.9	1.9						
	0.4	2.8	3.4	4.0	4.5	5.0	2.6	3.2	3.7	4.2	4.7	2.4	2.8	3.3	3.7	4.1	2.4	2.8	3.3	3.7	4.1	2.0	2.4	2.8	3.2	3.5	2.0	2.4	2.8	3.2	3.5	1.7	2.1	2.3	2.7	3.0	1.7	2.1	2.3	2.7	3.0	1.4	1.7	2.0	2.3	2.5						
	0.5	3.4	4.0	4.7	5.3	5.9	3.4	3.8	4.4	5.0	5.5	2.4	2.8	3.3	3.7	4.1	2.4	2.8	3.3	3.7	4.1	2.3	2.7	3.2	3.5	3.9	2.3	2.7	3.2	3.5	3.9	2.1	2.5	2.9	3.3	3.5	2.1	2.5	2.9	3.3	3.8	1.8	2.2	2.5	3.0	3.4						
	0.6	3.9	4.7	5.4	6.1	6.8	3.7	4.4	5.1	5.8	6.4	3.3	4.0	4.6	5.2	5.8	3.3	4.0	4.6	5.2	5.4	2.5	3.2	3.7	4.2	4.7	2.5	3.2	3.7	4.2	4.7	2.5	3.2	3.7	4.3	4.3	2.5	3.2	3.7	4.3	4.3	2.2	2.6	3.0	3.4	3.8						

续表

注：计算条件：总透射比 τ=0.6，反射比：顶棚 ρm=0.80，墙面 ρm=0.50，地面 ρm=0.20。

层高/m	Gx	进深/m 4.8 (4.5~5.1)							5.4 (5.1~5.7)					6.0 (5.7~6.3)					6.6 (6.3~6.9)					7.2 (6.9~7.8)					8.4 (7.8~9.0)					9.6 (9.0~10.2)					10.8 (10.2~12.0)					13.2 (12.0~14.4)					15.6 (14.4~16.8)			
	Kx	0.3	0.4	0.5	0.6	0.7	0.8	0.9	0.5	0.6	0.7	0.8	0.9	0.5	0.6	0.7	0.8	0.9	0.5	0.6	0.7	0.8	0.9	0.5	0.6	0.7	0.8	0.9	0.5	0.6	0.7	0.8	0.9	0.5	0.6	0.7	0.8	0.9	0.5	0.6	0.7	0.8	0.9	0.5	0.6	0.7	0.8	0.9	0.6	0.7	0.8	0.9
6.0 (5.75~6.25)	0.3			4.1	3.6	3.2	2.8	2.3	3.8	3.0	2.5	2.1		3.5	3.2	2.8	2.4	2.0	3.3	3.0	2.6	2.2	1.8	3.1	2.8	2.5	2.1	1.8	2.8	2.5	2.2	2.0	1.7	2.6	2.3	2.0	1.7	1.4	2.4	2.1	1.9	1.7	1.5	2.0	1.7	1.5	1.3	1.2	1.3	1.5	1.7	1.9
	0.4			5.3	4.7	4.2	3.6	3.0	4.9	4.4	3.9	3.4	2.6	4.4	4.2	3.7	3.2	2.7	4.4	3.9	3.5	2.9	2.4	4.0	3.7	3.3	2.9	2.5	3.7	3.4	3.0	2.7	2.3	3.4	3.1	2.7	2.3	1.9	3.2	2.9	2.6	2.3	2.0	2.7	2.3	2.0	1.8	1.6	1.8	2.0	2.3	2.6
	0.5			6.1	5.5	4.9	4.2	3.5	5.8	5.2	4.6	4.0	3.3	5.5	5.0	4.4	3.8	3.2	5.5	4.9	4.4	3.6	3.0	4.7	4.3	3.9	3.3	2.9	4.4	4.0	3.6	3.2	2.7	4.1	3.7	3.3	2.8	2.3	3.8	3.5	3.2	2.8	2.4	3.2	2.8	2.4	2.2	1.9	2.2	2.5	2.9	3.2
	0.6			7.0	6.3	5.7	4.9	4.1	6.7	6.0	5.4	4.6	3.9	6.4	5.7	5.1	4.4	3.7	6.4	5.7	5.1	4.2	3.5	5.1	4.7	4.2	3.6	3.2	5.1	4.6	4.2	3.7	3.1	4.9	4.4	3.9	3.4	2.8	4.3	4.0	3.4	3.0	2.6	3.8	3.4	2.9	2.6	2.3	2.6	3.0	3.4	3.8
6.5 (6.25~6.75)	0.3			4.3	3.8	3.4	3.0	2.4	4.0	3.6	3.2	2.7	2.3	3.7	3.4	3.0	2.6	2.1	3.5	3.2	2.8	2.4	2.0	3.3	3.0	2.6	2.2	1.9	3.0	2.7	2.4	2.1	1.8	2.7	2.4	2.2	1.8	1.5	2.5	2.2	2.0	1.8	1.6	2.2	1.8	1.6	1.4	1.3	1.4	1.6	1.8	2.0
	0.4			5.6	5.0	4.4	3.8	3.2	5.2	4.7	4.2	3.6	2.9	4.9	4.4	3.9	3.4	2.8	4.6	4.2	3.7	3.0	2.5	4.4	4.0	3.5	3.1	2.7	4.0	3.6	3.2	2.8	2.5	3.6	3.2	2.8	2.4	2.0	3.3	3.0	2.7	2.4	2.1	2.9	2.5	2.1	1.9	1.7	1.9	2.2	2.5	2.7
	0.5			6.4	5.8	5.2	4.4	3.7	6.1	5.5	4.9	4.2	3.5	5.8	5.2	4.6	4.0	3.4	5.4	4.9	4.4	3.6	3.0	5.2	4.7	4.2	3.6	3.2	4.8	4.3	3.8	3.3	2.9	4.4	4.0	3.5	3.0	2.5	4.1	3.7	3.3	2.9	2.5	3.4	3.0	2.6	2.3	2.1	2.3	2.7	3.1	3.5
	0.6			7.2	6.5	5.9	5.1	4.3	7.0	6.3	5.6	4.8	4.2	6.7	6.0	5.4	4.6	3.9	6.2	5.6	5.0	4.2	3.5	5.9	5.4	4.6	3.9	3.3	5.5	5.0	4.5	3.9	3.2	5.1	4.6	4.1	3.5	2.9	4.7	4.3	3.9	3.4	2.9	4.0	3.5	3.1	2.7	2.3	2.8	3.2	3.6	4.0
7.0 (6.75~7.25)	0.3			4.2	3.8	3.4	3.0	2.5	4.2	3.7	3.4	2.9	2.4	4.0	3.5	3.1	2.7	2.2	3.7	3.3	3.0	2.6	2.1	3.5	3.1	2.8	2.5	2.1	3.2	2.9	2.6	2.3	2.0	2.9	2.6	2.3	2.0	1.6	2.7	2.4	2.2	1.9	1.7	2.3	1.9	1.7	1.5	1.4	1.5	1.7	1.9	2.1
	0.4			5.5	4.9	4.3	3.7	3.1	5.5	4.9	4.3	3.8	3.1	5.2	4.6	4.1	3.5	2.8	4.8	4.4	3.9	3.1	2.6	4.8	4.3	3.7	3.2	2.7	4.2	3.8	3.4	3.0	2.6	3.8	3.4	3.1	2.6	2.2	3.6	3.2	2.9	2.6	2.2	3.1	2.6	2.2	2.0	1.8	2.0	2.3	2.6	2.9
	0.5			6.4	5.7	5.1	4.4	3.7	6.6	5.9	5.3	4.5	3.8	6.3	5.6	5.0	4.3	3.6	5.7	5.2	4.6	3.7	3.1	5.5	4.9	4.4	3.9	3.3	5.0	4.5	4.0	3.5	3.0	4.6	4.1	3.7	3.1	2.6	4.4	4.0	3.6	3.1	2.7	3.8	3.3	2.8	2.5	2.3	2.4	2.8	3.2	3.6
	0.6			7.3	6.5	5.8	5.0	4.2	7.5	6.8	6.1	5.2	4.4	7.2	6.5	5.7	4.8	4.0	6.5	5.9	5.3	4.3	3.6	6.1	5.4	4.7	4.0	3.4	5.7	5.1	4.6	4.0	3.3	5.3	4.7	4.3	3.6	3.0	5.1	4.6	4.1	3.6	3.0	4.3	3.8	3.3	2.9	2.6	2.9	3.4	3.8	4.2
7.5 (7.25~7.75)	0.3													4.3	3.9	3.5	3.0	2.5	4.1	3.7	3.3	2.9	2.3	3.6	3.2	3.1	2.6	2.2	3.3	3.0	2.8	2.4	2.0	3.1	2.8	2.5	2.2	1.8	2.9	2.6	2.4	2.0	1.7	2.4	2.0	1.8	1.6	1.4	1.5	1.7	2.0	2.3
	0.4													5.6	5.0	4.5	3.8	3.2	5.3	4.8	4.2	3.5	3.0	4.8	4.3	3.8	3.3	2.8	4.4	4.0	3.7	3.2	2.6	4.1	3.7	3.4	2.9	2.4	3.7	3.4	3.1	2.7	2.3	3.2	2.7	2.3	2.1	1.9	2.0	2.3	2.7	3.0
	0.5													6.5	5.8	5.2	4.4	3.7	6.2	5.6	5.0	4.1	3.5	5.4	4.9	4.6	3.9	3.3	5.3	4.8	4.4	3.7	3.0	4.9	4.4	4.1	3.4	2.9	4.4	4.1	3.7	3.3	2.8	3.9	3.4	2.9	2.6	2.4	2.5	2.8	3.3	3.7
	0.6													7.4	6.7	5.9	5.1	4.3	6.9	6.2	5.7	4.7	3.9	6.5	6.1	5.4	4.7	3.9	6.1	5.5	5.0	4.3	3.5	5.8	5.2	4.7	3.9	3.4	5.1	4.9	4.3	3.9	3.4	4.4	3.9	3.4	2.9	2.8	2.9	3.4	3.9	4.4
8.0 (7.75~8.25)	0.3																		4.3	3.9	3.5	3.0	2.5	4.1	3.6	3.2	2.8	2.3	3.7	3.3	3.0	2.6	2.2	3.5	3.1	2.9	2.5	2.0	3.2	2.9	2.6	2.3	1.9	2.5	2.1	1.8	1.6	1.4	1.5	1.7	2.0	2.3
	0.4																		5.6	5.0	4.5	3.8	3.2	5.3	4.6	4.1	3.6	3.0	4.7	4.2	3.7	3.3	2.7	4.3	4.0	3.6	3.2	2.6	4.3	3.7	3.3	3.0	2.5	3.2	2.7	2.4	2.1	2.0	2.0	2.4	2.7	3.2
	0.5																		6.5	5.8	5.2	4.5	3.7	6.1	5.4	4.7	4.3	3.6	5.4	4.9	4.4	3.9	3.2	5.1	4.7	4.3	3.9	3.1	5.1	4.4	4.1	3.5	3.1	3.9	3.4	2.9	2.6	2.4	2.5	2.9	3.4	3.9
	0.6																		7.4	6.7	5.9	5.1	4.2	6.9	6.4	5.8	4.9	4.1	6.3	5.7	5.2	4.6	3.8	5.9	5.3	5.0	4.6	3.6	5.8	5.2	4.8	4.1	3.6	4.8	4.2	3.8	3.3	2.8	2.9	3.4	4.0	4.6
8.5 (8.25~8.75)	0.3																							4.5	4.1	3.6	3.1	2.6	4.3	3.8	3.4	3.0	2.4	3.9	3.5	3.2	2.8	2.3	3.4	3.1	2.8	2.5	2.1	2.7	2.2	1.9	1.7	1.5	1.6	1.8	2.0	2.4
	0.4																							5.8	5.2	4.7	4.0	3.3	5.5	4.8	4.2	3.8	3.2	5.1	4.4	3.9	3.4	2.9	4.6	4.1	3.7	3.3	2.6	3.5	3.0	2.5	2.1	2.0	2.1	2.5	2.9	3.2
	0.5																							6.7	6.1	5.4	4.6	3.9	6.4	5.8	5.1	4.4	3.7	6.1	5.4	4.8	4.1	3.5	5.3	4.9	4.4	3.9	3.1	4.3	3.7	3.1	2.6	2.4	2.6	3.1	3.5	3.9
	0.6																							7.6	6.9	6.1	5.3	4.4	7.3	6.4	5.8	5.0	4.2	7.0	6.1	5.4	4.8	4.0	5.9	5.4	4.9	4.4	3.4	5.1	4.4	3.8	3.3	2.9	3.1	3.6	4.2	4.6
9.0 (8.75~9.25)	0.3																																	4.3	3.8	3.4	3.0	2.4	3.5	3.2	2.9	2.5	2.0	2.8	2.5	2.2	1.9	1.6	1.7	2.0	2.3	2.7
	0.4																																	5.5	5.0	4.4	3.8	3.2	4.6	4.1	3.7	3.3	2.6	3.5	3.0	2.5	2.1	2.0	2.3	2.7	3.1	3.5
	0.5																																	6.4	5.8	5.1	4.4	3.4	5.5	5.1	4.4	4.1	3.1	4.3	3.7	3.1	2.6	2.4	2.8	3.3	3.8	4.3
	0.6																																	7.3	6.6	5.8	5.0	4.2	6.3	5.9	5.1	4.8	3.6	5.1	4.4	3.6	3.1	2.9	3.4	3.9	4.5	5.1

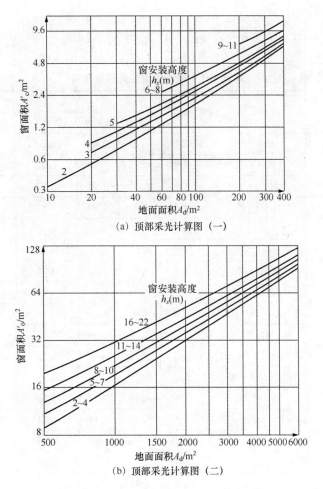

（a）顶部采光计算图（一）

（b）顶部采光计算图（二）

附图 G　顶部采光典型条件下的窗洞口面积

采光系数 $C'=1\%$；总透射比 $\tau=0.6$；反射比：顶棚 $\rho_p=0.80$，墙面 $\rho_q=0.50$，地面 $\rho_d=0.20$

附录 H　采光计算参数

附表 H-1　建筑玻璃的光热参数值

材料类型	材料名称	规格	颜色	可见光		太阳光		遮阳系数	光热比
				透射比	反射比	直接透射比	总透射比		
单层玻璃	普通白玻璃	6mm	无色	0.89	0.08	0.80	0.84	0.97	1.06
		12mm	无色	0.86	0.08	0.72	0.78	0.90	1.10
	超白玻璃	6mm	无色	0.91	0.08	0.89	0.90	1.04	1.01
		12mm	无色	0.91	0.08	0.87	0.89	1.02	1.03
	浅蓝玻璃	6mm	蓝色	0.75	0.07	0.56	0.67	0.77	1.12
	水晶灰玻璃	6mm	灰色	0.64	0.06	0.56	0.67	0.77	0.96
夹层玻璃	夹层玻璃	6C/1.52PVB/6C	无色	0.88	0.08	0.72	0.77	0.89	1.14
		3C+0.38PVB+3C	无色	0.89	0.08	0.79	0.84	0.96	1.07
		3F绿+0.38PVB+3C	浅绿	0.81	0.07	0.55	0.67	0.77	1.21
		6C+0.76PVB+6C	无色	0.86	0.08	0.67	0.76	0.87	1.14
		6F绿+0.38PVB+6C	浅绿	0.72	0.07	0.38	0.57	0.65	1.27
Low-E中空玻璃	高透Low-E玻璃	6Low-E+12A+6C	无色	0.76	0.11	0.47	0.54	0.62	1.41
		6C+12A+6Low-E	无色	0.67	0.13	0.46	0.61	0.70	1.10
	遮阳Low-E玻璃	6Low-E+12A+6C	灰色	0.65	0.11	0.44	0.51	0.59	1.27
		6Low-E+12A+6C	浅蓝灰	0.57	0.18	0.36	0.43	0.49	1.34
	双银Low-E玻璃	6Low-E+12A+6C	无色	0.66	0.11	0.34	0.40	0.46	1.65
		6Low-E+12A+6C	无色	0.68	0.11	0.37	0.41	0.47	1.66
		6Low-E+12A+6C	无色	0.62	0.11	0.34	0.38	0.44	1.62
镀膜玻璃	热反射镀膜玻璃	6mm	浅蓝	0.64	0.18	0.59	0.66	0.76	0.97
	硬镀膜低辐射玻璃	3mm	无色	0.82	0.11	0.69	0.72	0.83	1.14
		4mm	无色	0.82	0.10	0.68	0.71	0.82	1.15
		5mm	无色	0.82	0.11	0.68	0.71	0.82	1.16
		6mm	无色	0.82	0.10	0.66	0.70	0.81	1.16
		8mm	无色	0.81	0.10	0.62	0.67	0.77	1.21
		10mm	无色	0.80	0.10	0.59	0.65	0.75	1.23
		12mm	无色	0.80	0.10	0.57	0.64	0.73	1.26
		6mm	金色	0.41	0.34	0.44	0.55	0.63	0.75
		8mm	金色	0.39	0.34	0.42	0.53	0.61	0.73

注：遮阳系数＝太阳能总透射比/0.87；光热比＝可见光透射比/太阳能总透射比。

附表 H-2　透明（透光）材料的光热参数值

材料类型	材料名称	规格	颜色	可见光		太阳光		遮阳系数	光热比
				透射比	反射比	透射比	总透射比		
聚碳酸酯	乳白PC板	3mm	乳白	0.16	0.81	0.16	0.20	0.23	0.80
	颗粒PC板	3mm	无色	0.86	0.09	0.76	0.80	0.92	1.07
	透明PC板	3mm	无色	0.89	0.09	0.82	0.84	0.97	1.05
		4mm	无色	0.89	0.09	0.81	0.84	0.96	1.07
亚克力	透明亚克力	3mm	无色	0.92	0.08	0.85	0.87	1.00	1.06
		4mm	无色	0.92	0.08	0.85	0.87	1.00	1.06
	磨砂亚克力	4mm	乳白	0.77	0.07	0.71	0.77	0.88	1.01
		5mm	乳白	0.57	0.12	0.53	0.62	0.71	0.92

附表 H-3　窗结构的挡光折减系数 τ_c 值

窗种类		τ_c 值
单层窗	木窗	0.70
	钢窗	0.80
	铝窗	0.75
	塑料窗	0.70
双层窗	木窗	0.55
	钢窗	0.65
	铝窗	0.60
	塑料窗	0.55

注：表中塑料窗含塑钢窗、塑木窗和塑铝窗；窗结构的挡光折减系数可按附表 H-3 取值。

附表 H-4　窗玻璃的污染折减系数 τ_w 值

房间污染程度	玻璃安装角度		
	垂直	倾斜	水平
清洁	0.90	0.75	0.60
一般	0.75	0.60	0.45
污染严重	0.60	0.45	0.30

注：τ_w 值是按 6 个月擦洗一次窗确定的。在南方多雨地区，水平天窗的污染系数可按倾斜窗的 τ_w 值选取。

附表 H-5　饰面材料的反射比 ρ 值

材料名称	ρ 值
石膏	0.91
大白粉刷	0.75
水泥砂浆抹面	0.32
白水泥	0.75
白色乳胶漆	0.84

材料名称		ρ 值
调和漆	白色和米黄色	0.70
	中黄色	0.57
红砖		0.33
灰砖		0.23
瓷釉面砖	白色	0.80
	黄绿色	0.62
	粉色	0.65
	天蓝色	0.55
	黑色	0.08
大理石	白色	0.60
	乳色间绿色	0.39
	红色	0.32
	黑色	0.08
无釉陶土地砖	土黄色	0.53
	朱砂	0.19
马赛克地砖	白色	0.59
	浅蓝色	0.42
	浅咖啡色	0.31
	绿色	0.25
	深咖啡色	0.20
铝板	白色抛光	0.83~0.87
	白色镜面	0.89~0.93
	金色	0.45
浅色彩色涂料		0.75~0.82
不锈钢板		0.72
浅色木地板		0.58
深色木地板		0.10
棕色木地板		0.15
混凝土面		0.20
水磨石	白色	0.70
	白色间灰黑色	0.52
	白色间绿色	0.66
	黑灰色	0.10
塑料贴面板	浅黄色	0.36
	中黄色	0.30
	深棕色	0.12

材料名称		ρ 值
塑料墙纸	黄白色	0.72
	蓝白色	0.61
	浅粉白色	0.65
沥青地面		0.10
铸铁、钢板地面		0.15
普通玻璃		0.08
镀膜玻璃	金色	0.23
	银色	0.30
	宝石蓝	0.17
	宝石绿	0.37
	茶色	0.21
彩色钢板	红色	0.25
	深咖啡色	0.20

附录 I　灯具光度参数

附表 I-1　BYGG4-1 型玻璃钢教室照明灯基本数据

灯具	型号		BYGG4-1	
	名称		玻璃钢教室照明灯	
灯具尺寸/mm	L：1320	CIE 分类		直接
	B：170			
	H：160	上射光通比/%		0
光源	YZ-40	下射光通比/%		75.8
灯头型号		灯具效率/%		75.8
灯具质量/kg	2.7	最大允许距离比 (L/H)	A—A	1.2
保护角	A—A 20°		B—B	1.6
	B—B 22°			

简图

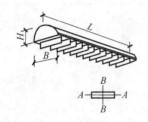
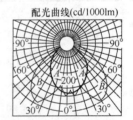

配光曲线(cd/1000lm)

光强值/(cd/1000lm)	A—A	θ	0°	2.5°	7.5°	12.5°	17.5°	22.5°	27.5°	32.5°	37.5°	42.5°
		I_θ	262.5	257.4	251.6	248.8	238.7	230.1	212.8	195.6	178.3	153.3
		θ	47.5°	52.5°	57.5°	62.5°	67.5°	72.5°	77.5°	82.5°	87.5°	
		I_θ	132.3	109.3	89.2	67.6	46.0	31.6	23.0	10	4.3	
	B—B	θ	0°	2.5°	7.5°	12.5°	17.5°	22.5	27.5°	32.5°	2.9	42.5°
		I_θ	262.5	263.1	248.8	232.9	250.2	303.4	349.4	333.6	317.8	300.5
		θ	47.5°	52.5°	57.5°	62.5°	67.5°	72.5°	77.5°	82.5°	87.5°	
		I_θ	267.5	161.0	71.9	40.3	14.4	5.73	2.88		0	

简图

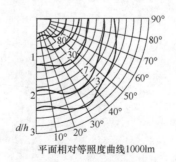

平面相对等照度曲线 1000lm

续表

ρ值		利用系数表 K＝1											
	顶棚	0.7			0.5			0.3			0.1		0
	ρ_w	0.5	0.3	0.1	0.5	0.3	0.1	0.5	0.3	0.1	0.5	0.3	0.1	0
	地面	0.2			0.2			0.2			0.2			0
室空间比		利用系数/%											
1		79	77	75	76	74	72	73	71	70	70	69	68	66
2		71	67	63	68	65	62	66	63	61	64	61	60	58
3		63	59	55	62	57	54	59	56	53	58	54	53	50
4		57	51	47	55	50	46	59	49	46	52	48	45	44
5		51	45	40	49	44	40	48	43	40	46	42	39	38
6		45	39	34	44	39	35	43	38	34	42	37	34	33
7		41	34	31	40	34	30	38	34	30	38	33	30	28
8		36	30	26	35	30	26	34	29	26	33	30	26	24
9		32	26	22	32	26	22	31	26	22	30	25	22	21
10		29	24	20	29	23	19	28	23	19	27	25	19	18

附表 I-2　嵌入式下开放式荧光灯灯具光度参数（T8-2×36W）

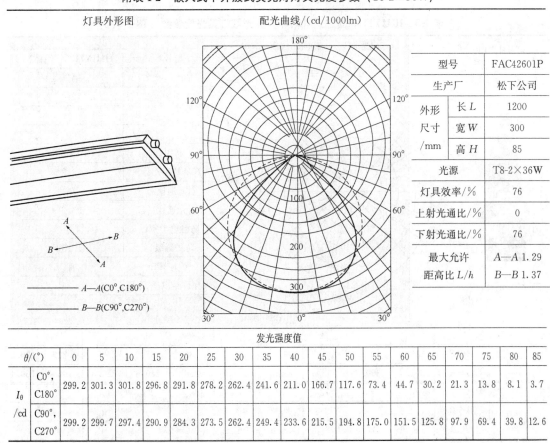

灯具外形图　　　　　　　　配光曲线/（cd/1000lm）

型号		FAC42601P
生产厂		松下公司
外形尺寸/mm	长 L	1200
	宽 W	300
	高 H	85
光源		T8-2×36W
灯具效率/%		76
上射光通比/%		0
下射光通比/%		76
最大允许距高比 L/h	A—A	1.29
	B—B	1.37

—— A—A(C0°,C180°)
—— B—B(C90°,C270°)

发光强度值

θ/(°)		0	5	10	15	20	25	30	35	40	45	50	55	60	65	70	75	80	85
I_θ/cd	C0°,C180°	299.2	301.3	301.8	296.8	291.8	278.2	262.4	241.6	211.0	166.7	117.6	73.4	44.7	30.2	21.3	13.8	8.1	3.7
	C90°,C270°	299.2	299.7	297.4	290.9	284.3	273.5	262.4	249.4	233.6	215.5	194.8	175.0	151.5	125.8	97.9	69.4	39.8	12.6

利用系数表

有效顶棚反射比/%	80				70				50				30				0
墙反射比/%	70	50	30	10	70	50	30	10	70	50	30	10	70	50	30	10	0
地面反射比/%	10				10				10				10				0
室形指数 RI	利用系数/%																
0.6	46	37	3	28	45	37	32	28	43	36	31	28	42	35	31	28	26
0.8	54	46	41	37	53	46	40	37	51	45	40	36	49	44	39	36	35
1.0	59	52	47	43	58	51	46	43	56	50	46	42	54	49	45	42	41
1.25	64	57	52	49	63	57	52	48	61	55	51	48	59	54	51	48	46
1.5	67	61	56	53	66	60	56	53	63	59	55	52	61	58	54	52	50
2.0	71	66	62	59	69	65	62	58	67	64	61	58	65	62	60	57	56
2.5	73	69	66	63	72	68	65	62	70	67	64	62	68	65	63	61	59
3.0	75	71	68	66	74	70	68	65	71	69	66	64	70	67	65	63	62
4.0	77	74	72	69	76	73	71	69	74	7	70	68	72	70	68	67	65
5.0	78	76	74	72	77	75	73	71	75	73	72	70	73	72	70	69	67
7.0	79	78	76	75	78	77	75	74	76	75	74	73	75	73	73	73	69
10.0	80	79	78	77	79	78	77	76	77	77	76	75	76	75	74	74	71

附表 I-3　HHJY1136 固定式（箱体）荧光灯灯具光度参数（T8-1×36）

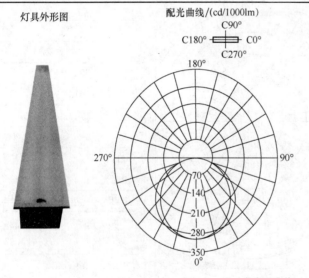

灯具外形图

配光曲线/(cd/1000lm)

C90°

C180° C0°

C270°

型号		HHJY1136（箱体）
生产厂家		蝠翼
外形尺寸 /mm	长 L	1244
	宽 W	123
	高 H	80
光源		T8-1×36W
灯具效率/%		93.2
上射光通比/%		0
下射光通比/%		93.2
防触电类别		I 类
防护等级		IP20
漫射罩		有
最大允许距离比 L/H		1.34

发光强度值

θ/(°)		0	6	12	18	24	30	36	42	48	54
I_θ/cd	B—B	303.4	303.3	301.3	297.4	290.6	280	267.2	250.3	225	190.5
	A—A	303.4	300.9	295.5	286.7	274.4	259	240.6	219.3	195.6	169.1
θ/(°)		60	66	72	78	84	90	96	102		
I_θ/cd	B—B	146.6	100.6	58.1	26.3	10.5	0.4	0	0		
	A—A	140.6	110.4	78.8	46.8	16	0.2	0	0		

利用系数表

有效顶棚反射比/%	80			70			50			30	
墙反射比/%	70	50	30	70	50	30	50	30	10	50	30
地面反射比/%	20			20			20			20	
室形指数 RI	利用系数/%										
0.60	64	52	44	63	51	43	50	42	37	48	41
0.80	71	60	55	69	59	52	57	51	48	55	49
1.00	76	68	63	75	67	61	65	60	57	63	58
1.25	82	76	70	81	74	69	72	67	64	69	66
1.50	86	82	78	85	81	76	78	75	72	75	73
2.00	89	87	84	87	85	81	82	79	78	80	76
2.50	92	91	88	91	90	85	87	82	80	83	80
3.00	95	94	90	94	92	88	89	85	82	84	82
4.00	97	95	92	96	93	89	90	86	84	85	84
5.00	98	96	93	97	95	91	91	88	85	87	85

附表 I-4　TBS569/314 M2 嵌入式高效 T5 格栅灯具光度参数（T5-3×14）

灯具外形图

---- 90°~270°与光源平行方向
—— 0°~180°与光源垂直方向

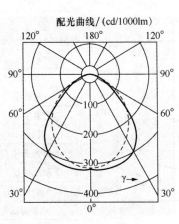

配光曲线/(cd/1000lm)

型号		TBS569/314 M2
生产厂家		飞利浦
外形尺寸 /mm	长 L	597
	宽 W	597
	高 H	55
光源		T5-3×14W
光通量		3×1200lm
灯具效率/%		79
上射光通比/%		0
下射光通比/%		79.0
防触电类别		I 类
防护等级		IP20
漫射罩		无

发光强度值

$\theta/(°)$		0	2.5	7.5	12.5	17.5	22.5	27.5	32.5	37.5	42.5
I_θ/cd	90°~270°	313	312	307	298	286	272	255	237	217	195
	0°~180°	313	315	318	318	314	308	300	286	261	224
$\theta/(°)$		47.5	52.5	57.5	62.5	67.5	72.5	77.5	82.5	87.5	90
I_θ/cd	90°~270°	172	147	121	94	68	46	29	16	5	0
	0°~180°	177	129	95	75	59	44	30	17	5	0

利用系数表

有效顶棚反射比/%	80		70				50		30		0
墙面反射比/%	50	50	50	50	50	30	30	10	30	10	0
墙面反射比/%	30	10	30	20	10	10	10	10	10	10	0
室形指数 RI	利用系数/%										
0.60	41	39	40	39	38	33	33	29	32	29	27
0.80	49	46	49	47	46	40	40	36	39	36	34
1.00	57	52	55	54	52	46	46	42	45	42	40
1.25	63	58	65	60	57	52	52	48	51	48	46
1.50	68	62	67	64	61	57	56	52	55	52	50
2.00	76	68	74	70	67	63	62	59	61	59	57
2.50	81	71	79	74	71	67	66	64	55	63	61
3.00	84	74	82	77	73	70	69	67	68	66	64
4.00	89	77	86	81	76	74	72	70	71	69	67
5.00	91	79	89	83	78	76	74	73	73	72	70

附表 I-5　MRS532 12D 导轨式高效陶瓷金属卤化物射灯光度参数

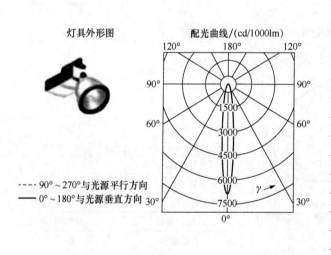

灯具外形图　　配光曲线/(cd/1000lm)

---- 90°～270°与光源平行方向
—— 0°～180°与光源垂直方向

型号		MRS532 12D
生产厂家		飞利浦
外形尺寸 /mm	直径 ϕ	110
	高 H	178
光源		CDM-TC-1×70W
光通量		6500lm
光束角/(°)		2×6
灯具效率/%		74
上射光通比/%		0
下射光通比/%		74.0
防触电类别		I 类
防护等级		IP20
漫射罩		无

发光强度值

$\theta/(°)$		0	2.5	7.5	12.5	17.5	22.5	27.5	32.5	37.5	42.5
I_θ/cd	90°～270°	6914	5756	2555	1296	597	250	134	84	75	63
	0°～180°	6914	5756	2555	1296	597	250	134	84	75	63
$\theta/(°)$		47.5	52.5	57.5	62.5	67.5	72.5	77.5	82.5	87.5	90
I_θ/cd	90°～270°	30	9	4	3	2	2	2	1	1	1
	0°～180°	30	9	4	3	2	2	2	1	1	1

续表

利用系数表

有效顶棚反射比/%	80		70				50		30		0
墙面反射比/%	50	50	50	50	50	30	30	10	30	10	0
地面反射比/%	30	10	30	20	10	10	10	10	10	10	0
室形指数 RI	利用系数/%										
0.60	61	58	60	59	57	55	54	53	54	53	52
0.80	66	62	65	63	61	59	58	56	58	56	55
1.00	70	65	69	67	65	62	62	60	61	60	59
1.25	74	68	73	70	68	65	65	63	64	63	62
1.50	77	70	76	73	70	68	67	65	66	65	64
2.00	82	73	80	76	73	71	70	69	70	69	67
2.50	85	75	83	79	75	74	73	72	72	71	70
3.00	88	77	85	81	76	75	74	74	73	73	71
4.00	90	78	88	82	77	77	76	75	75	74	73
5.00	92	79	89	83	78	78	76	76	75	75	73

附表 I-6　NNFC70072 集成式方形嵌入式 LED 灯盘光度参数（T8-2×36）

灯具外形图

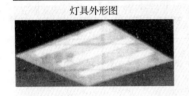

配光曲线 /(cd/1000lm)

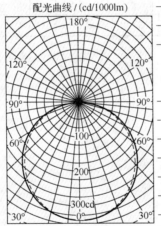

—— A—A
- - - - B—B

型号		NNFC70072
生产厂家		松下
外形尺寸 /mm	长 L	595
	宽 W	597
	高 H	53
光源		LED 77W/8500lm
灯具效能/(lm/W)		110.4
上射光通比/%		0
下射光通比/%		100
防触电类别		I 类
防护等级		IP20
漫射罩		有
最大允许距离比 L/H		A—A：3.8；B—B：3.78
显色指数 R_a		≥80

灯具特性：

方形灯盘设计和传统格栅灯具可以 1∶1 替换；77W（8500lm）、59W（6000lm）、30W（3000lm）可选，另外，色温也有 4000K、5000K、6500K 三种选择。

发光强度值

$\theta/(°)$		0	5	10	15	20	25	30	35	40	45
I_θ/cd	A—A	346.4	341.3	338.6	327.9	320.9	307.9	294.1	278.3	261.3	243.2
	B—B	346.4	341.4	339.0	328.9	322.0	308.4	293.9	276.4	256.4	234.9
$\theta/(°)$		50	55	60	65	70	75	80	85	90	
I_θ/cd	A—A	222.0	196.6	168.8	134.1	95.5	51.5	12.4	5.9	0.0	
	B—B	210.8	184.1	157.3	126.7	95.8	63.9	33.6	10.2	0.0	

利用系数表

有效顶棚反射比/%	80				70				50				30				0
墙反射比/%	70	50	30	10	70	50	30	10	70	50	30	10	70	50	30	10	0
地面反射比/%	10				10				10				10				0
室形指数 RI	利用系数/%																
0.6	57	45	37	32	56	44	37	32	53	43	36	31	51	42	36	31	29
0.8	67	56	48	42	66	55	48	42	63	54	47	42	60	52	46	42	40
1.0	74	63	56	50	72	63	55	50	69	61	55	50	67	59	54	49	47
1.25	80	71	63	58	78	70	63	58	75	68	62	57	73	66	61	57	54
1.5	84	76	69	64	83	75	68	63	80	73	67	63	77	71	66	62	60
2.0	90	83	77	72	88	82	76	72	85	80	75	71	82	78	74	70	68
2.5	93	87	82	78	92	86	82	78	89	84	80	77	86	82	79	76	73
3.0	96	91	86	82	94	89	85	82	91	87	84	81	89	85	82	80	77
4.0	99	95	91	88	97	94	90	87	95	91	89	86	92	89	87	85	82
5.0	101	97	94	92	99	96	93	91	97	94	92	89	94	92	90	88	85
7.0	103	100	98	96	101	99	97	95	99	97	95	93	96	95	93	92	89
10.0	104	103	101	99	103	101	100	98	100	99	98	97	98	97	96	95	92

附录 J　灯具的概算图表

附表 J-1　嵌入式铝格栅荧光灯 YG15-2 （2×40W 荧光灯）

	型号		YG15-2
规格/mm		a	1300
		b	300
		c	180
	光源		2×40W
	保护角/(°)		30
	灯具效率/%		63
	上射光通比/%		0
	下射光通比/%		63
	最大允许距高比 l/h		横向 1.25 纵向 1.20

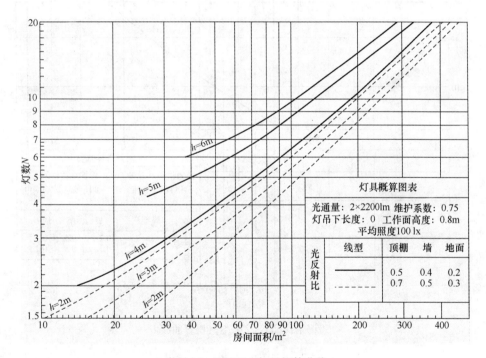

附图 J-1　YG15-2 灯具概算曲线

附表 J-2　吸顶式荧光灯 YG6-2（2×40W 荧光灯）

型号			YG6-2
规格/mm		a	1300
		b	300
		c	180
光源			2×40W
保护角/(°)			—
灯具效率/%			60
上射光通比/%			0
下射光通比/%			60
最大允许距高比 l/h			横向 1.20 纵向 1.15

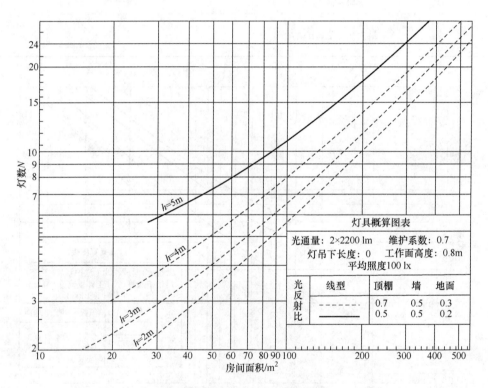

附图 J-2　YG6-2 型灯具概算曲线

参 考 文 献

北京照明学会照明设计专业委员会，2016. 照明设计手册［M］. 3 版. 北京：中国电力出版社.

陈仲林，唐鸣放，2009. 建筑物理（图解版）［M］. 北京：中国建筑工业出版社.

建筑设计资料集编委会，2017. 建筑设计资料集 1［M］. 3 版. 北京：中国建筑工业出版社.

建筑设计资料集编委会，2017. 建筑设计资料集 2［M］. 3 版. 北京：中国建筑工业出版社.

李井永，2016. 建筑物理［M］. 3 版. 北京：机械工业出版社.

刘加平，2009. 建筑物理［M］. 4 版. 北京：中国建筑工业出版社.

柳孝图，2008. 建筑物理环境与设计［M］. 北京：中国建筑工业出版社.

吴硕贤，2000. 建筑声学设计原理［M］. 北京：中国建筑工业出版社.

邢双军，2013. 建筑物理［M］. 2 版. 杭州：浙江大学出版社.

游普元，2013. 建筑物理［M］. 天津：天津大学出版社.

《注册建筑师考试辅导教材》编委会，2017.2018 一级注册建筑师考试辅导教材第三分册［M］. 12 版. 北京：中国建筑工业出版社.